高职高专机电类专业规划教材

机械设计基础

（第2版）

主　编　于兴芝
副主编　尚长沛
主　审　唐建生

武汉理工大学出版社
·武　汉·

【内 容 提 要】

本教材是高职高专机电类专业规划教材丛书之一。在第 1 版的基础上,经过一定量的删减和补充,本书理论适度、概念清晰、重点突出,修订后更加适合高职高专院校学生阅读。

本书共计 14 章,内容包括绪论、平面机构及自由度、平面连杆机构、凸轮机构、齿轮机构、轮系、其他常用机构、通用机械零件概述、带与链传动、齿轮传动、联接、轴、轴承,以及联轴器、离合器、制动器及弹簧等内容。

本书主要作为高职高专机电类专业、近机类专业教学用书,也可供其他有关专业师生和工程技术人员参考使用。

图书在版编目(CIP)数据

机械设计基础 / 于兴芝主编. —2 版. —武汉 :武汉理工大学出版社,2012.7(2017.7 重印)
ISBN 978-7-5629-3726-5

Ⅰ. ① 机… Ⅱ. ① 于… Ⅲ. ① 机械设计-高等职业教育-教材 Ⅳ. ① TH122

中国版本图书馆 CIP 数据核字(2012)第 157626 号

项目负责人:王利永		责 任 编 辑:王利永	
责 任 校 对:张明华		装 帧 设 计:许伶俐	

出 版 发 行:武汉理工大学出版社
地   址:武汉市洪山区珞狮路 122 号
邮   编:430070
网   址:http://www.techbook.com.cn
经 销 者:各地新华书店
印 刷 者:武汉兴和彩色印务有限公司
开   本:787×1092 1/16
印   张:16
字   数:410 千字
版   次:2008 年 8 月第 1 版 2012 年 7 月第 2 版
印   次:2017 年 7 月第 5 次印刷
印   数:12001～13000 册
定   价:29.00 元

前　言

（第 2 版）

　　本教材是高职高专机电类专业规划教材丛书之一,适用于 60～80 学时的三年制、五年制机电类、近机类各专业使用。

　　本书第 1 版自 2008 年出版以来,经过多次印刷,深受广大读者欢迎。第 2 版是在第 1 版的基础上,根据高等职业教育的发展和各校使用教材意见及建议进行修订而成。

　　修订后的教材保留了第 1 版的体系和基本内容,除对各章内容进行了必要调整、增删外,重点完成了以下工作:

　　1. 在齿轮传动一章中,删减了锥齿轮、蜗杆传动强度计算,增加了齿轮传动的维护与修复内容,使知识更加简练与实用。

　　2. 在带与链传动一章中,增加了链传动的安装、使用和维护内容,使之符合培养应用能力的需求。

　　3. 在轴与轴承两章中,增加了轴的修复与轴系维护等内容,以适应解决工程实际问题的需要。

　　4. 各章增加了实践与思考教学环节的内容,以加强理论与工程实践的结合。

　　本书由河南工业职业技术学院于兴芝担任主编,尚长沛担任副主编。具体编写分工如下:河南工业职业技术学院尚长沛编写第 1、2、3、4 章,张玉华编写第 5 章,户燕会编写第 6、9 章,王哲编写第 7、10 章,黄力刚编写第 8、11 章,于兴芝编写第 12、13、14 章。

　　全书由河南工业职业技术学院唐建生教授担任主审。

　　本书在编写过程中参阅了大量的参考文献,在此特向参考文献的作者们表示感谢。

　　由于编者水平有限,书中难免会有不妥和错误之处,恳请广大读者批评指正。

编　者

2012 年 3 月

前 言

（第 1 版）

　　"机械设计基础"是机械类、近机类各专业的一门主干技术基础课。针对高职高专教育特点及培养应用型人才的需要，我们在参考了大量有关文献和资料的基础上，并结合多年的教学经验，特编写了此书。

　　本书在编写过程中，突出以下特点：

　　1. 保持必要的基础理论知识，删减繁琐的理论公式推导，便于教与学。

　　2. 注重应用性，使教材内容贴近工程实践，以期提高学生解决工程实际问题的能力。

　　3. 本书所采用的计算方法尽量与现有的计算规范和最新颁布的国家标准相同。

　　本书由于兴芝、朱敬超任主编，马建军任副主编。其中开封大学朱敬超编写第 1、7、11 章，河南工业职业技术学院王浩编写第 2、3 章，郭威编写第 4 章，马建军编写第 5、6 章，尚长沛编写第 8 章，丁延松编写第 9 章，于兴芝编写第 10、12、13、14 章。

　　全书由李孔昭副教授担任主审。

　　本书在编写过程中参阅了大量的参考文献，在此特向参考文献的作者们表示感谢。

　　由于编者水平有限，书中难免会有不妥和错误之处，恳请广大读者批评指正。

编　者

2008 年 7 月

目　　录

1 绪 论

机械是人类进行生产斗争的重要工具,也是社会生产力发展水平的重要标志。早在古代,人类就应用杠杆和绞盘等原始的简单机械从事建筑和运输活动。

16 世纪第一次工业革命期间,意大利人达·芬奇、英国人牛顿等就研究用蒸汽作为动力的机械。1690 年法国人巴本制造了一台蒸汽机;1705 年,苏格兰人 T.纽科门在前人的基础上制造了一台蒸汽机,1712 年这种蒸汽机开始在英国的矿井中用于运输煤炭。英国人 J.瓦特在此基础上用了六年的时间,对蒸汽机作了两次重大改进,才使蒸汽机应用于陆地运输。1802 年美国人富尔顿以蒸汽机为动力,制造了世界上第一艘蒸汽机轮船。蒸汽机的出现使 19 世纪欧洲产业革命后形成了机械工业,并得到迅猛发展。

我国劳动人民在机械方面也有过杰出的发明和创造,远在五千年前就使用过简单的纺织机械,在夏朝以前就发明了车子,晋朝的水碾已经应用了凸轮原理,西汉的指南车和记里鼓车已经采用了齿轮系。东汉张衡创造的候风地动仪是人类历史上第一台地震仪;杜诗发明的用水作为动力、带动水排运转、驱动风箱炼铁的连杆机械装置,成为现代机械的雏形。

1.1 课程的研究对象

机器的种类很多。由于机器的功用不同,其工作原理、构造和性能也各异。但是,从机器的组成原理、运动的确定性及其与功、能的关系来看,各种机器之间却存在一些共同的特征。

(1) 从制造角度来分析机器,可以把机器看成是由若干机械零件(简称零件)组成的。零件是指机器的制造单元。机械零件又分为通用零件和专用零件两大类:通用零件是指各种机器经常用到的零件,如螺栓、螺母、轴和齿轮等;专用零件是指某种机器才用到的零件,如内燃机曲轴、汽轮机叶片和机床主轴等。

(2) 从运动角度来分析机器,可以把机器看成是由若干构件组成的。构件是指机器的运动单元。构件可能是一个零件,也可能是若干个零件组成的刚性组合体。

图 1.1 所示为内燃机的连杆总成,是由连杆体 1、连杆螺栓 2、螺母 3 和连杆头 4 等零件组成的构件。组成连杆的各零件与零件之间没有相对的运动,成为平面运动的刚性组合体。

(3) 从装配角度来分析机器,可以认为较复杂的机器是由若干部件组成的。部件是指机器的装配单元。

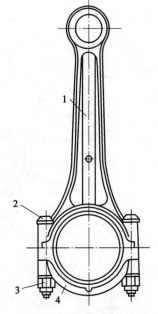

图 1.1 内燃机的连杆总成
1—连杆体;2—连杆螺栓;3—螺母;4—连杆头

例如,车床就是由主轴箱、进给箱、溜板箱及尾架等部件组成的。把机器划分为若干部件,对设计、制造、运输、安装及维修会带来许多方便。

(4) 从运动的确定性及功能关系来分析机器。

① 根据功能的不同,一部完整的机器由以下几部分组成:

a. 原动机部分　机器的动力来源。其作用是将其他形式的能量转换成机械能,如内燃机、电动机等。

b. 工作机部分　处于整个机械传动路线的终端,是直接完成工作任务的部分。其作用是利用机械能做有用的机械功。

c. 传动部分　介于原动机和工作机之间。其作用是把原动机的运动和动力传递给工作机。

d. 控制部分　控制机器的其他组成部分,使操作者能随时实现或终止机器的各种预定功能。现代机器的控制系统,一般包含机械控制系统和电子控制系统,其作用包括监测及信号拾取、调节、计算机控制等。

图 1.2 所示的是单缸内燃机。工作开始时,排气阀 6 关闭,进气阀 5 打开,燃气由进气管通过进气阀 5 被下行的活塞 4 吸入汽缸体 1 的汽缸内,然后进气阀 5 关闭,活塞 4 上行压缩燃气,点火后燃气在汽缸中燃烧、膨胀产生压力,从而推动活塞 4 下行,并通过连杆 3 使曲轴 2 转动,这样就把燃气的热能变换为曲轴 2 转动的机械能。当活塞 4 再次上行时,排气阀 6 打开,燃烧后的废气通过排气阀 6 由排气管排出。曲轴 2 上的齿轮 10 带动两个齿轮 9,从而带动两

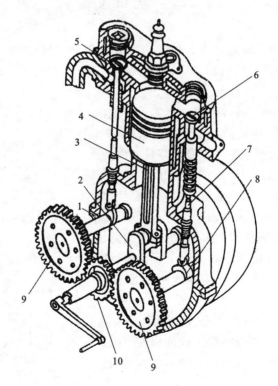

图 1.2　单缸内燃机

1—汽缸体;2—曲轴;3—连杆;4—活塞;5—进气阀;6—排气阀;7—推杆;8—凸轮轴;9,10—齿轮

个凸轮轴 8 转动,两个凸轮轴 8 再推动两个推杆 7,使它按预定的规律打开或关闭排气阀 6 和进气阀 5。以上各机件协同配合、循环动作,便可使内燃机连续工作。

② 机器具有以下三个特征:

a. 机器一般是由许多构件组成的;

b. 各构件之间具有确定的相对运动;

c. 机器能代替或减轻人类劳动来完成有用的机械功或转换机械能。

当仅仅研究构件之间的相对运动,而不考虑构件在做功和能量转换方面所起的作用时,通常把具有确定相对运动、实现运动传递或运动形式转换的多构件组合称为机构。

图 1.2 所示单缸内燃机是通过一系列的机械运动,把燃气的热能变换为曲轴转动的机械能,是机器。活塞 4、连杆 3、曲轴 2 和汽缸体 1 所组成的部分,把活塞的上下移动变换为曲轴的转动,它仅实现了运动方式的变换,是机构;齿轮 10、齿轮 9 和汽缸体 1 所组成的部分,把曲轴的转动传递给了凸轮,也仅仅实现了运动的传递,也是机构;凸轮轴 8、推杆 7 和汽缸体 1 所组成的部分,把凸轮轴的转动变换成了推杆的上下移动,也只实现了运动方式的变换,同样也是机构。在上述的机构中,都是运动件相对于汽缸体 1 运动,汽缸体 1 就是机构中的机架。进气管和排气管(图上未完全画出)通过螺纹联接固定在汽缸体 1 上,是不可动的装置,因此不是机构。

从结构和运动角度来看,机器和机构没有什么区别。因此,为了叙述方便,通常用“机械”一词作为“机器”和“机构”的总称。

本书着重介绍机械中常用机构和通用零件的工作原理、运动特性、结构特点、基本的设计理论和计算方法,以及使用维护、标准和规范等。

1.2 课程的地位及学习目的

1.2.1 课程的地位

本课程是工科相关专业的主干技术基础课,它在教学计划中起着承上启下的作用。它一方面是综合运用一些先修学科知识的设计性课程,另一方面又是后续专业课学习的重要技术基础。

1.2.2 课程的学习目的

通过本课程的学习,机械类和机电类专业的学生应达到以下基本要求:

(1) 掌握常用机构和通用零部件的工作原理、结构特点以及基本的设计理论和计算方法。

(2) 具有分析、选择和设计常用机构的能力。

(3) 具有设计在普通条件下工作的、一般参数的通用零部件的能力。

(4) 具有运用标准、规范、手册和图册等技术资料的能力。

1.3　课程的学习方法

本课程是一门技术基础课,具有较强的理论性和实践性,是从理论性和系统性都很强的基础课向实践性很强的专业课过渡的转折点。因此在学习方法上应当注意以下几点:

(1) 结合学习本课程及时复习和巩固有关先修课程的知识

先修课程是学习本课程的基础。显然,这些先修课程的学习情况如何将影响本课程的学习。因此为了给学习本课程奠定坚实的基础,还应当结合学习本课程及时复习和巩固有关先修课程的相关知识。

(2) 注意培养综合运用所学知识的能力

本课程是一门综合性课程,学习本课程的过程也是综合运用所学知识的过程,而综合运用所学知识解决设计问题的能力又是设计工作能力的重要标志。所以在学习本课程时,应当注意培养综合运用所学知识的能力。

(3) 弄清设计原理和设计公式的应用条件及公式中各量之间的相互关系

本课程的许多设计原理和设计公式都是带有条件的。设计时应弄清实际情况是否与条件相符。此外,设计计算时,通常在同一公式中要同时确定几个参数或数据,而这些参数或数据确定得是否合理,又取决于对公式中各量之间的关系和对实际情况的了解程度。因此,设计计算中的主要困难不是解方程式,而是怎样才能做到结合实际情况合理地选择设计参数或数据。所以学习本课程时必须重视弄清设计原理和设计公式的应用条件以及公式中各量之间的相互关系。

(4) 正确处理计算和绘图的关系

设计时,有些零件的主要尺寸是由计算确定的,然后根据所得尺寸通过绘图确定其结构。但是,有些零件在确定主要尺寸之前,需要先绘出计算简图,取得某些计算所需条件后,才能确定其主要尺寸和结构。有时候还需要根据计算结果再修改设计草图。所以设计中计算与绘图并非截然分开,而是互相依赖、互相补充和交叉进行的。

(5) 正确处理继承现有设计成果与设计创新的关系

任何设计都不可能是设计者独出心裁、凭空设想出来的。设计中,必须吸取前人有益的设计经验并参考有用的设计资料。因为好的经验和资料是长期实践经验积累的宝贵财富。所以,设计时吸取有益经验,使用设计资料,既能减少重复工作,加快设计进程,又能继承和发展现有设计成果,不断改进设计方法和提高设计质量。此外,任何新的设计任务又是根据特定的设计要求提出来的,因此设计时必须密切联系实际,创造性地进行设计,不能盲目、机械地搬用经验或抄袭资料。继承现有设计成果与设计创新二者不可偏颇,要很好地结合起来。

(6) 注意单个机构、零件的设计与机器总体设计之间的联系

为了讨论方便,本课程对常用机构和通用零件是分别讨论的。但是,机器又是由若干机构、构件和零件组成的不可分割的整体,各机构、各零件与机器之间有着非常密切的联系。因此,设计机构和零件时,不仅要熟练掌握常用机构和通用零件的设计原理与方法,而且要从机器的总体设计出发,弄清它们之间的联系。例如,齿轮传动时,就应当了解所设计的齿轮传动用在什么机器上,是开式传动还是闭式传动,齿轮转动是用来传递运动还是传递动力,等等。此外,还应当弄清齿轮与其他零件的联系,如齿轮与轴和轴承的联系。因为这些都直接影响设

计参数或数据的选择、齿轮的结构设计,有时还影响设计原理和方法。

(7) 正确对待设计计算结果

设计机械零件的尺寸和形状时,一般不可能单靠理论计算确定,而是需要综合考虑零件的运动性能和动力性能,强度和刚度,摩擦、磨损和润滑,振动,工作寿命、安全操作和人机联系设计,经济性、工艺性、材料选用和标准化以及其他特殊要求等因素的影响。而上述因素对零件尺寸和结构的影响有些是无法计算的。因此,不能把机械零件设计片面地理解为理论计算,或者认为理论计算的结果是不能更改的。

(8) 重视培养结构设计能力

初做设计和缺乏生产实践的人,机械设计中最容易犯的毛病是结构不合理,甚至出现错误。结构不合理,将降低设计质量;结构设计错误,将造成经济损失。学习本课程时,应当多看零、部件的实物和图纸,多参观工厂,丰富结构知识和工艺知识,以便逐步提高结构设计能力。

实践与思考

1.1 分组讨论所学专业的培养目标,并分析讨论本课程的基本要求以及在教学过程中的地位与作用。

1.2 分小组自拟专题(如机床、汽车、自行车的发展历程),查阅资料,走访参观,了解我国机械装备业的发展及其在国民经济中的地位。

1.3 试用生活中的实际例子说明机器和机构的区别,并从运动和加工制造两个不同的角度来分析它们的组成。

2 平面机构及自由度

机械一般由若干常用机构组成,而机构是由两个以上有确定相对运动的构件组成的。按照机构中各构件的运动范围,可以把机构分为以下两大类:

(1)平面机构　如果组成机构的所有构件都在同一平面或相互平行的平面内运动,则该机构称为平面机构。

(2)空间机构　如果组成机构的各运动构件不都在同一平面或相互平行的平面内运动,则称这种机构为空间机构。

2.1 运 动 副

2.1.1 概述

两构件直接接触并能产生一定相对运动的联接称为运动副。如轴与轴承、活塞与气缸、车轮与钢轨以及一对轮齿啮合形成的联接,都构成了运动副。

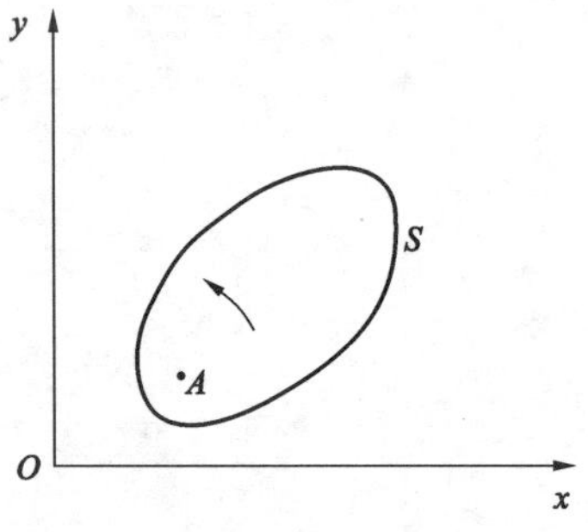

图 2.1 构件的自由度

(1)构件自由度

如图 2.1 所示,构件 S 在 Oxy 平面内做任意复杂的平面运动。由理论力学可知,其运动可分解成三个独立的运动,即沿 x 轴、y 轴的移动和绕垂直于 Oxy 平面的轴的转动。把构件所具有的独立运动的数目称为自由度。所以,任一做平面运动的自由构件具有三个自由度。

(2)约束

当两构件组成运动副后,构件间的直接接触使某些独立运动受到限制,自由度减少。对独立运动所加的限制称为约束。

2.1.2 运动副的分类

两构件之间的接触形式,不外乎点接触、线接触和面接触三种情况。按照接触形式,通常把运动副分为低副和高副两大类。

(1)低副

两构件之间通过面与面接触所组成的运动副,因其在承受载荷时,接触部分的压强比点或线相接触的情况要低得多,故称为低副。低副根据所保留的两成副构件之间的相对运动的种类,又可以分为转动副和移动副两类。

① 转动副　如果两个构件组成运动副后,保留的相对运动为转动,就称为转动副,又称为铰链。图 2.2 所示的是在坐标面 xOy 内做平面运动的构件 1 和构件 2 所组成的运动副,它们的接触面是圆柱面,因此构件 2 相对于构件 1 沿 x 轴方向和沿 y 轴方向的移动自由度都受到

了限制,而只保留了一个绕 z 轴的转动自由度,所以是转动副。同样的道理,在图 1.2 所示的单缸内燃机中,连杆 3 和曲轴 2 之间、连杆 3 和活塞 4 之间所组成的运动副也都是转动副。

② 移动副 如果两个构件组成运动副后,保留的相对运动为移动,就称为移动副。图 2.3 所示的是在坐标面 xOy 内做平面运动的构件 1 和构件 2 所组成的运动副,它们的接触面是棱柱面,因此构件 2 相对于构件 1 沿 y 轴方向的移动自由度和绕 z 轴的转动自由度都受到了限制,而只保留了一个沿 x 轴方向的移动自由度,所以是移动副。同样的道理,在图 1.2 所示的单缸内燃机中,汽缸体 1 和活塞 4 之间、汽缸体 1 和推杆 7 之间所组成的运动副也都是移动副。

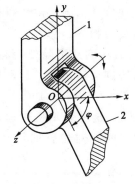

图 2.2 转动副

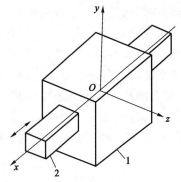

图 2.3 移动副

综上所述,从运动的角度来看,转动副和移动副的相同之处是:它们都将引入两个约束,或者说,它们的约束数都是 2;不同之处是:它们约束的自由度不同,保留的自由度也不相同。

(2) 高副

两构件之间通过点或线(实际构件是具有厚度的)接触所组成的运动副,因其在承受载荷时,接触部分的压强较高,故称为高副。

图 2.4 所示的是在平行于纸面的平面内做平面运动的构件 1 和构件 2 所组成的运动副,它们是点接触,因此构件 2 相对于构件 1 沿公法线 $n—n$ 方向的移动自由度受到了限制,保留了沿公切线 $t—t$ 方向的移动自由度和绕过瞬时接触点 A 且与纸面垂直的轴的转动自由度,所以是高副。同样的道理,在图 1.2 所示的单缸内燃机中,凸轮轴 8 和推杆 7 之间所组成的运动副也是高副。

图 2.5 所示的是在平行于纸面的平面内做平面运动的构件 1 和构件 2 所组成的运动副,

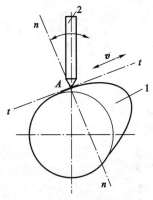

图 2.4 点接触高副

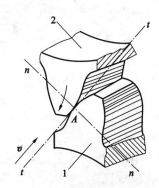

图 2.5 线接触高副

它们是线接触,组成的同样也是高副。实例可参见图1.2所示的单缸内燃机中的齿轮9和齿轮10所组成的运动副。

可见,高副将引入一个约束,即高副的约束数是1,它约束的是沿公法线方向的移动自由度,保留的是沿公切线方向的移动自由度和绕瞬时接触点的转动自由度。

2.2　平面机构运动简图

机器是由各种机构组成的。因此,在对已有机械进行运动分析,或者在设计新机械的运动方案时,都需要用一种简明的图形来表明各机构的运动传递情况。由于机构中各从动件的运动规律是由原动件的运动规律、机构中各运动副的类型和各运动副之间的相对位置来决定的,而与运动副的具体结构、构件的外形(高副中的运动副元素除外)和构件的具体组成等无关,所以,在绘制上述的简图时,仅需要按适当的比例尺定出其各运动副的相对位置,用规定的符号表示其各构件和运动副[见《机构运动简图符号》(GB 4460—84)],而无需表示那些与运动无关的构件的外形和运动副的具体结构等。这种表示机构运动传递情况的简化图形,称为机构运动简图。机构中决定各运动副之间相对位置的尺寸,称为运动尺寸。

2.2.1　构件与运动副的表示方法

(1)无副构件的表示方法

杆、轴类构件,如图2.6(a)所示;固定构件,如图2.6(b)所示;同一构件,如图2.6(c)所示。

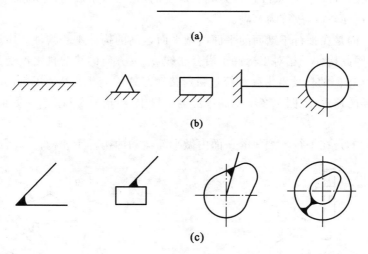

图2.6　无副构件的表示方法

(a)杆、轴类构件;(b)固定构件;(c)同一构件

(2)运动副的表示方法

转动副如图2.7(a)所示;移动副如图2.7(b)所示;高副要画出接触处的运动副要素,以表示高副的种类,如图2.4所示。

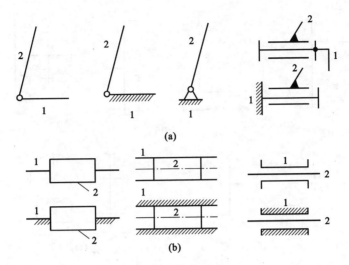

(a)

(b)

图 2.7 运动副的表示方法

(a) 转动副;(b) 移动副

(3) 含副构件的表示方法

含有两个运动副的构件即两副构件,如图 2.8(a)所示;含有三个及三个以上运动副的构件,如图 2.8(b)所示。对于移动副,要用点画线表示其相对移动的方向。

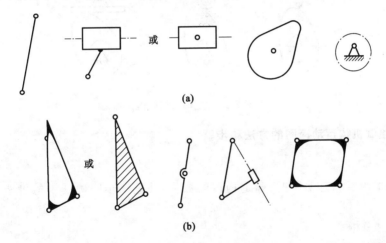

(a)

(b)

图 2.8 含副构件的表示方法

(a) 两副构件;(b) 三副及三副以上构件

2.2.2 两种常用机构的表示方法

(1) 齿轮机构

齿轮机构的主要构件是齿轮,常用点画线的圆表示齿轮的节圆。图 2.9 所示的是各种不同位置轴线的齿轮机构(未画出其中的轴承)。

(2) 凸轮机构

凸轮机构的主要构件是具有特定轮廓曲线的凸轮,常用粗实线画出其轮廓曲线。图 2.10 所示的是盘形凸轮机构。

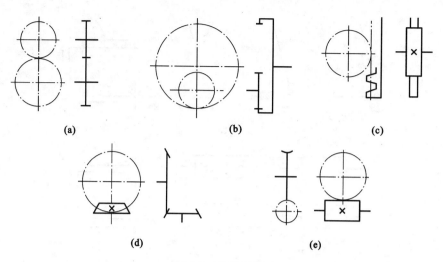

图 2.9　齿轮机构

(a) 外啮合圆柱齿轮机构；(b) 内啮合圆柱齿轮机构；(c) 齿轮—齿条机构；(d) 圆锥齿轮机构；(e) 蜗轮蜗杆机构

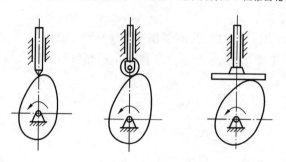

图 2.10　盘形凸轮机构

2.2.3　绘制机构运动简图的方法和步骤

（1）构件分析

分析机构的组成和运动情况，确定构件的数目，并进一步明确其中的机架、原动件和从动件。

（2）运动副分析

从原动件开始，按照运动传递的顺序，分析各相互联接构件之间相对运动的性质，确定各运动副的类型。

（3）测量运动尺寸

在机架上选择适当的基准，逐一测量各运动副的定位尺寸，确定各运动副之间的相对位置。

（4）选择视图平面

通常选择与各构件运动平面平行的平面作为绘制机构运动简图的投影面，本着将运动关系表达清楚的原则，把原动件定在某一位置，作为绘图的起点。

（5）确定比例尺

根据图幅和运动尺寸，确定合适的绘图比例尺 μ_L

$$\mu_L = \frac{实际构件长度(m 或 mm)}{图示构件长度(mm)}$$

(6) 绘制机构运动简图

从原动件开始,按照运动传递的顺序和有关的运动尺寸,依次画出各运动副和构件的符号,并给构件编号,给运动副标注字母,最后在原动件上标出表示其运动种类的箭头,所得到的图形就是机构运动简图。

【例 2.1】 试绘制图 2.11(a)所示的颚式破碎机的主体机构的运动简图。

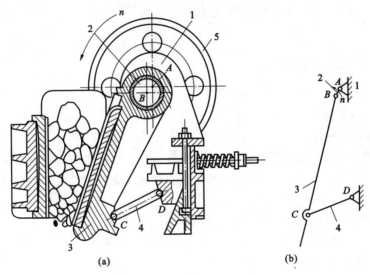

图 2.11　颚式破碎机的主体机构
(a) 结构图;(b) 机构运动简图
1—机架;2—偏心轴;3—动颚板;4—肘板;5—轮

【解】 ① 构件分析

本机构中由轮 5 输入的运动,使固联在其上的偏心轴 2 绕机架 1 上的轴 A 转动,进而驱动动颚板 3 运动,最后带动肘板 4 绕机架 1 上的轴 D 摆动。料块加在机架 1 和动颚板 3 之间,由做平面复杂运动的动颚板 3 将料块轧碎。由此可知,该机构由机架 1、偏心轴 2、动颚板 3 和肘板 4 等共四个构件组成。其中,偏心轴 2 为原动件,动颚板 3 和肘板 4 为从动件。

② 运动副分析

偏心轴 2 绕机架 1 上的轴 A 转动,两者构成以 A 为中心的转动副;动颚板 3 套在偏心轴 2 上转动,两者构成以 B 为中心的转动副;动颚板 3 和肘板 4 构成以 C 为中心的转动副;肘板 4 和机架 1 构成以 D 为中心的转动副。整个机构共有四个转动副。

③ 测量运动尺寸

选择机架 1 上的点 A 为基准,测量运动副 B、C 和 D 的定位尺寸。

④ 选择视图平面

本机构中各构件的运动平面平行,选择与它们运动平面平行的平面作为绘制机构运动简图的投影面。图示瞬时构件的位置能够清楚地表明各构件的运动关系,可按此瞬时各构件的位置来绘制机构运动简图。

⑤ 确定比例尺

根据图幅和测得的各运动副定位尺寸,确定合适的绘图比例尺 μ_L。

⑥ 绘制机构运动简图

在图上适当的位置画出转动副 A,根据所选的比例尺和测得的各运动副的定位尺寸,用规定的符号依次画出转动副 D、B、C 和构件 1、2、3、4,最后在构件 2 上画出表明主动件运动种类的箭头,如图 2.11(b)所示。

2.3 平面机构自由度计算

2.3.1 平面机构的自由度

（1）机构自由度

机构相对于机架所具有的独立运动数目,称为机构的自由度,用 F 表示。

（2）机构自由度的计算

设一个平面机构共有 n 个活动构件(不包括机架),它们在未组成运动副之前,共有 $3n$ 个自由度。用运动副联接后便引入了约束,减少了自由度。若机构中共有 P_L 个低副、P_H 个高副,则平面机构的自由度 F 的计算公式为:

$$F = 3n - 2P_L - P_H \tag{2.1}$$

式中 F——机构自由度数目;

n——机构活动构件数目;

P_L——机构的低副数目;

P_H——机构的高副数目。

【例 2.2】 计算图 2.12 所示机构的自由度。

【解】 由运动简图 2.12 可知,共有 $n=2$ 个活动构件,低副 $P_L=3$,高副 $P_H=0$,根据式(2.1)可求出自由度 $F=3n-2P_L-P_H = 3 \times 2 - 2 \times 3 - 0 = 0$。

计算结果自由度数目为零,说明各构件之间根本不能相对运动,它们的组合不是机构,是一个刚性体,即所谓的桁架。

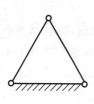

图 2.12 桁架

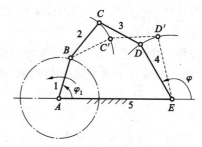

图 2.13 五构件组合

【例 2.3】 计算图 2.13 所示机构的自由度。

【解】 由机构简图 2.13 可知,此机构共有 $n=4$ 个活动构件,低副 $P_L=5$,高副 $P_H=0$,根据式(2.1)可求出机构自由度 $F=3n-2P_L-P_H = 3 \times 4 - 2 \times 5 - 0 = 2$。

由图 2.13 可知,当原动件 1 占据位置 AB 位置时,从动件 2、3、4 可以处于位置 $BCDE$,也可以处于位置 $BC'D'E$ 或其他位置。

综上所述,机构是具有确定相对运动的构件组合,也就是说:

① 机构中各构件之间要能相对运动;

② 各构件之间的相对运动要确定,而不是乱动。

这就需要研究在什么条件下机构才具有确定的相对运动。

2.3.2 机构具有确定相对运动的条件

机构的自由度即是平面机构所有的独立运动的数目。显然,只有机构自由度大于零,机构才有可能运动。同时,只有给机构输入的独立运动数目与机构的自由度数相等,该机构才能有确定的运动。

如图 2.14 所示,图中原动件数等于 1,而机构自由度 $F = 3n - 2P_L - P_H = 3 \times 4 - 2 \times 5 - 0 = 2$。当只给定原动件 1 的位置 φ_1 时,从动件 2、3、4 的位置可以处于图示实线位置,也可以处于图中双点画线位置或其他位置,说明从动件的运动是不确定的。只有给出两个原动件,使构件 1、4 处于给定位置,各构件才能获得确定的运动。

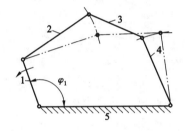

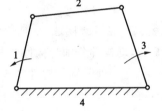

图 2.14 原动件数小于自由度数　　　　图 2.15 原动件数大于自由度数

如图 2.15 所示,图中原动件数等于 2,机构自由度 $F = 3n - 2P_L - P_H = 3 \times 3 - 2 \times 4 - 0 = 1$,若机构同时要满足原动件 1 和原动件 3 的给定运动,则势必将杆 2 拉断。

因此,机构具有确定运动的条件为:机构的原动件数目 W 等于机构的自由度数 F,即

$$W = F \neq 0 \tag{2.2}$$

【例 2.4】 试计算图 2.11(b)所示的颚式破碎机的主体机构的自由度。

【解】 (1) 构件分析

该机构由机架 1、偏心轴 2、动颚板 3 和肘板 4 等共四个构件组成。其中,机架 1 为固定不动的构件,偏心轴 2、动颚板 3 和肘板 4 为运动构件,即 $n = 3$。

(2) 运动副分析

机构中无高副,转动副 A、B、C、D 均为低副,即 $P_L = 4$。

(3) 自由度计算

根据式(2.1)可得:

$$F = 3n - 2P_L = 3 \times 3 - 2 \times 4 = 1$$

由图可知机构原动件 $W = 1$(构件 AB),满足式(2.2),所以该机构具有确定的相对运动。

2.3.3 计算平面机构自由度时应注意的事项

（1）复合铰链

两个以上的构件在同一处以转动副相联接，就构成了所谓的复合铰链。图 2.16 所示的就是三个构件构成的复合铰链。在左视图上可以看出，构件 1 分别与构件 2 和构件 3 组成了两个转动副，但两转动副共轴线，在主视图上两转动副就重影在了一处，这就是所谓的三个构件在同一处以转动副相联接。在分析运动副时，该处要算两个转动副。

对于复合铰链，可以认为是以一个构件为基础，其余的构件分别与它组成转动副。因此，由 m 个构件构成的复合铰链，共有 $(m-1)$ 个转动副。

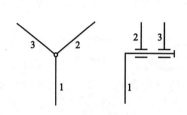

图 2.16 复合铰链

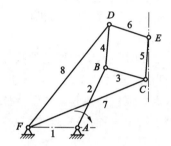

图 2.17 铰链八杆机构

【例 2.5】 试计算图 2.17 所示的铰链八杆机构的自由度。

【解】 运动构件分别为构件 2、3、4、5、6、7 和 8，即 $n=7$。

B、C、D、F 四处分别是构件 2-3-4、3-5-7、4-6-8、1-7-8 所构成的复合铰链，每处都具有 2 个转动副，再加上 A、E 两处共 2 个转动副，则 $P_L=10$。因此机构的自由度为：

$$F=3n-2P_L=3\times7-2\times10=1$$

由图可知机构原动件 $W=1$（构件 AB），满足式（2.2），所以该机构具有确定的相对运动。

（2）局部自由度

在有些机构中，某些构件所具有的自由度仅仅是该构件的局部运动，而不影响其他构件的运动，称之为局部自由度。在计算机构的自由度时，应将局部自由度除去不计。例如，在图 2.18（a）所示的凸轮机构中，凸轮 1 为主动件，从动件 2 做上下方向的平动，其运动规律取决于其上点 C 的运动规律，而与滚子 3 的转动无关。因此，滚子 3 所具有的绕轴 C 的转动自由度是局部自由度，在计算机构的自由度时，应将其除去不计，即可假想把转动副 C 刚化，从而使滚子 3 和从动件 2 成为一个构件，如图 2.18（b）所示。计算该机构的自由度时，应取活动构件数 $n=2$，低副数 $P_L=2$，高副数 $P_H=1$，则机构的自由度为：

$$F=3n-2P_L-P_H=3\times2-2\times2-1=1$$

虽然局部自由度不影响从动件的运动规律，但是可以改善高副中运动副元素之间的接触状况，并可改变其摩擦的种类。所以，在实际机构中常常会出现局部自由度。

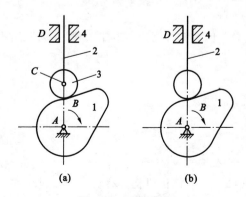

图 2.18 凸轮机构

（a）机构运动简图；（b）除去局部自由度

（3）虚约束

在机构中,常常会存在一些运动副,它们所引入的约束对机构运动起着重复约束的作用,这类不起独立约束作用的约束,被称为虚约束。在计算机构的自由度时,应将虚约束除去不计。

在实际机械中,常利用虚约束来改善构件的受力状况,或者增大机构的刚性。虚约束常常出现在以下几种情况中:

① 两构件在多处构成移动副,且各处移动副的移动方向互相平行或重合。此时,只有一个移动副起独立约束作用,其他的都是虚约束。如图 2.19 所示,移动副 D 和 D' 必有一个是虚约束,因此只能算一个移动副。

② 两构件在多处构成转动副,且各处转动副的转动轴线重合。此时,也只有一个转动副起独立约束作用,其他的都是虚约束。如图 2.20 所示,转动副 A 和 A',必有一个是虚约束,因此只能算一个转动副。

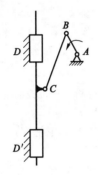

图 2.19　移动副虚约束

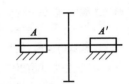

图 2.20　转动副虚约束

③ 双转动副构件的转动副联接的是两构件上距离始终保持不变的点,该联接将引入一个虚约束。

在图 2.21 所示的平行四边形机构中,因为构件 3 上的点 E 和构件 1（机架构件）上的点 F 之间的距离始终保持不变,则构件 5 和其上的转动副 E、F 就是虚约束。当然,也可以认为构件 5 和其上的转动副 E、F 是实际约束,构件 4 和其上的转动副 C、D 为虚约束。该虚约束的作用是增大构件 3 的刚性。

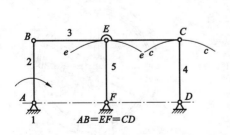

图 2.21　平行四边形机构

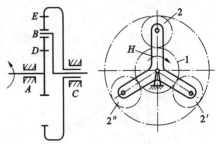

图 2.22　差动齿轮系

④ 机构中对运动不起独立作用的对称部分,也会引入虚约束。如在图 2.22 所示的差动齿轮系,只需一个齿轮 2 便可传递运动。为了提高承载能力并使机构受力均匀,图中采用了 3 个行星轮对称布置。这里每增加一个行星轮就引入一定数目的虚约束（包括 2 个高副和 1 个

低副虚约束)。

    虚约束虽然不影响机构的运动,但能增加机构的刚性,改善其受力状况,因而被广泛采用。但是虚约束对机构的几何条件要求较高,因此,对机构加工和装配精度提出了较高的要求。

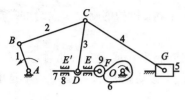

图 2.23   大筛机构

【例 2.6】   试计算图 2.23 所示的大筛机构的自由度。

【解】   滚子 9 绕轴 F 的转动为局部自由度,应将它和顶杆 7 构成的转动副 F 刚化。顶杆 7 和机架 8 之间构成两个移动方向一致的移动副 E、E',其中之一为虚约束。构件 2、3 和 4 在 C 处构成复合铰链。所以,该机构的运动构件数 $n=7$,低副数 $P_L=9$(7 个转动副和 2 个移动副),高副数 $P_H=1$,则大筛机构的自由度为:

$$F=3n-2P_L-P_H=3\times7-2\times9-1=2$$

因为 $W=2$,由式(2.2)可知

$$W=F$$

所以该机构具有确定的相对运动。

实践与思考

    2.1   参观机械原理实验室,观察各种机构模型的功能、原理并分析几种机构的组成,找出原动件、从动件、机架。

    2.2   观察日常生活中常见的机械,如自行车、摩托车、汽车、打印机等,它们在什么位置采用了运动副? 这些运动副有哪些结构形式? 并尝试绘出它们的机构运动草图(示意图)。

    2.3   每 6 人分一组,拆装 2～3 台实验机构,分析各构件的运动情况,计算机构的自由度,并绘制机构运动简图。

    2.4   每 3 人为一组,用硬纸板、图钉等搭接四构件、五构件机构,并分析机构具有确定相对运动的条件。

习 题

    2.1   试绘制图 2.24～图 2.28 所示机构的机构运动简图。

    2.2   试计算图 2.29 ～图 2.36 所示机构的自由度,若有复合铰链、局部自由度和虚约束,应明确指出。

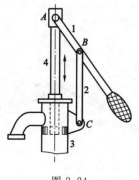

图 2.24

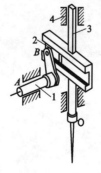

图 2.25

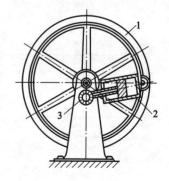

图 2.26

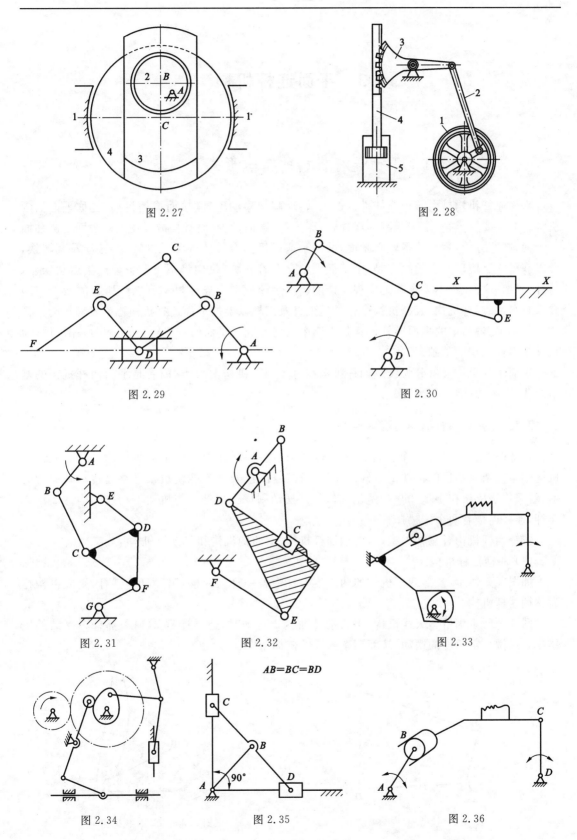

图 2.27

图 2.28

图 2.29

图 2.30

图 2.31

图 2.32

图 2.33

图 2.34

$AB=BC=BD$

90°

图 2.35

图 2.36

3 平面连杆机构

3.1 平面连杆机构的基本形式及其演化

平面连杆机构是由若干个构件以低副(转动副和移动副)联接而成的机构,也称平面低副机构。其主要特点是:由于低副为面接触,压强低、磨损量少,而且构成运动副的表面是圆柱面或平面,制造方便,容易获得较高精度;又由于这类机构容易实现常见的转动、移动及其转换,所以获得广泛应用。它的缺点是:由于低副中存在着间隙,机构将不可避免地产生运动误差,另外,平面连杆机构不易精确地实现复杂的运动规律。平面连杆机构常以其所含的构件(杆)数来命名,如四杆机构、五杆机构……常把五杆及五杆以上的平面连杆机构称为多杆机构。

最基本、最简单的平面连杆机构是由四个构件组成的平面四杆机构。它不仅应用广泛,而且又是多杆机构的基础。

平面四杆机构又可分为铰链四杆机构和滑块四杆机构两大类,前者是平面四杆机构的基本形式,后者由前者演化而来。

3.1.1 铰链四杆机构的基本类型

铰链四杆机构是将 4 个构件以 4 个转动副(铰链)联接而成的平面机构,如图 3.1 所示。机构中与机架 4 相连的构件 1 和构件 3 称为连架杆,连架杆若能绕机架做整周转动则称为曲柄,若只能绕机架在小于 360°的范围内做往复摆动则称为摇杆。与机架不相连的构件 2 称为连杆,连杆连接着两个连架杆。

铰链四杆机构有三种类型,即曲柄摇杆机构、双曲柄机构和双摇杆机构。

(1)曲柄摇杆机构

如图 3.1 所示,铰链四杆机构的两个连架杆中若一杆为曲柄,另一杆为摇杆,则此机构称为曲柄摇杆机构。

图 3.2 所示为雷达天线机构,当原动件曲柄 1 转动时,通过连杆 2,使与摇杆 3 固结的抛物面天线做一定角度的摆动,从而调整天线的俯仰角度。

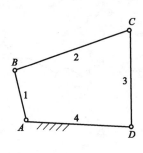

图 3.1　铰链四杆机构

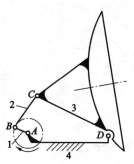

图 3.2　雷达天线机构

曲柄摇杆机构的功能是:将转动转换为摆动,或将摆动转换为转动。

(2)双曲柄机构

如图 3.3 所示,铰链四杆机构的两个连架杆若都是曲柄,则称为双曲柄机构。

图 3.4 所示为惯性筛机构,其中 ABCD 为双曲柄机构。当曲柄 1 做等角速转动时,曲柄 3 作变角速转动,通过构件 5 使筛体 6 做变速往复直线运动,筛面上的物料由于惯性而来回抖动,从而实现筛选。

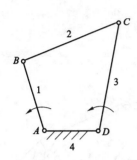
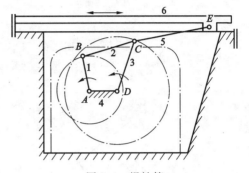

图 3.3 双曲柄机构　　　　　　　图 3.4 惯性筛

在双曲柄机构中,常见的还有正平行四边形机构(又称正平行双曲柄机构)和反平行四边形机构(又称反平行双曲柄机构)。

图 3.5(a)所示为正平行四边形机构,由于两相对构件相互平行,呈平行四边形,因此,两曲柄 1 与 3 做同速同向转动,连杆 2 做平动。图 3.5(b)所示的铲斗机构,采用正平行四边形机构,铲斗与连杆 2 固结,故做平动,从而可使其中物料在运行时不致泼出。

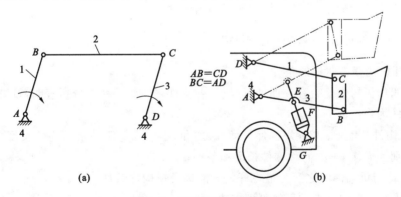

图 3.5 正平行四边形机构

(a)正平行四边形机构;(b)铲斗机构

图 3.6(a)所示为反平行四边形机构,由于两相对构件相等,但 AD 与 BC 不平行,因此,曲柄 1 与 3 做不同速反向转动。图 3.6(b)所示的车门机构,采用反平行四边形机构,以保证与曲柄 1、3 固结的车门能同时开关。

双曲柄机构的功能是:将等速转动转换为等速同向、不等速同向、不等速反向等多种转动。

(3)双摇杆机构

如图 3.7 所示,铰链四杆机构的两个连架杆若都是摇杆,则称为双摇杆机构。

图 3.8 所示为鹤式起重机的提升机构,属于双摇杆机构。当原动件连架杆 AB 摆动时,连架杆 CD 也随着摆动,并使连杆 CE 上 E 点的轨迹近似水平直线,在该点所吊重物做水平移

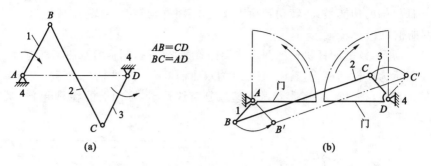

$$AB=CD$$
$$BC=AD$$

(a)   (b)

图 3.6 反平行四边形机构

（a）反平行四边形机构；（b）车门机构

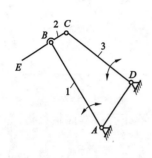

图 3.7 双摇杆机构

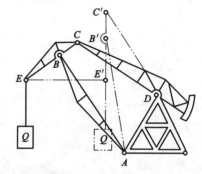

图 3.8 鹤式起重机

动,从而避免不必要的升降所引起的能量消耗。

双摇杆机构的功能是:将一种摆动转换为另一种摆动。

3.1.2 铰链四杆机构基本类型的判定

（1）四杆机构存在曲柄的条件

在铰链四杆机构中是否存在曲柄,取决于各构件之间的关系。分析表明,铰链四杆机构曲柄存在的条件为:

① 最长构件长度 l_{max} 与最短构件长度 l_{min} 之和,小于或等于其余两构件长度之和（其余两构件长度分别为 l'、l''）——简称构件长度和条件;

② 连架杆与机架两者之一为最短杆——简称最短构件条件。

（2）铰链四杆机构基本类型的判别方法

① 在铰链四杆机构中,若满足构件长度和条件,即:

$$l_{max} + l_{min} \leqslant l' + l'' \tag{3.1}$$

a. 取最短构件相邻的构件作为机架,则该机构为曲柄摇杆机构。

b. 取最短构件作为机架,则该机构为双曲柄机构。

c. 取最短构件对面的构件作为机架,则该机构为双摇杆机构。

② 在铰链四杆机构中,若不满足构件长度和条件,即: $l_{max} + l_{min} > l' + l''$ 时,则不论取哪个构件作为机架,机构均为双摇杆机构。

【例 3.1】 验证图 3.2 所示雷达天线机构是曲柄摇杆机构。已知 $l_1 = 40$ mm,$l_2 = 110$ mm,$l_3 = l_4 = 150$ mm。

【解】 (1) 由图中得知，$l_1 = l_{min} = 40$ mm、$l_2 = 110$ mm、$l_3 = l_4 = l_{max} = 150$ mm。

(2) 按式(3.1)检查各构件长度间的关系

$$l_{max} + l_{min} = 150 + 40 = 190 \text{ mm}$$

$$l' + l'' = 150 + 110 = 260 \text{ mm}$$

满足构件长度和条件式(3.1)，构件 1 最短，与它相邻的构件 4 作为机架。所以，图示雷达天线机构是曲柄摇杆机构。

【例 3.2】 验证图 3.8 所示鹤式起重机是双摇杆机构。已知 $l_{AB} = 750$ mm，$l_{BC} = 100$ mm，$l_{CD} = 500$ mm，$l_{AD} = 300$ mm。

【解】 (1) 由图中得知，$l_{BC} = l_{min} = 100$ mm、$l_{CD} = 500$ mm、$l_{AB} = l_{max} = 750$ mm、$l_{AD} = 300$ mm。

(2) 按式(3.1)检查各构件长度间的关系

$$l_{max} + l_{min} = 750 + 100 = 850 \text{ mm}$$

$$l' + l'' = l_{CD} + l_{AD} = 500 + 300 = 800 \text{ mm}$$

不满足构件长度和条件式(3.1)，所以，该机构是双摇杆机构。

3.1.3 铰链四杆机构的演化

在实际应用中还广泛采用滑块四杆机构，它是由铰链四杆机构演化而来的。含有移动副的四杆机构，称为滑块四杆机构，常用的有曲柄滑块机构、导杆机构、摇块机构和定块机构等几种形式。

(1) 曲柄滑块机构

在图 3.9(a) 所示的曲柄摇杆机构中，当曲柄 1 绕轴 A 转动时，铰链 C 将沿圆弧 $\beta\beta$ 往复摆动。在图 3.9(b)所示的机构简图中，设将摇杆 3 做成滑块形式，并使其沿圆弧导轨 $\beta'\beta'$ 往复移动，显然其运动性质并未发生改变；但此时铰链四杆机构已演化为曲线导轨的曲柄滑块机构。如曲线导轨的半径无限延长时，曲线 $\beta'\beta'$ 将变为图 3.10(a)所示的直线 $m-m$，于是铰链四杆机构将变为常见的曲柄滑块机构。

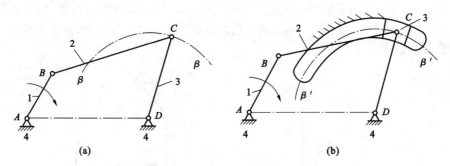

图 3.9 铰链四杆机构的演化

(a) 曲柄摇杆机构；(b) 机构简图

曲柄转动中心至滑块导路的距离 e，称为偏距。若 $e = 0$，如图 3.10(a)所示，则将其称为对心曲柄滑块机构；若 $e \neq 0$，如图 3.10(b)所示，则将其称为偏心曲柄滑块机构。

在图 3.10 中，设构件 AB 的长度为 l_1，构件 BC 的长度为 l_2，则保证 AB 杆成为曲柄的条件是：$l_1 + e \leqslant l_2$。

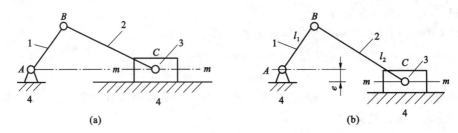

图 3.10 曲柄滑块机构

（a）对心曲柄滑块机构；（b）偏心曲柄滑块机构

曲柄滑块机构用于转动与往复移动之间的运动转换，广泛应用于内燃机、空气压缩机、冲床和自动送料机等机械设备中。

在图 3.11(a)所示曲柄滑块机构中，若取不同构件作为机架，则该机构将演化为定块机构、摇块机构或导杆机构等。

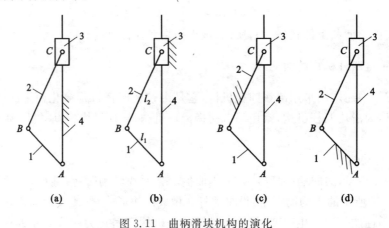

图 3.11 曲柄滑块机构的演化

（a）曲柄滑块机构；（b）定块机构；（c）摇块机构；（d）导杆机构

（2）定块机构

在图 3.11(b)所示的曲柄滑块机构中，如果将构件 3（即滑块）作为机架，则曲柄滑块机构便演化为定块机构。图 3.12 所示手压抽水机即是定块机构的应用实例，搬动手柄 1，使构件 4 上下移动，实现抽水动作。

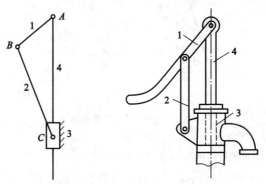

图 3.12 手压抽水机

（3）摇块机构

在图 3.11(c)所示曲柄滑块机构中，若取构件 2 为固定构件，则可得摇块机构，这种机构广泛应用于液压驱动装置中。如图 3.13 所示的货车自卸机构便是摇块机构的应用实例。当液压缸 3（即摇块）中的压力油推动活塞杆 4 运动时，车厢 1 便绕回转副中心 B 倾转，当达到一定角度时，物料就自动卸下。

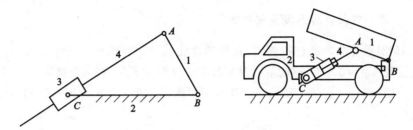

图 3.13　货车自卸机构

（4）导杆机构

在图 3.11(d)所示的曲柄滑块机构中，若取构件 1 作为机架，则曲柄滑块机构便演化为导杆机构。机构中构件 4 称为导杆，滑块 3 相对导杆滑动，并和导杆一起绕 A 点转动，一般取连杆 2 为原动件。当 $l_1 < l_2$ 时，构件 2 和构件 4 都能做整周转动，此机构称为转动导杆机构。图 3.14(a)所示插床插刀机构 $ABCD$ 部分即是本机构的应用实例。工作时，导杆 4 绕 A 轴回转，带动构件 5 及插刀 6，使插刀往复运动，进行切削。

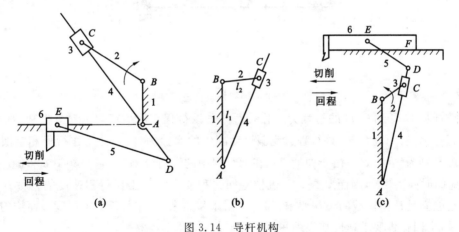

(a)　　　　　　**(b)**　　　　　　**(c)**

图 3.14　导杆机构
(a)插床插刀机构;(b)摆动导杆机构;(c)牛头刨床刨刀驱动机构

当 $l_1 > l_2$ 时，构件 2 能做整周转动，构件 4 只能在某一角度内摆动，则该机构成为摆动导杆机构，如图 3.14(b)所示。图 3.14(c)所示牛头刨床刨刀驱动机构 $ABCD$ 部分即是本机构的应用实例。工作时，导杆 4 摆动，并带动构件 5 及刨刀 6 使刨刀往复运动，进行刨削。

3.2　平面四杆机构的基本特性

四杆机构的运动特性和传力特性由行程速度变化系数、压力角和传动角等参数表示。了解这些特性，对正确选择平面连杆机构的类型和设计平面连杆机构具有重要意义。

3.2.1　四杆机构的极位

曲柄摇杆机构、摆动导杆机构和曲柄滑块机构中,当曲柄为原动件做整周连续转动时,从动件做往复摆动或往复移动的左、右两个极限位置称为极位。图 3.15 所示曲柄摇杆机构中,摇杆所处的两个极限位置 $C_1 D$、$C_2 D$,即为该机构的极位。

3.2.2　急回特性及行程速度变化系数

在图 3.15 所示的曲柄摇杆机构中,在原动件曲柄 AB 转动一周过程中,曲柄 AB 与连杆有两次共线位置 AB_1 和 AB_2,这时从动件摇杆 CD 分别位于左、右两个极限位置 $C_1 D$ 和 $C_2 D$,其夹角 ψ 称为摇杆摆角,它是从动件的摆动范围。曲柄的两个对应位置 AB_1 和 AB_2 所夹锐角 θ 称为极位夹角。

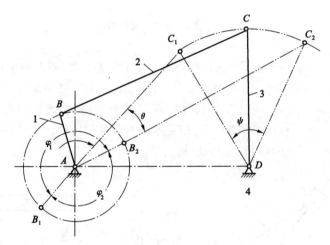

图 3.15　曲柄摇杆机构急回特性

设摇杆从 $C_1 D$ 到 $C_2 D$ 的行程为工作行程——该行程克服生产阻力对外做功,从 $C_2 D$ 到 $C_1 D$ 的行程为空回行程——该行程只克服运动副中的摩擦力,C 点在工作行程和空回行程的平均速度分别为 v_1 和 v_2。由于曲柄 AB 在两行程中的转角分别为 $\varphi_1 = 180° + \theta$ 和 $\varphi_2 = 180° - \theta$,所对应的时间 $t_1 > t_2$,因而 $v_2 > v_1$。机构空回行程速度大于工作行程速度的特性称为急回特性。它能满足某些机械的工作要求,如牛头刨床和插床,工作行程要求速度慢而均匀以提高加工质量,空回行程要求速度快以缩短非工作时间,提高工作效率。

急回特性的程度可以用行程速度变化系数 K 表示,即

$$K = \frac{v_2}{v_1} = \frac{\dfrac{C_2 C_1}{t_2}}{\dfrac{C_1 C_2}{t_1}} = \frac{t_1}{t_2} = \frac{\varphi_1}{\varphi_2} = \frac{180° + \theta}{180° - \theta} \tag{3.2}$$

行程速度变化系数 K 的大小表达了机构的急回特性。若 $K > 1$,表示空回行程速度 v_2 大于工作行程速度 v_1,机构具有急回特性。θ 越大,K 值则越大,机构的急回作用越显著;反之,K 值越小,机构的急回作用越不显著;若极位夹角 θ 为零,则机构没有急回特性。由式(3.2)得

$$\theta = 180° \times \frac{K - 1}{K + 1} \tag{3.3}$$

　　极位夹角 θ 是设计四杆机构的重要参数之一。原动件做等速转动、从动件做往复摆动(或移动)的四杆机构,都可以按机构的极位作出其摆角(或行程)和极位夹角。

　　图 3.16 所示为偏心曲柄滑块机构,原动件曲柄 AB 与连杆 BC 共线时,从动件滑块位于 C_1、C_2 两个极限位置,滑块的行程 $s = C_1C_2$,极位夹角 $\theta = \angle C_1AC_2$。

　　图 3.17 所示为摆动导杆机构,从动件导杆 3 的极限位置是其与原动件曲柄上 B 点轨迹圆相切的位置 B_1C 和 B_2C。由图可知,导杆摆角(行程)φ 等于极位夹角 θ(AB_1 与 AB_2 所夹锐角),即 $\varphi = \theta \neq 0$,故此机构必有急回特性。牛头刨床即利用此特性来提高生产率。

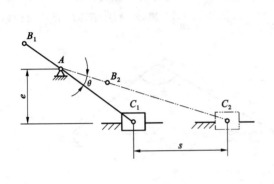

图 3.16　偏心曲柄滑块机构

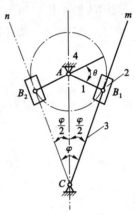

图 3.17　摆动导杆机构

3.2.3　压力角与传动角

　　在图 3.18 所示的铰链四杆机构中,设 AB 为原动件,如不计各构件质量和运动副中的摩擦,连杆 BC 为二力构件,它作用于从动件 CD 上的力 F 是沿 BC 方向的。作用在从动件上的驱动力 F 与该力作用点的绝对速度 v_C 方向之间所夹锐角称为压力角,以 α 表示。力 F 沿 v_C 方向的分力 $F_t = F\cos\alpha$,它能推动从动件做有效功,称为有效分力;沿 v_C 垂直方向的分力 $F_n = F\sin\alpha$,它引起摩擦阻力,产生有害的摩擦功,称为有害分力。压力角 α 越小,有效分力 F_t 就越大。压力角可作为判断机构传力性能的标志。

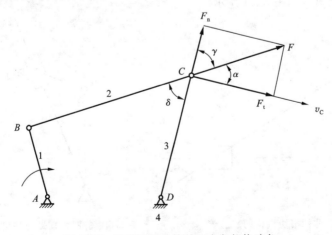

图 3.18　铰链四杆机构的压力角与传动角

　　在连杆机构设计中,为测量方便,常用压力角的余角 γ 来判断传力性能,γ 称为传动角。因 $\gamma = 90° - \alpha$,故压力角 α 越小,γ 越大,机构传力性能越好;反之,压力角 α 越大,γ 越小,机构传力性能越差。压力角(或传动角)的大小反映了机构对驱动力的有效利用程度。

　　机构运行时,α、γ 随从动件的位置不同而变化,为保证机构有良好的传力性能,要限制工作行程的最大压力角 α_{max} 或最小传动角 γ_{min}:对于一般机械,$\alpha_{max} \leqslant 50°$ 或 $\gamma_{min} \geqslant 40°$;对于大功率机械,$\alpha_{max} \leqslant 40°$ 或 $\gamma_{min} \geqslant 50°$。

　　(1) 曲柄摇杆机构的 γ_{min}

　　曲柄摇杆机构的最小传动角出现在曲柄 AB 与机架 AD 共线的两个位置。图 3.19(a)表示 AB' 与 AD 重合,连杆与从动件间的夹角 $\delta = \delta_{min}$;图 3.19(b)表示 AB'' 在 AD 的延长线上,$\delta = \delta_{max}$。

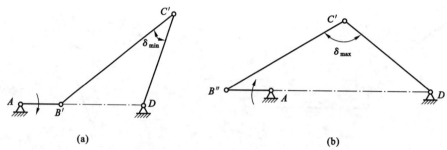

图 3.19　曲柄摇杆机构的 γ_{min}

(a) $\gamma_{min} = \delta_{min}$;(b) $\gamma_{min} = 180° - \delta_{max}$

　　由于 γ 应该是锐角,所以,若 δ 是锐角,则 $\gamma_{min} = \delta_{min}$;若 δ 是钝角,则 $\gamma_{min} = 180° - \delta_{max}$。从两个 γ_{min} 中取较小者作为该机构的最小传动角。

　　(2) 曲柄滑块机构的 α_{max}

　　在曲柄滑块机构中,当原动件曲柄 AB 与从动件滑块导路垂直时,$\alpha = \alpha_{max}$,如图 3.20 所示。

　　(3) 摆动导杆机构的 γ

　　在摆动导杆机构中,当曲柄 AB 为原动件时,因滑块对导杆的作用力始终垂直于导杆,故其传动角 γ 恒等于 $90°$,如图 3.21 所示。

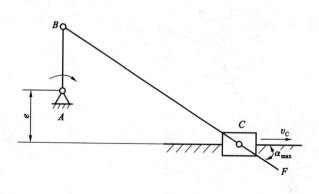

图 3.20　曲柄滑块机构的 α_{max}

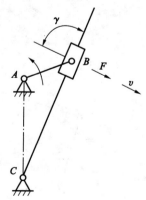

图 3.21　摆动导杆机构的 $\gamma = 90°$

3.2.4 死点位置

在图 3.22 所示的曲柄摇杆机构,摇杆 CD 为主动件,曲柄 AB 为从动件,则当摇杆 CD 处于 C_1D、C_2D 时,连杆 BC 与曲柄 AB 共线。若不计各构件质量,则这时连杆 BC 加给曲柄 AB 的力将通过铰链中心 A,此力对 A 点不产生力矩,因此不能使曲柄转动,机构的这种位置称为死点位置。对于传动机构来说,有死点是不利的,应该采取措施使机构能顺利通过死点位置。对于连续运转的机器,可以利用从动件惯性来通过死点位置,如缝纫机就是借助于带轮的惯性通过死点位置。

机构的死点位置并非总是起消极作用,在某些夹紧装置中可用于防松。如图 3.23 所示,当工件 5 被夹紧时,铰链中心 BCD 共线,工件加在构件 1 上的反作用力 F_n 无论多大,也不能使 3 转动。这就保证在去掉外力 F 之后,仍能可靠地夹紧工件。当需要取出工件时,只需向上扳动手柄,即能松开夹具。

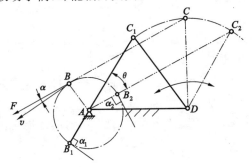 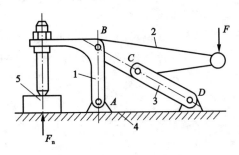

图 3.22 机构的死点   图 3.23 夹紧机构

3.3 平面四杆机构的设计

平面四杆机构的设计是根据给定的运动条件,选定机构的形式,确定机构运动简图中各个构件的尺寸参数。

3.3.1 四杆机构设计条件

(1) 给定位置或运动规律,如连杆位置、连架杆对应位置或行程速度变化系数等。

(2) 给定运动轨迹,如要求起重机中吊钩的轨迹为一直线;搅面机中搅拌杆端能按预定轨迹运动等,这些都是连杆上的点的轨迹。为了使机构设计得合理、可靠,还应考虑几何条件和传力性能要求等。

3.3.2 四杆机构设计方法

四杆机构设计方法有解析法、几何作图法和图谱法等。几何做图法直观,解析法精确,图谱法方便。下面仅以几何作图法为例,介绍四杆机构设计的基本方法。

(1) 按给定连杆两个位置设计四杆机构

已知连杆的两个位置 B_1C_1、B_2C_2 及其长度 l_{BC},设计铰链四杆机构。

设计分析:按给定条件,画出设想的四杆机构(如图 3.24 所示)。由图 3.24 可知,待求的

铰链中心点 A、D 分别是 B 点的轨迹 B_1B_2 和 C 点的轨迹 C_1C_2 的圆心。

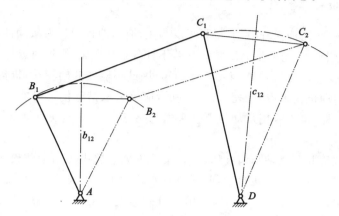

图 3.24　按给定连杆两个位置设计四杆机构

作图步骤：

① 选取比例尺的 μ_L（m/mm 或 mm/mm）；

② 由设计条件，作 B_1B_2 中垂线 b_{12} 和 C_1C_2 中垂线 c_{12}；

③ 在 b_{12} 上任取一点 A，在 c_{12} 上任取一点 D，连接 AB_1 和 C_1D，即得到各构件的长度为

$$l_{AB} = \mu_L(AB_1)、l_{CD} = \mu_L(C_1D)、l_{AD} = \mu_L(AD)$$

由于 A、D 两点是任意选取的，所以有两组无穷多解，因此必须给出辅助条件，才能得出确定的解。

（2）按给定连杆三个位置设计四杆机构

如图 3.25 所示，已知连杆三个位置 B_1C_1、B_2C_2、B_3C_3 及连杆长度 l_{BC}，设计四杆机构。设计方法与给定连杆两个位置方法相同，只是固定铰链 A 是 B_1B_2 的中垂线 b_{12} 和 B_2B_3 的中垂线 b_{23} 的交点，固定铰链 D 是 C_1C_2 的中垂线 c_{12} 和 C_2C_3 的中垂线 c_{23} 的交点，结果是唯一的。

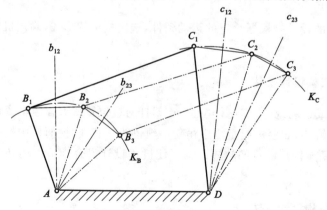

图 3.25　按给定连杆三个位置设计四杆机构

【例 3.3】　设计一砂箱翻转机构。翻台在位置Ⅰ处造型，在位置Ⅱ处起模，翻台与连杆 BC 固连成一整体，$l_{BC}=0.5$ m，机架 AD 为水平位置，如图 3.26 所示。

【解】　由题意可知此机构的两个连杆位置，其设计步骤如下：

① 取 $\mu_L=0.1$ m/mm，则 $BC=l_{BC}/\mu_L=0.5/0.1=5$ mm，在给定位置作 B_1C_1、B_2C_2；

② 作 B_1B_2 中垂线 b_{12}，C_1C_2 中垂线 c_{12}；

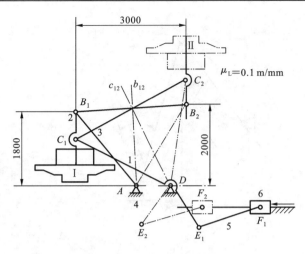

图 3.26　砂箱翻转机构

③ 按给定机架位置作水平线,与 b_{12}、c_{12} 分别交得点 A、D;

④ 连接 AB_1 和 C_1D,即得到各构件的长度分别为

$$l_{AB} = \mu_L(AB) = 0.1 \times 25 = 2.5 \text{ m}$$

$$l_{CD} = \mu_L(CD) = 0.1 \times 27 = 2.7 \text{ m}$$

$$l_{AD} = \mu_L(AD) = 0.1 \times 8 = 0.8 \text{ m}$$

本题解是唯一的,给定的机架 AD 位置是辅助条件。

(3) 按给定的行程速度变化系数 K 设计四杆机构

设计具有急回特性的四杆机构,一般是根据实际运动要求选定行程速度变化系数 K 的数值,然后根据机构极位的几何特点,结合其他辅助条件进行设计。具有急回特性的四杆机构有曲柄摇杆机构、偏心曲柄滑块机构和摆动导杆机构等,其中以典型的曲柄摇杆机构设计为基础。

已知摇杆长度 l_{CD}、摆角 ψ 和行程速度变化系数 K,该机构设计步骤如下:

① 根据实际尺寸确定适当的长度比例尺 μ_L(m/mm 或 mm/mm)。

② 按给定的行程速度变化系数 K,求出极位夹角 θ

$$\theta = 180° \times \frac{K-1}{K+1}$$

③ 如图 3.27 所示,任选固定铰链中心 D 的位置,按摇杆长度 CD 和摆角 ψ 作出摇杆两个极位 C_1D 和 C_2D。

④ 连接 C_1 和 C_2,并作 C_1M 垂直于 C_1C_2。

⑤ 作 $\angle C_1C_2N = 90° - \theta$,得 C_2N 与 C_1M 相交于 P 点,由图可见 $\angle C_1PC_2 = \theta$。

⑥ 作 $\triangle PC_1C_2$ 的外接圆,在此圆周上任取一点 A 作为曲柄的固定铰链中心。连接 AC_1 和 AC_2,因同一圆弧的圆周角相等,故 $\angle C_1AC_2 = \angle C_1PC_2 = \theta$。

⑦ 因在极位处,曲柄与连杆必共线,故 $AC_1 = l_{BC} - l_{AB}$,$AC_2 = l_{BC} + l_{AB}$,从而得曲柄

$$l_{AB} = (AC_2 - AC_1)/2$$

再以 A 为圆心、l_{AB} 为半径作圆,交 C_1A 的延长线于 B_1,交 C_2A 于 B_2,即得 $B_1C_1 = B_2C_2$ $= l_{BC}$ 及 $AD = l_{AD}$。

由于 A 点是在 $\triangle C_1PC_2$ 外接圆上的任选的点,所以若仅按行程速度变化系数 K 设计,可

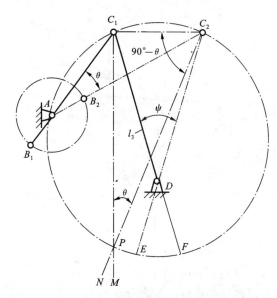

图 3.27　按给定的行程速度变化系数 K 设计四杆机构

得无穷多解。A 点位置不同,机构传动角的大小也不同。要获得良好的传动性能,还需借助其他辅助条件来确定 A 点位置。

实践与思考

3.1　为宾馆、饭店前厅设计大门的开启方式,推拉式或转动式均可。试设计合适的运动副结构,及其与大门合理的连接方式,并绘出机构运动草图。

3.2　分小组讨论,铰链四杆机构可以通过哪几种方式演变成其他形式的机构,并总结机构的分类方法。

3.3　结合实验室机构模型及实物,判断以下概念是否准确,若不正确,请订正。

(1) 极位夹角就是从动件在两个极限位置的夹角。

(2) 压力角就是作用于构件上的力和速度的夹角。

(3) 传动角就是连杆与从动件的夹角。

3.4　什么是机构的急回特性? 在生产中怎样利用这种特性?

3.5　什么是机构的死点位置? 用什么方法可以使机构通过死点位置?

习　　题

3.1　试根据图 3.28 中注明的尺寸判断四杆机构的类型。

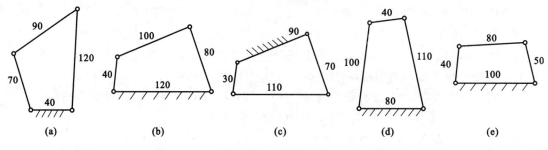

图 3.28　习题 3.1 图

3.2　图 3.29 所示四杆机构中,原动件 1 做匀速顺时针转动,从动件 3 由左向右运动时,要求:

（1）作机构极限位置图；

（2）作出机构出现最小传动角（或最大压力角）时的位置图。

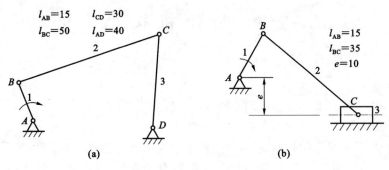

$l_{AB}=15$ 　$l_{CD}=30$
$l_{BC}=50$ 　$l_{AD}=40$

$l_{AB}=15$
$l_{BC}=35$
$e=10$

(a) 　　　　　　　　　　　　　　　　**(b)**

图 3.29　习题 3.2 图

3.3　试用几何作图法设计一曲柄摇杆机构。已知摇杆长 $l_{CD}=100$ mm，最大摆角 $\psi=45°$，行程速度变化系数 $K=1.25$，机架长 $l_{AD}=115$ mm。

3.4　试用几何作图法设计一偏心曲柄滑块机构。已知行程速度变化系数 $K=1.4$，滑块行程 $H=50$ mm，偏距 $e=10$ mm。

3.5　图 3.30 所示为一脚踏轧棉籽机构。铰链中心 A、D 在铅垂线上，要求踏板 CD 在水平位置上下各摆 15°，并给定 $l_{CD}=400$ mm，$l_{AD}=800$ mm，试求曲柄 AB 和连杆 BC 的长度。

3.6　如图 3.31 所示，试设计一加热炉炉门启闭机构。已知炉门上两活动铰链中心距为 500 mm，炉门打开时，门面朝上，固定铰链设在垂直线 yy 上，其余尺寸如图所示。

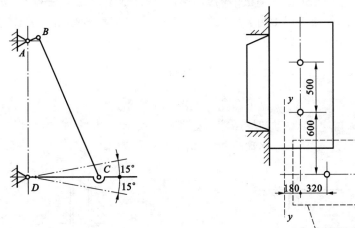

图 3.30　习题 3.5 图　　　　　　　　　　　　图 3.31　习题 3.6 图

3.7　如图 3.32 所示，试设计一夹紧机构。已知连杆长度 $l_{BC}=40$ mm 和它的两个位置：B_1C_1 为水平位置，B_2C_2 为夹紧状态的死点位置，此时，原动件 CD 处于铅垂位置。

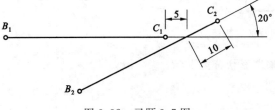

图 3.32　习题 3.7 图

4 凸轮机构

4.1 凸轮机构的组成、应用和分类

在各种机器,特别是自动化机器中,为实现某些特殊或复杂的运动规律,常采用凸轮机构。凸轮机构通常是由原动件凸轮、从动件和机架组成,其功能是将凸轮的连续转动或移动转换为从动件的连续或不连续的移动或摆动。与连杆机构相比,凸轮机构便于准确地实现给定的运动规律,但由于与从动件构成高副是点接触或线接触,所以易磨损,凸轮机构制造比较困难。

图 4.1 所示为内燃机的配气机构。当凸轮 1 做等速转动时,其轮廓通过与气阀 2 的平底接触,推动气阀上、下移动,使气阀按内燃机工作循环的要求有规律地开启和闭合。

图 4.2 所示为自动机床的进给机构。当凸轮 1 等速转动时,其上曲线凹槽的侧面推动从动件扇形齿轮 2 绕 O 点做往复摆动,通过扇形齿轮和固结在刀架 3 上的齿条,控制刀架作进刀和退刀运动。

4.1.1 按凸轮形状分类

(1) 盘形凸轮 如图 4.1 所示。
(2) 圆柱凸轮 如图 4.2 所示。
(3) 移动凸轮 如图 4.3 所示。

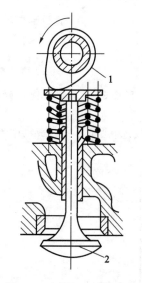

图 4.1 内燃机的配气机构

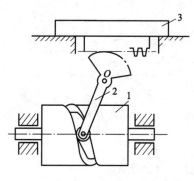

图 4.2 自动机床的进给机构

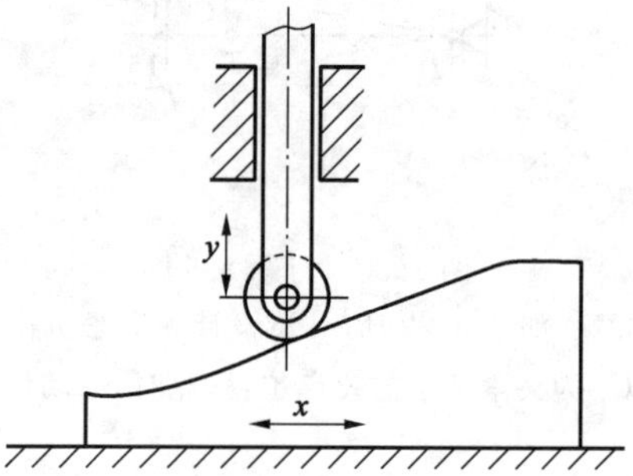

图 4.3 移动凸轮

4.1.2 按从动件末端形状分类

(1) 尖顶从动件

如图 4.4(a)所示,它以尖顶与凸轮接触,由于是点接触,又是滑动摩擦,所以摩擦、磨损都

大,多用于低速、轻载场合。

(2) 滚子从动件

如图 4.4(b)所示,它以滚子与凸轮接触,由于是线接触,又是滚动摩擦,所以摩擦、磨损较小,可以承受较大载荷,应用较广。

(3) 平底从动件

如图 4.4(c)所示,它以平底与凸轮接触,平面与凸轮轮廓间有楔状空隙,便于形成油膜,利于润滑,传动效率高且传力性能好,常用于高速凸轮机构中。

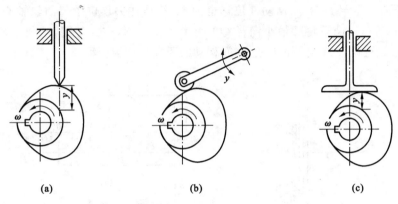

图 4.4 凸轮机构的基本类型
(a) 尖顶从动件;(b) 滚子从动件;(c) 平底从动件

4.1.3 按从动件运动形式分类

(1) 直动从动件 如图 4.1 所示。
(2) 摆动从动件 如图 4.4(b)所示。

4.1.4 按凸轮运动形式分类

(1) 转动凸轮 如图 4.1 所示。
(2) 移动凸轮 如图 4.3 所示。

4.1.5 按使从动件与凸轮保持接触的锁合方式分类

(1) 力锁合

依靠重力或弹簧压力使从动件与凸轮始终保持接触,如图 4.1 所示。

(2) 几何锁合

依靠凸轮与从动件的特殊结构形状,使从动件与凸轮始终保持接触,如图 4.2 所示。

实际应用中的凸轮机构通常是上述类型的不同综合。如图 4.1 所示凸轮机构,便是直动从动件、平底从动件、力锁合的盘形凸轮机构,此名称表达了这种凸轮机构的运动转换功能、构件几何形状和锁合方式。

4.2　常用从动件运动规律

4.2.1　凸轮机构运动过程及有关名称

以图 4.5(a)所示尖顶直动从动件盘形凸轮机构为例,说明原动件凸轮与从动件间的运动关系及有关名称。

图示位置时凸轮转角为零,从动件位移也为零,从动件尖顶位于离凸轮轴心 O 最近位置 A,称为起始位置。以凸轮轮廓最小向径 OA 为半径作的圆,称为基圆,基圆半径用 r_b 表示。从动件离轴心最近位置 A 到最远位置 B' 间移动的距离 h 称为行程。

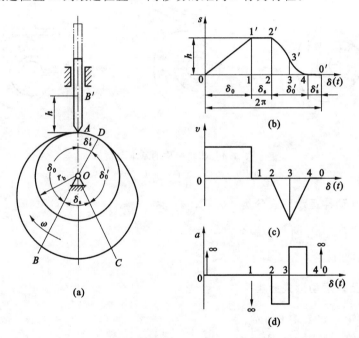

图 4.5　凸轮机构的工作过程和从动件运动线图

(a) 尖顶直动从动件盘形凸轮机构;(b) 凸轮机构的位移线图;

(c) 凸轮机构的速度线图;(d) 凸轮机构的加速度线图

（1）推程

当凸轮以等角速 ω 按顺时针方向转动时,从动件尖顶被凸轮轮廓由 A 推至 B',这一行程称为推程,凸轮相应转角 δ_0 称为推程运动角。从动件在推程做功,称为工作行程。

（2）远休止角

凸轮继续转动,从动件尖顶与凸轮的 BC 圆弧段接触,停留在远离凸轮轴心 O 的位置 B',称为远休止,凸轮相应转角 δ_s 称为远休止角。

（3）回程

凸轮继续转动,从动件尖顶与凸轮轮廓 CD 段接触,在其重力或弹簧力作用下由最远位置 B' 回至最近位置,在 D 点与凸轮接触。这一行程称为回程,凸轮相应转角 δ_0' 称为回程运动角。从动件在回程不做功,称为空回行程。

（4）近休止角

凸轮继续转动，从动件尖顶与凸轮的 DA 圆弧段接触，停留在离凸轮轴心最近位置 A，称为近休止，凸轮相应转角 $\delta_s{}'$ 称为近休止角。

凸轮转过一周，从动件经历推程、远休止、回程、近休止四个运动阶段，是典型的升—停—回—停的双停歇循环。从动件运动也可以是一次停歇或没有停歇的循环。

行程 h 以及各阶段的转角（即 δ_0、δ_s、$\delta_0{}'$、$\delta_s{}'$），是描述凸轮机构运动的重要参数。

4.2.2 位移线图

从动件的运动过程，可用位移线图表示。位移线图以从动件位移 s 为纵坐标，凸轮转角 δ 为横坐标。图 4.5(b) 是图 4.5(a) 所示凸轮机构的位移线图，它以 $01'$、$1'2'$、$2'4$、$40'$ 等四条位移线分别表示该机构推程、远休止、回程、近休止四个运动过程。

由于凸轮以等角速 ω 转动，转角 $\delta=\omega t$，ω 是常数，故位移线图也可以以时间 t 为横坐标。

4.2.3 从动件常用运动规律

从动件在运动过程中，其位移 s、速度 v、加速度 a 随凸轮转角 δ（或时间 t）的变化规律，称为从动件常用运动规律。

从动件常用运动规律有等速运动规律、等加速等减速运动规律和简谐运动规律（又称余弦加速度运动规律）等。

（1）等速运动规律

从动件推程或回程的运动速度为定值的运动规律，称为等速运动规律。

在图 4.5 所示的凸轮机构中，以推程为例，设凸轮以等角速度 ω 转动，当凸轮转过推程角时，从动件升程为 h，则从动件运动方程为

$$\left.\begin{aligned} s &= \frac{h}{\delta_0}\delta \\ v &= \frac{h}{\delta_0}\omega = 常数 \\ a &= 0 \end{aligned}\right\} \tag{4.1}$$

根据上述运动方程，可作出如图 4.6(a) 所示从动件推程的运动线图。通过类似方法，可得到做等速运动从动件回程段的运动线图，如图 4.6(b) 所示。

由图可知，从动件在推程（或回程）开始和终止的瞬时，速度有突变，其加速度和惯性力此刻在理论上为无穷大（实际上由于材料的弹性变形，其加速度和惯性力不可能达到无穷大），从而致使凸轮机构产生强烈的冲击、噪声和磨损，这种冲击称为刚性冲击。因此，等速运动规律只适用于低速、轻载的场合。

（2）等加速等减速运动规律

从动件在一个行程 h 中，前半行程做等加速运动，后半行程做等减速运动，通常取加速度和减速度的绝对值相等。因此，从动件做等加速和等减速运动所经历的时间相等。又因凸轮做等速转动，所以与各运动段对应的凸轮转角也相等，即同为 $\delta_0/2$ 或 $\delta_0{}'/2$。

由匀变速运动的加速度、速度、位移方程，不难得到推程中从动件的运动方程：

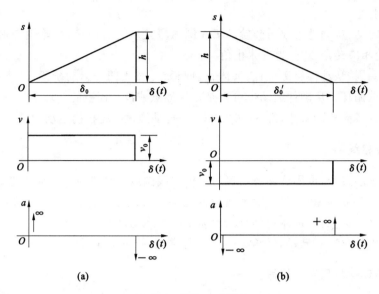

图 4.6 等速运动线图

(a) 推程；(b) 回程

等加速段

$$
\left.
\begin{aligned}
s &= \frac{2h}{\delta_0^{\,2}}\delta^2 \\[4pt]
v &= \frac{4h\omega}{\delta_0^{\,2}}\delta \\[4pt]
a &= \frac{4h\omega^2}{\delta_0^{\,2}} = 常数
\end{aligned}
\right\}
\tag{4.2}
$$

式中 δ 的范围为 $0\sim(\delta_0/2)$。

等减速段

$$
\left.
\begin{aligned}
s &= h - \frac{2h}{\delta_0^{\,2}}(\delta_0-\delta)^2 \\[4pt]
v &= \frac{4h\omega}{\delta_0^{\,2}}(\delta_0-\delta) \\[4pt]
a &= -\frac{4h\omega^2}{\delta_0^{\,2}} = 常数
\end{aligned}
\right\}
\tag{4.3}
$$

式中 δ 的范围为 $(\delta_0/2)\sim\delta_0$。

　　根据上述方程,升程时做等加速等减速运动从动件的等加速上升的位移曲线是二次抛物线,其作图方法如图 4.7(a)所示。在横坐标轴上找出代表 $\delta_0/2$ 的一点,将 $\delta_0/2$ 分成若干等份(图中为 4 等份),得到 1、2、3、4 各点,过这些点作横坐标轴的垂线。又将从动件推程一半 $h/2$ 分成相应的等份(图中为 4 等份),再将点 O 分别与 $h/2$ 上各点 $1'$、$2'$、$3'$、$4'$ 相连接,分别得到 $O1'$、$O2'$、$O3'$、$O4'$ 直线,它们分别与横坐标轴上的点 1、2、3、4 的垂线相交,最后将各交点连成一条光滑曲线,该曲线便是等加速段的位移曲线。等减速段的位移曲线也可用同样的方法求得,但要按相反的次序画出,图 4.7(a)为升程时做等加速等减速运动从动件的位移曲线。同理,不难作出回程时做等加速等减速运动从动件的运动线图,如图 4.7(b)所示。

　　由运动线图可知,这种运动规律的加速度在 A、B、C 三处存在有限的突变,因而会在机构

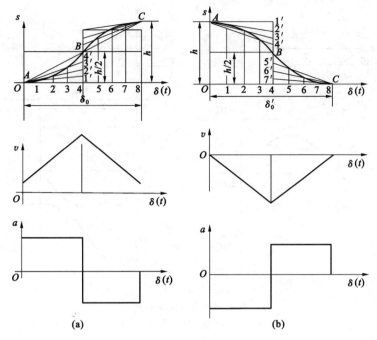

图 4.7　等加速等减速运动线图
(a) 推程；(b) 回程

中产生有限值的冲击力，这种冲击称为柔性冲击。与等速运动规律相比，其冲击程度大为减小。因此，等加速等减速运动规律适用于中速、中载的场合。

（3）简谐运动规律

当一质点在圆周上做匀速运动时，它在该圆直径上投影所形成的运动称为简谐运动。从动件作简谐运动时，其推程的运动方程为

$$\left.\begin{array}{l} s=\dfrac{h}{2}\left[1-\cos\left(\dfrac{\pi}{\delta_0}\delta\right)\right] \\[2mm] v=\dfrac{\pi^2 h\omega}{2\delta_0}\sin\left(\dfrac{\pi}{\delta_0}\delta\right) \\[2mm] a=\dfrac{\pi^2 h\omega^2}{2\delta_0^2}\cos\left(\dfrac{\pi}{\delta_0}\delta\right) \end{array}\right\} \tag{4.4}$$

由方程可知，从动件做简谐运动时，其加速度按余弦曲线变化，故又称余弦加速度运动规律。余弦加速度运动的位移曲线作图方法如图 4.8(a)所示，将代表 δ_0 的横坐标轴分成若干等份，由分点 1、2、3、…向上作垂线；再以行程 h 为直径在 s 坐标轴上作半圆($R=h/2$)，把半圆周也分成相应等份，得分点 $1'$、$2'$、$3'$、…，把各分点向 s 坐标轴投影，延长投影线与上述诸垂线对应相交，最后将各交点连成一光滑曲线，该曲线便是余弦加速度运动的位移曲线。

图 4.8(a)、图 4.8(b)分别为做简谐运动从动件推程段、回程段的运动线图。由加速度线图可知，此运动规律在行程的始末两点加速度存在有限突变，故也存在柔性冲击，只适用于中速场合。但从动件做无停歇的升—降—升连续往复运动时，则得到连续的余弦曲线，运动中完全消除了柔性冲击，因此这种情况下可用于高速传动。

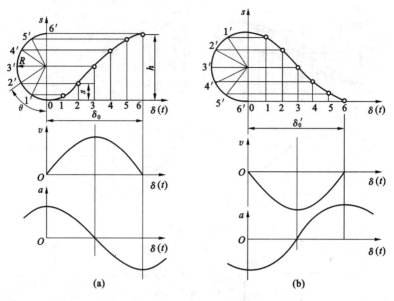

图 4.8　简谐运动线图

（a）推程；（b）回程

4.3　盘形凸轮轮廓线的设计方法

设计凸轮机构时，按使用要求选择凸轮类型、从动件运动规律（位移线图）和基圆半径等，并据此绘制凸轮轮廓。

凸轮机构工作时，凸轮与从动件都是运动的，而绘在图纸上的凸轮是静止的，因此，绘制凸轮轮廓曲线时采用反转法。如图 4.9 所示，设凸轮绕轴 O 以等角速度 ω 顺时针转动。根据相对运动原理，假定给整个机构加上一个与 ω 相反的公共角速度 $-\omega$，这样凸轮就固定不动了，而从动件连同机架一起以公共角速度 $-\omega$ 绕 O 轴转动；同时从动件在导路中相对机架做与原来完全相同的往复移动。由于从动件尖顶始终与凸轮轮廓曲线接触，故从动件尖顶的运动轨迹便是凸轮的理论轮廓线，这就是反转法原理。反转法原理适用于各种凸轮轮廓曲线的设计。

4.3.1　尖顶对心直动从动件盘形凸轮轮廓曲线的绘制

直动从动件盘形凸轮机构中，从动件导路通过凸轮转动轴心，称为对心直动从动件盘形凸轮机构。

（1）理论轮廓设计

设已知某尖顶从动件盘形凸轮机构的凸轮按顺时针方向转动，从动件中心线通过凸轮回转中心，从动件尖顶距凸轮回转中心的最小距离为 30 mm。当凸轮转动时，在 0°～90° 范围内从动件匀速上升 20 mm，在 90°～180° 范围内从动件停止不动，在 180°～360° 范围内从动件匀速下降至原处。试绘制此凸轮轮廓曲线。

作图步骤如下：

① 绘制从动件的位移曲线。取横坐标轴表示凸轮的转角 δ，纵坐标轴表示从动件的位移 s。选择适当的比例尺 μ_L，把 s 与 δ 的关系按题意画成曲线，如图 4.10（a）所示，此即为从动件

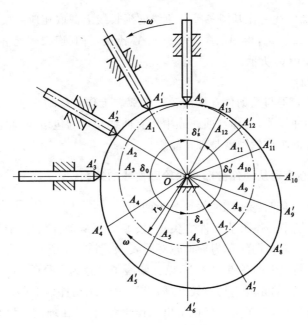

图 4.9 反转法原理

的位移曲线。

② 按区间等分位移曲线横坐标轴,确定从动件的相应位移量。在位移曲线横坐标轴上,将 0°~90°升程区间分成 3 等份,将 180°~360°回程区间分成 6 等份(90°~180°休止区间不需等分)。过这些等分点分别作垂线 11′、22′、33′、…、99′,这些垂线与位移曲线相交所得的线段,就代表相应位置从动件的位移量 s,即 $s_1 = 11'$,$s_2 = 22'$,$s_3 = 33'$,…,$s_9 = 99'$,如图 4.10(a)所示。

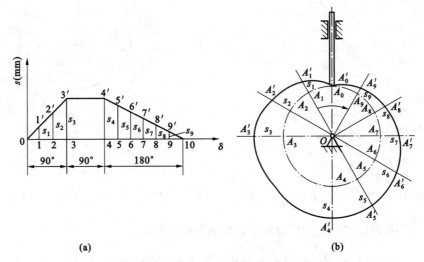

图 4.10 尖顶从动件盘形凸轮轮廓曲线的画法
(a) 按区间等分位移曲线;(b) 凸轮轮廓曲线

③ 作基圆及各区间的相应等分角线。以 O 为圆心,以 $OA_0 = 30$ mm 为半径,按已选定的比例尺作圆,此圆称为基圆,如图 4.10(b)所示。沿凸轮转动的相反方向,按位移曲线横坐标的等分方法将基圆各区间作相应等分,画出各等分角线 OA_0、OA_1、OA_2、…、OA_9。

④ 绘制凸轮轮廓曲线。在基圆各等分角线的延长线上截取相应线段 $A_1A_1' = s_1$，$A_2A_2' = s_2$，$A_3A_3' = s_3$，…，$A_9A_9' = s_9$，得 A_1'、A_2'、A_3'、…、A_9' 各点，将其连成一光滑曲线，即为所求的凸轮轮廓曲线，如图 4.10(b)所示。

（2）工作轮廓设计

工作轮廓是指凸轮上与从动件直接接触的轮廓。工作轮廓的作法是：以理论轮廓为基础作从动件末端形状的曲线族，再作与曲线族中所有曲线相切的包络线，此包络线便是凸轮的工作轮廓。尖顶从动件的工作轮廓就是理论轮廓。

4.3.2　滚子对心直动从动件盘形凸轮轮廓曲线的绘制

绘制滚子从动件盘形凸轮轮廓曲线可分为两步：

（1）把从动件滚子中心作为从动件之尖顶，按照尖顶从动件盘形凸轮轮廓曲线的绘制方法，绘制凸轮轮廓曲线 B，该曲线称为理论轮廓曲线，如图 4.11 所示。

（2）以理论轮廓曲线上的各点为圆心，以已知滚子半径为半径（图中滚子半径为 5 mm）作一族滚子圆，再作这些圆的光滑内切曲线 C，即得该滚子从动件盘形凸轮的工作轮廓曲线（如图 4.11 所示）。在作图时，为了更精确地定出工作轮廓曲线，在理论轮廓曲线的急剧转折处应画出较多的滚子小圆。

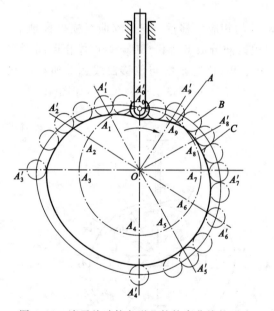
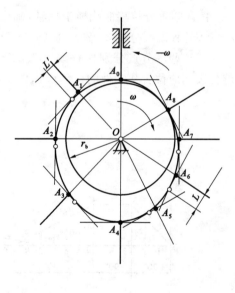

图 4.11　滚子从动件盘形凸轮轮廓曲线的画法　　图 4.12　平底对心移动从动件盘形凸轮轮廓曲线的画法

4.3.3　平底对心移动从动件盘形凸轮轮廓曲线的绘制

平底从动件凸轮轮廓线的绘制与滚子从动件凸轮轮廓线相似，也分两步，如图 4.12 所示。将从动件的平底与其导路中心线的交点 A_0 看成尖顶从动件的尖顶。按尖顶从动件凸轮轮廓线的绘制方法，求得理论轮廓线上的各点 A_1、A_2、A_3、…，然后过这些点作一族代表平底位置的直线（与径向线垂直），再作这族直线的包络线，即得凸轮的实际轮廓曲线。

设计平底移动从动件盘形凸轮机构时，从动件的平底左右两侧的尺寸必须大于导路至左

右最远切点的距离 L、L',以保证凸轮轮廓上任一点都能与平底相切。凸轮的轮廓必须处处是外凸的,因为内凹的轮廓无法与平底接触。

4.3.4 偏置移动从动件盘形凸轮轮廓曲线的绘制

当凸轮机构的结构不允许从动件轴线通过凸轮轴心,或者为了获得较小的机构尺寸时,可采用偏置从动件盘形凸轮机构。

如图 4.13 所示,从动件导路的轴线与凸轮轴心 O 的距离称为偏距 e。从动件在反转运动中依次占据的位置,不再是由凸轮回转轴心 O 作出的径向线,而是始终与 O 保持一偏距 e 的直线。因此,若以凸轮回转中心 O 为圆心,以偏距 e 为半径作偏距圆,则从动件在反转运动中依次占据的位置必然都是偏距圆的切线,从动件的位移($A_1 A_1'$,$A_2 A_2'$,…)也应从这些切线与基圆的交点起始,并在这些切线上量取,这也是与对心移动从动件不同的地方。其余的作图步骤则与尖顶对心移动从动件凸轮轮廓线的作法相同。

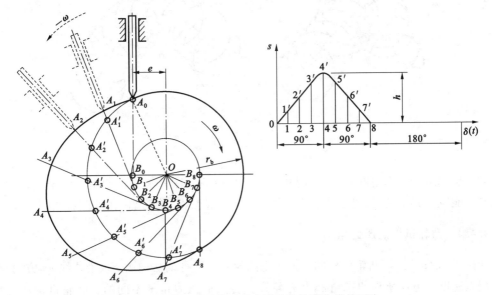

图 4.13 偏置移动从动件盘形凸轮轮廓曲线的画法

若为滚子或平底从动件时,则上述方法求得的轮廓线即是其理论轮廓线,只要如前所述作出它们的包络线,便可求出相应的工作轮廓线。

4.4 凸轮设计中应注意的几个问题

在设计凸轮机构时,必须保证凸轮工作轮廓满足以下要求:
(1) 从动件在所有位置都能准确地实现给定的运动规律;
(2) 机构传力性能要好,不能自锁;
(3) 凸轮结构尺寸要紧凑。
这些要求与滚子半径、凸轮基圆半径、压力角等因素有关。

4.4.1 滚子半径的选择

凸轮理论轮廓是运用反转法,按尖顶从动件的尖顶在复合运动中的一系列位置作出的,必然能实现给定的运动规律;而凸轮的工作轮廓是从动件末端(滚子)一系列位置的包络线,如果包络线自交,这时从动件便不能实现给定的运动规律,称为运动失真。

运动失真与理论轮廓的最小曲率半径和滚子半径的相对大小有关。如图 4.14(a)所示,滚子半径 r_T 大于理论轮廓曲率半径 ρ 时,包络线会出现自相交叉现象[图 4.14(a)中的阴影部分,在制造时不可能制出],这时从动件不能处于正确位置,从而致使从动件运动失真。避免方法是保证理论轮廓最小曲率半径 ρ_{min} 大于滚子半径 r_T[图 4.14(b)],这时包络线不自交。通常取 $r_T < (\rho_{min} - 3)$ mm,对于一般自动机械,r_T 取 10~25 mm。

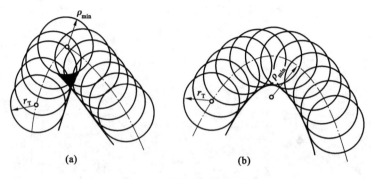

图 4.14 滚子半径的选择

(a) $\rho_{min} < r_T$;(b) $\rho_{min} > r_T$

如果出现运动失真情况时,可采用减小滚子半径的方法来解决。若由于滚子半径的结构等因素不能减小其半径时,可适当增大基圆半径 r_b 以增大理论轮廓线的最小曲率半径。

4.4.2 凸轮机构的压力角

如图 4.15(a)所示,凸轮机构的压力角是凸轮对从动件的法向力 F_n(沿法线 nn 方向)与该力作用点速度 v 方向所夹的锐角 α,凸轮轮廓上各点的压力角是不同的。凸轮机构压力角的测量,可按图 4.15(b)所示的方法,用量角器直接量取。如测量 A 点压力角,则先过 A 点作法线 nn,再用量角器量出它与从动件在 A 点速度间的夹角 α_A。

凸轮机构的压力角与四杆机构的压力角概念相同,是机构传力性能参数。在工作行程中,当 α 超过一定数值时,摩擦阻力足以阻止从动件运动,产生自锁现象。为此,必须限制最大压力角,使 α_{max} 小于许用压力角 $[\alpha]$。一般推荐许用压力角 $[\alpha]$ 的数值如下:

直动从动件的推程 $[\alpha] \leqslant 30° \sim 40°$;

摆动从动件的推程 $[\alpha] \leqslant 40° \sim 50°$。

在空回行程,从动件没有负载,不会自锁,但为防止从动件在重力或弹簧力作用下产生过高的加速度,一般取 $[\alpha] = 70° \sim 80°$。

凸轮机构的 α_{max} 可在作出的凸轮轮廓图中测量,也可根据从动件的运动规律、运动角 δ_0 和 h/r_b 比值由诺模图查得。图 4.16 为对心直动从动件凸轮机构的诺模图。下面通过例题介绍诺模图的具体用法。

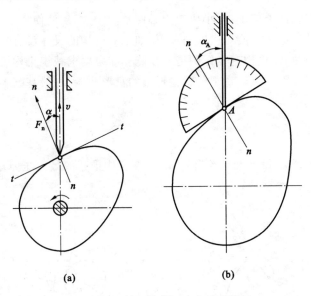

图 4.15 凸轮机构的压力角及其测量

（a）凸轮机构的压力角；（b）凸轮机构压力角的测量

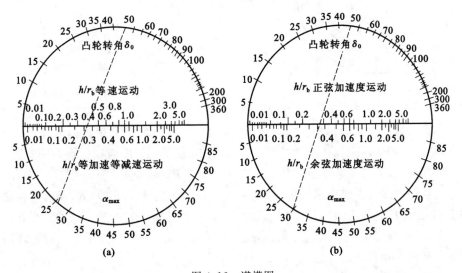

图 4.16 诺模图

【例 4.1】 已知一尖顶对心直动从动件盘形凸轮机构，从动件按等速运动上升，行程 $h=10$ mm，凸轮的推程运动角 $\delta_0=45°$，基圆半径 $r_b=25$ mm，试检验推程的 α_{max}。

【解】 由图 4.16(a)标尺线上部刻度，查得 $h/r_b=10/25=0.4$ 的点；再由上半圆圆周查得 $\delta_0=45°$ 的点，将两点连成直线并向下延长，与下半圆圆周交得 $\alpha_{max}=26°$。$\alpha_{max}<[\alpha]=30°$ ~40°，合格。也可按给定条件，作出凸轮轮廓校验。

4.4.3 凸轮的基圆半径

由上述可知，从机构传力性能方面来考虑，压力角越小越好。但是由图 4.17 可见，压力角不仅与传力性能有关，而且与基圆半径有关。当凸轮转过相同转角 δ、从动件上升相同位移 s 时，在大小不同的两个基圆上，基圆较小的其廓线较陡，压力角较大；基圆较大的其廓线较缓，压力角较小。显然在相同条件下,减小压力角必使基圆增大,从而使整个机构尺寸增大。因此在设计中必须适当处理这一矛盾。一般情况下,如果对机构的尺寸没有严格要求时,可将基圆选大一些以减小压力角,使机构有良好的传力性能。如果要求减小机构尺寸,则所选的基圆应保证最大压力角不超过许用值。对于装配在轴上的盘形凸轮,一般基圆半径可初步取为

$$r_b = (1.6 \sim 2)r_s + r_r \tag{4.5}$$

式中　　r_s——凸轮轴半径;

　　　　r_r——滚子半径。

按初选的基圆半径 r_b 设计凸轮轮廓,然后校核机构推程的最大压力角。

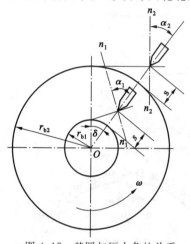 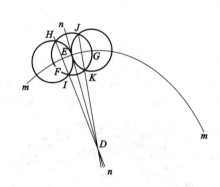

图 4.17　基圆与压力角的关系　　　　　　　　图 4.18　求法线的图解法

在移动从动件盘形凸轮机构的推程中,最大压力角 α_{max} 一般出现在推程的起始位置,或者从动件产生最大速度的附近。校核压力角时,首先在轮廓上根据上述可能出现 α_{max} 的位置确定校核点,然后用图解法求校核点的法线。如图 4.18 所示,设 E 为校核点,该点法线的求法如下:① 以 E 为圆心,任选较小的半径 r 作圆交廓线于 F、G 两点。② 分别以 F 和 G 为圆心,仍以 r 为半径作小圆与中间小圆相交于 H、J 和 I、K。③ 连 H、I 和 J、K,得两延长线的交点 D,即为廓线上点 E 的曲率中心,过 D 和 E 作直线 nn 就是廓线上点 E 的法线。再作出该位置从动件的中心线,即可量得最大压力角值,此值应满足 $\alpha_{max} < [\alpha]$。如果 α_{max} 超过许用值 $[\alpha]$,可适当加大基圆半径重新设计。

基圆半径也可按运动规律、许用压力角由诺模图求得。

【例 4.2】　设计一对心直动滚子从动件盘形凸轮机构,要求凸轮转过推程运动角 $\delta_0 = 45°$ 时,从动件按简谐运动规律上升,其升程 $h = 14$ mm,限定凸轮机构的最大压力角等于许用压力角,$\alpha_{max} = 30°$。试确定凸轮基圆半径。

【解】　由图 4.16(b)查得下半圆中 $\alpha_{max} = 30°$ 的点和上半圆中 $\delta_0 = 45°$ 的点,将其两点连成一直线交标尺线下部刻度(h/r_b 线)于 0.35 处。于是,根据 $h/r_b = 0.35$ 和 $h = 14$ mm,即可求得凸轮的基圆半径 $r_b = 40$ mm。

4.4.4　机构的结构、加工与材料

(1)凸轮的结构

凸轮尺寸小,且与轴的尺寸相近时,则与轴做成一体,称为凸轮轴。凸轮尺寸大,且与轴的

尺寸相差大时,则应与轴分开制造。装配时,凸轮与轴有一定的相对位置要求。根据设计要求,在凸轮上刻出起始位置(0°)或其他标志,作为加工和装配的基准。对于要求凸轮位置沿轴的圆周方向可调时,宜采用图 4.19(a)所示结构。初调时,用螺钉定位,调好后用锥销固定;也可采用图 4.19(b)所示结构,用开槽的锥形套筒与双螺母锁紧凸轮位置,但这种结构承载能力不大。图 4.19(c)所示为凸轮与轴采用键联接,结构简单,但不可调。

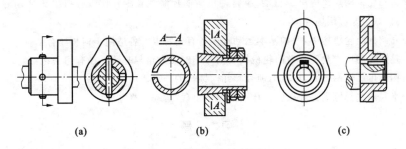

图 4.19　凸轮的结构

(a) 螺钉定位,锥销固定;(b) 锥形套筒与双螺母锁紧凸轮;(c) 键联接

(2) 从动件结构

从动件末端结构形式很多,常用的滚子结构如图 4.20 所示。滚子从动件的滚子可采用专门制造的圆柱体,如图 4.20(a)、(b)所示;也可采用滚动轴承,如图 4.20(c)所示。滚子与从动件顶端可用螺栓联接[图 4.20(a)],也可用小轴联接[图 4.20(b)、(c)],但应保证滚子相对从动件能自由转动。

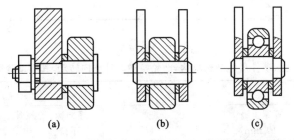

图 4.20　滚子结构

(a) 螺栓联接;(b)、(c) 小轴联接

(3) 凸轮和滚子的材料

凸轮工作时,往往承受的是冲击载荷,同时凸轮表面会有严重的磨损,其磨损值在轮廓上各点均不相同。因此,要求凸轮和滚子的工作表面硬度高、耐磨,对于经常受到冲击的凸轮机构还要求凸轮芯部有较大的韧性。当载荷不大、低速时可选用 HT250、HT300、QT800-2、QT900-2 等作为凸轮的材料。用球墨铸铁时,轮廓表面需经热处理,以提高其耐磨性。中速、中载的凸轮常用 45、40Cr、20Cr、20CrMn 等材料,并经表面淬火,使硬度达到 55～62HRC。高速、重载凸轮可用 40Cr,表面淬火至 56～60HRC;或用 38CrMoAl,经渗氮处理至 60～67HRC。

滚子的材料可用 20Cr,经渗碳淬火,表面硬度达到 56～62HRC,也可用滚动轴承作为滚子。

实践与思考

4.1　查阅有关汽车发动机配气机构的文献,结合实验室模型,了解凸轮机构控制进气阀和排气阀启闭的工作过程,分析凸轮廓线的加工精度对发动机性能的影响。

4.2　结合金工实习,了解凸轮的加工工艺和检验方法。

4.3　为什么凸轮机构广泛应用于自动、半自动机械的控制装置中?比较分析尖顶从动件、滚子从动件和平底从动件的优缺点及应用场合。

4.4　书中介绍的凸轮机构中,三种基本运动规律各有何特点?各适用于何种场合?

4.5　什么是凸轮的压力角?它对凸轮机构有何影响?压力角与基圆半径有何关系?

4.6　从结构和可靠性两方面,比较力锁合和几何锁合的凸轮机构。

4.7　滚子半径的选择原则是什么?在什么情况下出现"运动失真"?

习　　题

4.1　试标出图 4.21 所示凸轮机构位移线图中的行程 h、推程运动角 δ_0、远休止角 δ_s、回程运动角 δ'_0 和近休止角 δ'_s。

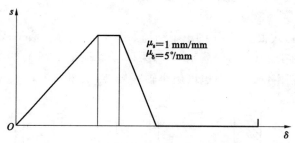

图 4.21　习题 4.1 图

4.2　一尖顶对心直动从动件盘形凸轮机构,凸轮按逆时针方向转动,其运动规律为:

凸轮转角 δ	$0°\sim90°$	$90°\sim150°$	$150°\sim240°$	$240°\sim360°$
从动件位移 s	等速上升 40 mm	停　　止	等加速、等减速下降至原位	停　　止

要求:(1) 画出位移曲线;

　　　(2) 若基圆半径 $r_b=45$ mm,画出凸轮工作轮廓。

4.3　习题 4.1 中若改为滚子从动件,滚子半径 $r_T=12$ mm,其余条件不变,要求:画出凸轮工作轮廓。

4.4　标出图 4.22 中各凸轮机构在图示 A 位置的压力角 α_A 和再转过 45° 时的压力角 α'_A。

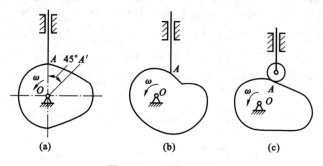

图 4.22　习题 4.4 图

5 齿 轮 机 构

5.1 齿轮机构的特点和类型

5.1.1 齿轮机构的特点

齿轮机构广泛用于传递空间任意两轴间的运动和动力,其圆周速度可达到 300 m/s,是历史上应用最早的传动机构之一,具有传递功率大(最大功率可达 10^5 kW)、效率高(98% ~ 99%)、传动比准确、能传递任意夹角两轴间的运动、使用寿命长、工作平稳、安全可靠等优点。其主要缺点是要求较高的制造和安装精度,加工齿轮需要用专用机床和设备,成本较高,且不宜做轴间距离较大的传动。

5.1.2 齿轮机构的类型

根据齿轮机构主、从动轮回转轴线是否平行,可将齿轮机构分为两类,即平面齿轮机构和空间齿轮机构,如图 5.1 所示。

(1)平面齿轮机构

平面齿轮机构主要用于传递两平行轴之间的运动和动力。平面齿轮的轮坯是圆柱形的,故称为圆柱齿轮。平面齿轮机构如图 5.1 中的(a)、(b)、(c)、(d)、(e)所示。

① 直齿圆柱齿轮机构　直齿圆柱齿轮简称直齿轮,其轮齿的齿向与轴线平行。由一对直齿轮组成的齿轮机构即为直齿圆柱齿轮机构,按其啮合方式可分为以下类型:

a. 外啮合直齿轮机构。如图 5.1(a)所示,由两个外齿轮互相啮合传动,两齿轮的转动方向相反。

b. 内啮合直齿轮机构。如图 5.1(b)所示,由一个外齿轮和一个内齿轮互相啮合传动,两齿轮的转动方向相同。

c. 齿轮齿条机构。如图 5.1(c)所示,由一个外齿轮和一个齿条互相啮合传动。齿轮转动,齿条做直线平移运动。齿条是圆柱齿轮的特殊形式,当齿轮的齿数增大到无穷多时,即演变为排列着轮齿的齿条。

② 平行轴斜齿圆柱齿轮机构　斜齿圆柱齿轮简称斜齿轮,其轮齿的齿向与轴线倾斜一个角度,如图 5.1(d)所示。平行轴斜齿轮机构也有外啮合、内啮合和齿轮齿条三种啮合方式。

③ 人字齿轮机构　人字齿轮的齿向为人字形,如图 5.1(e)所示。它们相当于由两个全等且齿向倾斜方向相反的斜齿轮组合而成。

(2)空间齿轮机构

空间齿轮机构主要用于传递两不平行轴之间的运动和动力。空间齿轮机构又可分为如下几种:

① 圆锥齿轮机构　圆锥齿轮的轮齿分布在截圆锥体的表面上,有直齿和曲线齿等,如图

图 5.1　齿轮机构的类型

（a）外啮合直齿轮机构；（b）内啮合直齿轮机构；（c）齿轮齿条机构；

（d）平行轴斜齿圆柱齿轮机构；（e）人字齿轮机构；（f）直齿圆锥齿轮机构；

（g）曲线齿圆锥齿轮机构；（h）交错轴斜齿轮机构；（i）蜗杆蜗轮机构

5.1(f)和图 5.1(g)所示，用于传递两相交轴之间的运动和动力。

　　② 交错轴斜齿轮机构　当组成齿轮机构的两个斜齿圆柱齿轮的轴线成空间交错时，机构可用来传递空间两交错轴之间的运动和动力，如图 5.1(h)所示。

　　③ 蜗杆蜗轮机构　蜗杆蜗轮机构也是用来传递空间交错轴之间的运动和动力，两轴之间的交错角一般为 90°，如图 5.1(i)所示。

5.2 齿廓啮合基本定律

5.2.1 研究齿廓啮合基本定律的目的

一对齿轮传递力和运动是依靠主动轮的轮齿依次推动从动轮的轮齿来进行工作的。在生产实践中对齿轮传动的要求是多方面的,其基本要求是传动准确平稳,即要求其瞬时传动比必须保持不变。否则,当主动轮以等角速度回转时,从动轮的角速度为变数,从而产生惯性力。这种惯性力不仅影响轮齿的强度和寿命,而且还会引起机器的震动、噪声和工作精度。当两齿轮传动时,其瞬时传动比的变化规律与两轮齿廓曲线形状有关,即齿廓的形状不同,两轮瞬时传动比的变化规律也不同。齿廓啮合基本定律就是研究当齿廓形状符合何种条件时,才能满足瞬时传动比必须保持不变这一基本要求的。

5.2.2 齿廓啮合基本定律

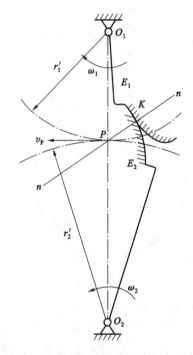

瞬时传动比就是主、从动轮瞬时角速度的比值,常用 i_{12} 表示,即

$$i_{12} = \frac{\omega_1}{\omega_2} \qquad (5.1)$$

图 5.2 所示的任意一对相啮合的齿轮齿廓,设两轮的转动中心分别为 O_1、O_2,主动轮以 ω_1 顺时针转动,从动轮以 ω_2 逆时针转动。两啮合齿轮的齿廓 E_1 和 E_2 某一瞬时在 K 点接触,则过点 K 作两齿廓 E_1、E_2 的公法线 nn 与两轮连心线交于点 P,由三心定理可知,点 P 为两齿轮的相对速度瞬心,因此,两轮在点 P 的速度相等,即

$$v_{P1} = \omega_1 \overline{O_1P} = v_{P2} = \omega_2 \overline{O_2P} \qquad (5.2)$$

则两轮的传动比又可表示为

$$i_{12} = \frac{\omega_1}{\omega_2} = \frac{\overline{O_2P}}{\overline{O_1P}} \qquad (5.3)$$

式(5.3)表明,要使两轮的传动比恒定不变,则比值 $\dfrac{\overline{O_2P}}{\overline{O_1P}}$ 应为常数。因两轮中心距 O_1O_2 为定长,所以要使

图 5.2 一对平面齿廓啮合示意图

$\dfrac{\overline{O_2P}}{\overline{O_1P}}$ 为常数,则必须使点 P 为一定点。因此,对于传动比恒定的齿轮传动,其齿廓曲线必须满足的条件是:不论两齿廓在任何位置接触,过啮合点所作的两齿廓的公法线必须与两轮连心线 O_1O_2 相交于一定点。

上述过两齿廓接触点所作的齿廓公法线与两轮连心线 O_1O_2 的交点 P,称为啮合节点(简称为节点)。由于两轮做定传动比传动时,节点 P 为一定点,因此点 P 在两轮 1、2 的运动平面上的轨迹是分别以 O_1 和 O_2 为圆心、以 O_1P 和 O_2P 为半径的两个圆。这两个圆分别称为轮 1 和轮 2 的节圆。两节圆在切点 P 的线速度相等($v_{P1} = v_{P2}$),故两齿轮的啮合传动可以视为两节圆做纯滚动。节圆是一对齿轮传动时出现节点后才存在的,所以单个齿轮没有节点,也不存在节圆。

同时,式(5.3)还表明:互相啮合的一对齿轮,在任一位置时的传动比,都与其连心线 O_1O_2 被其啮合齿廓在接触点处的公法线所分成的两段成反比。这一定律称为齿廓啮合的基本定律。

凡是能满足齿廓啮合基本定律的一对齿廓,称为共轭齿廓。

5.3 渐开线齿廓

为了研究渐开线齿轮的传动特点,首先必须对渐开线的特性加以研究。下面将分别讨论渐开线的形成、性质、方程式及渐开线齿廓的啮合特性。

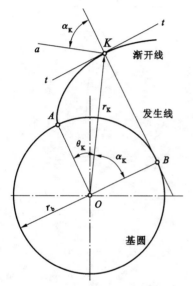

图 5.3 渐开线的形成

5.3.1 渐开线的形成

如图 5.3 所示,当直线 BK 沿半径为 r_b 的圆做纯滚动时,直线上任一点 K 的轨迹 AK 就是该圆的渐开线。这个圆称为渐开线的基圆,r_b 称为基圆半径,而该直线 BK 称为渐开线的发生线,角 θ_K 称为渐开线在 AK 段的展角。

5.3.2 渐开线的特性

由渐开线的形成过程可知,渐开线具有以下几个性质:

(1) 发生线沿基圆滚过的长度,等于基圆上被滚过的圆弧长度,如图 5.3 所示,即

$$\overline{BK} = \overset{\frown}{AB}$$

(2) 渐开线上任意点的法线恒与基圆相切

发生线 BK 沿基圆做纯滚动时,它与基圆的切点为其速度瞬心。因此,发生线 BK 即为渐开线上点 K 的法线。又因发生线始终切于基圆,故可得出结论:渐开线上任意点的法线,一定是基圆的切线。

(3) 发生线与基圆的切点 B 是渐开线在点 K 的曲率中心,而线段 BK 是渐开线在点 K 的曲率半径。渐开线越接近基圆的部分,其曲率半径越小,即曲率越大,渐开线越弯曲。在基圆上,其曲率半径为零。

(4) 渐开线的形状取决于基圆的大小

如图 5.4 所示,基圆半径越大,其渐开线越平直。当基圆半径为无穷大时,渐开线便成为一条直线。

(5) 同一基圆上任意两条渐开线(不论是同向的还是反向的)是法向等距曲线

图 5.5 所示的 C 和 C' 是同一基圆上的两条反向渐开线,A_1B_1 与 A_2B_2 为 C、C' 间任意的两条法线,由渐开线特性(1)、(2)可知

$$\overline{A_1B_1} = \overline{A_2B_2} = \overset{\frown}{AB}$$

(6) 基圆内无渐开线

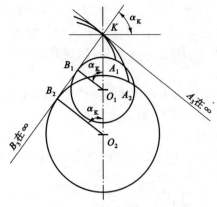

图 5.4 不同基圆上的渐开线

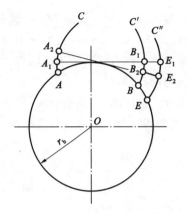

图 5.5 同一基圆上的渐开线

5.3.3 渐开线的方程式

在实际工作中,为了研究渐开线齿轮的传动、描绘齿廓曲线和计算轮齿厚等几何尺寸,常常要用到渐开线方程。渐开线可用极坐标方程或直角坐标方程表达。为了方便起见,通常用极坐标方程。下面就根据渐开线的形成过程来推导它的方程式。

如图 5.3 所示,点 A 为渐开线在基圆的起点,点 K 为渐开线上任意一点,其向径用 r_K 来表示。渐开线 AK 的展角用 θ_K 表示。若将此渐开线作为一齿轮的齿廓曲线,并且与其共轭齿廓在点 K 啮合,则此时齿廓在点 K 所受正压力的方向(即齿廓曲线在该点的法线)与点 K 速度方向线之间所夹的锐角,称为渐开线在点 K 的压力角,用 α_K 表示。

由直角 $\triangle OBK$ 可得

$$r_K = \frac{r_b}{\cos\alpha_K} \tag{5.4}$$

又

$$\tan\alpha_K = \frac{\overline{BK}}{r_b} = \frac{\overparen{AB}}{r_b} = \frac{r_b(\alpha_K + \theta_K)}{r_b} = \alpha_K + \theta_K$$

故

$$\theta_K = \tan\alpha_K - \alpha_K \tag{5.5}$$

上式表明,渐开线上点 K 的展角 θ_K 是随压力角 α_K 的大小变化的,只要知道了渐开线上各点的压力角 α_K,则该点的展角 θ_K 就可以由上式算出,故 θ_K 是 α_K 的函数。又因该函数是根据渐开线的性质推导出来的,所以又将 θ_K 称为 α_K 的渐开线函数,工程上常用 $\mathrm{inv}\alpha_K$ 表示 θ_K,即

$$\theta_K = \mathrm{inv}\alpha_K = \tan\alpha_K - \alpha_K \tag{5.6}$$

式中,θ_K 和 α_K 的单位为弧度。

综上所述,可得渐开线的极坐标参数方程为

$$\left. \begin{array}{l} r_K = \dfrac{r_b}{\cos\alpha_K} \\[2mm] \mathrm{inv}\alpha_K = \tan\alpha_K - \alpha_K \end{array} \right\} \tag{5.7}$$

5.3.4 渐开线齿廓的啮合特性

(1)四线合一

如图 5.6 所示,一对渐开线齿廓在任意点 K 相啮合,过点 K 可作两齿廓的公法线 N_1N_2。

根据渐开线的性质,该公法线 N_1N_2 就是两基圆的内公切线。由于齿轮基圆的大小和位置均固定,公法线 N_1N_2 是唯一的,因此不管齿轮在哪一点啮合,啮合点总在这条公法线 N_1N_2 上,该公法线也称为啮合线。两齿廓啮合,如不计摩擦,正压力沿法线方向传递,这时法线 N_1N_2 就是正压力的作用线。

　　两渐开线齿廓啮合,其啮合线、两基圆的内公切线和正压力作用线都与齿廓公法线 N_1N_2 重合,称之为四线合一。该线与连心线 O_1O_2 的交点 P 是一固定点,称为节点。

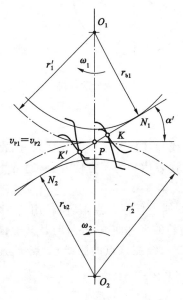

图 5.6　渐开线齿廓的啮合特性

（2）中心距可分性

　　从图 5.6 中可知,$\triangle O_1PN_1 \backsim \triangle O_2PN_2$,所以两轮的传动比为

$$i_{12} = \frac{\omega_1}{\omega_2} = \frac{\overline{O_2P}}{\overline{O_1P}} = \frac{r_2'}{r_1'} = \frac{r_{b2}}{r_{b1}} = 常数$$

　　由上式可知渐开线齿轮的传动比是常数。齿轮一经加工完毕,基圆大小就确定了,因此在安装时若中心距略有变化也不会改变传动比的大小,此特性称为中心距可分性。该特性使渐开线齿轮对加工、安装的误差及轴承的磨损不敏感,这一点对齿轮传动十分重要。

（3）啮合角不变

　　啮合线与两节圆公切线所夹的锐角称为啮合角,用 α' 表示,它就是渐开线在节圆上的压力角。显然齿轮传动时啮合角不变,力作用线方向不变。若传递的转矩不变,其压力大小也保持不变,因而传动较平稳。

（4）齿面的滑动

　　如图 5.6 所示,在节点啮合时,两个节圆做纯滚动,齿面上无滑动存在。在任意点 K 啮合时,由于点 K 的线速度(v_{K1}、v_{K2})不重合,必会产生沿着齿面方向的相对滑动,造成齿面的磨损等。

5.4　渐开线标准直齿圆柱齿轮

　　前面已讨论了渐开线齿廓的啮合特性,实际齿轮是由同一基圆上两条反向渐开线段组成的轮齿均匀分布在圆周上所形成的。为了进一步研究齿轮的传动原理和齿轮的设计问题,必须熟悉齿轮各部分的名称、符号及几何尺寸的计算。

5.4.1　外齿轮

（1）齿轮各部分名称

　　图 5.7 所示是标准直齿圆柱齿轮的一部分。在齿轮整个圆周上轮齿的总数称为齿轮的齿数,常用 z 表示。

　　① 齿顶圆　过齿轮所有齿顶端的圆称为齿顶圆,其半径用 r_a 表示,直径用 d_a 表示。

　　② 齿根圆　齿轮相邻两齿廓的空间称为齿槽,过所有齿槽底部的圆称为齿根圆,其半径用 r_f 表示,直径用 d_f 表示。

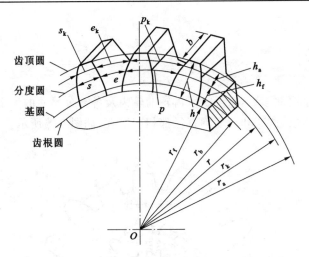

图 5.7 标准直齿圆柱齿轮各部分的名称、尺寸和符号

③ 齿距 在半径为 r_k 的任意圆周上相邻两齿同侧齿廓间的弧线长度称为齿距,用 p_k 表示。

④ 齿厚 在半径为 r_k 的任意圆周上,同一轮齿的两侧齿廓间的弧线长度称为齿厚,用 s_k 表示。

⑤ 齿槽宽 在半径为 r_k 的任意圆周上,相邻轮齿间的齿槽上的圆周弧长称为齿槽宽,用 e_k 表示。由图 5.7 可知,在同一圆周上齿距等于齿厚与齿槽宽之和,即

$$p_k = e_k + s_k \tag{5.8}$$

⑥ 分度圆 齿顶圆和齿根圆之间的圆,是为设计和制造的方便而规定的一个理论圆,用它作为度量齿轮尺寸的基准圆,其半径用 r、直径用 d 表示。规定标准齿轮分度圆上的齿厚 e 与齿槽宽 s 相等,即 $s = e$,且有

$$p = s + e \tag{5.9}$$

⑦ 齿顶高 轮齿在分度圆和齿顶圆之间的部分称为齿顶,其径向高度称为齿顶高,用 h_a 表示。

⑧ 齿根高 轮齿在分度圆和齿根圆之间的部分称为齿根,其径向高度称为齿根高,用 h_f 表示。

⑨ 齿全高 轮齿在齿顶圆和齿根圆之间的径向高度称为齿全高,用 h 表示,即

$$h = h_a + h_f \tag{5.10}$$

⑩ 齿宽 轮齿沿齿轮轴线方向的宽度,用 b 表示。

(2) 标准齿轮的基本参数

① 模数 m 齿轮分度圆是计算齿轮各部分尺寸的基准,而齿轮分度圆的周长 $= \pi d = zp$,由此可得分度圆的直径为

$$d = \frac{zp}{\pi} \tag{5.11}$$

但由于在上式中 π 为一无理数,这将使计算、制造和检验等很不方便。为了便于计算、制造和检验,现将 p/π 比值人为地规定为标准值(整数或较完整的有理数),并把这个比值称为模数,用 m 表示,即令

$$m = \frac{p}{\pi} \tag{5.12}$$

其单位为 mm,于是得

$$d = mz \tag{5.13}$$

　　模数是一个很重要的参数,它反映了齿轮的轮齿及各部分尺寸的大小。当齿数 z 不变时,模数越大,其齿距、齿厚、齿高和分度圆直径都相应增大,如图 5.8 所示。

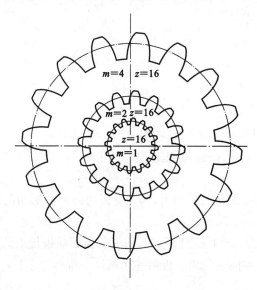

图 5.8　不同模数齿轮的比较

　　为了便于计算、制造、检验和互换使用,齿轮的模数值已经标准化,如表 5.1 所示。

表 5.1　渐开线齿轮的模数(GB 1357—87)

第一系列	1　1.25　1.5　2　2.5　3　4　5　6　8　10　12　16　20　25　32　40　50		
第二系列	1.75　2.25　2.75　(3.25)　3.5　(3.75)　4.5　5.5　(6.5)　7　9　(11)　14　18　22 28　(30)　36　45		

注:本表适用于渐开线直齿圆柱齿轮,对于斜齿轮指法面模数。

　　选用模数时,应优先采用第一系列,其次是第二系列,括号内的数字尽可能不用。

　　② 分度圆压力角 α　由渐开线方程式(5.7)可知,渐开线齿廓在半径为 r_K 的圆周上的压力角为

$$\alpha_K = \arccos \frac{r_b}{r_K} \tag{5.14}$$

由此式可见,对于同一渐开线齿廓,r_K 不同,α_K 不同,即渐开线齿廓在不同圆周上有不同的压力角。通常所说的齿轮压力角指在分度圆上的压力角,用 α 表示。

　　压力角 α 是决定渐开线齿廓形状的一个基本参数。压力角的大小与齿轮的传力效果及抗弯强度有关。

　　渐开线齿轮的分度圆可作如下定义:齿轮上具有标准模数和标准压力角的圆。通常将标准模数和标准压力角简称为模数和压力角。由式(5.13)可知,当齿轮的模数和齿数一定时,其分度圆的大小就完全确定了。所以任何一个齿轮都有一个分度圆,而且只有一个分度圆。

③ 齿顶高系数 h_a^* 和顶隙系数 c^*　为了以模数 m 表示齿轮的几何尺寸,规定齿顶高和齿根高分别为

$$\left.\begin{array}{l} h_a = h_a^* m \\ h_f = (h_a^* + c^*)m \end{array}\right\} \tag{5.15}$$

式中　h_a^*——齿顶高系数;

　　　c^*——顶隙系数。

这两个系数在我国已标准化,其数值分别为:

正常齿制:$m \geqslant 1$ 时,$h_a^* = 1$,$c^* = 0.25$;$m < 1$ 时,$h_a^* = 1$,$c^* = 0.35$。

短齿制:$h_a^* = 0.8$,$c^* = 0.3$。

称齿数 z、模数 m、压力角 α、齿顶高系数 h_a^*、顶隙系数 c^* 为齿轮的五大基本参数,它们的值决定了齿轮的主要几何尺寸及齿廓形状。

(3) 几何尺寸计算公式

渐开线标准直齿圆柱齿轮几何尺寸的计算公式列于表 5.2,以供设计、计算时应用。

所谓标准齿轮是指 m、z、α、h_a^*、c^* 均为标准值,并且 $s = e$ 的齿轮。

表 5.2　标准直齿圆柱齿轮传动几何尺寸计算公式

名　称	代号	计　算　公　式	
		外(啮合)齿轮	内(啮合)齿轮
模数	m	(根据轮齿承受载荷情况和结构要求等确定,选用标准值)	
压力角	α	选用标准值	
分度圆直径	d	$d = mz$	
齿顶高	h_a	$h_a = h_a^* m$	
齿根高	h_f	$h_f = (h_a^* + c^*)m$	
齿全高	h	$h = h_a + h_f$	
齿顶圆直径	d_a	$d_a = (z + 2h_a^*)m$	$d_a = (z - 2h_a^*)m$
齿根圆直径	d_f	$d_f = (z - 2h_a^* - 2c^*)m$	$d_f = (z + 2h_a^* + 2c^*)m$
基圆直径	d_b	$d_b = d\cos\alpha$	
分度圆齿距	p	$p = \pi m$	
基圆齿距	p_b	$p_b = p\cos\alpha$	
分度圆齿厚	s	$s = \pi m/2$	
分度圆齿槽宽	e	$e = \pi m/2$	
节圆直径	d'	(当中心距为标准中心距时)$d' = d$	
标准中心距	a	$a = (d_1 + d_2)/2$	$a = (d_1 - d_2)/2$
顶隙	c	$c = c^* m$	

5.4.2　内齿轮

图 5.9 所示为一内齿圆柱齿轮。内齿轮的齿廓形成原理和外齿轮相同。相同基圆的内齿

轮和外齿轮,其齿廓曲线是完全相同的渐开线,但轮齿的形状不同,内齿轮的齿廓是内凹的,而外齿轮的齿廓是外凸的,所以它与外齿轮相比较有以下不同点:

(1) 内齿轮的轮齿分布在空心圆柱体内表面上,所以内齿轮的齿厚相当于外齿轮的齿槽宽,而内齿轮的齿槽宽相当于外齿轮的齿厚。

(2) 内齿轮的齿根圆大于分度圆,而分度圆又大于齿顶圆。

(3) 为了保证内齿轮齿顶齿廓全部为渐开线,因基圆内无渐开线,所以内齿轮的齿顶圆必须大于基圆。

内齿圆柱齿轮的几何尺寸可参照表 5.2 的计算公式进行计算。

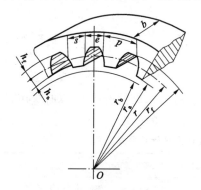

图 5.9　内齿圆柱齿轮部分的
名称、尺寸和符号

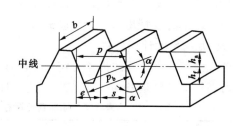

图 5.10　标准齿条的齿形

5.4.3　齿条

图 5.10 所示为一齿条。齿条是圆柱齿轮的特殊形式,当外齿轮的齿数增大到无穷多时,其基圆的圆心将位于无穷远处,这时渐开线齿廓曲线变为直线,同时,齿轮的齿顶圆、齿根圆、分度圆也相应地变为齿顶线、齿根线和分度线(也称为齿条的中线)。从这个齿轮上取有限齿数的一段就是齿条。齿条和齿轮相比有下列特点:

(1) 由于齿条齿廓是直线,所以齿廓上各点的法线是平行的。在传动中,齿条的运动为平动,齿廓上各点的速度方向相同,所以齿条齿廓上各点的压力角都相等,且等于齿形角。

(2) 由于齿条上各齿同侧齿廓相互平行,因此在与分度线平行的任一条直线上的齿距都相等,即 $p_k=p=\pi m$。但只有在分度线上齿厚与齿槽宽相等,皆为 $\pi m/2$。

齿条的尺寸也可以参照外齿轮几何尺寸的计算公式进行计算。

5.4.4　公法线长度 W_k

用测量公法线长度的方法来检验齿轮的精度,既简便又准确。所谓公法线长度,是指齿轮卡尺跨过 k 个齿所量得的齿廓间的法向距离。

如图 5.11 所示,与齿廓相切于 A、B 两点(图中卡脚跨三个齿),设跨齿数为 k,卡脚与齿廓切点 A、B 的距离 AB 即为所测得的公法线长度,用 W_k 表示。由图可知

$$W_k = (k-1)\pi m\cos\alpha + m\cos\alpha(\pi/2 + z\,\mathrm{inv}\alpha) \tag{5.16}$$

整理后得

$$W_k = m\cos\alpha[(k-0.5)\pi + z\,\mathrm{inv}\alpha] = m[2.9521(k-0.5) + 0.014z] \tag{5.17}$$

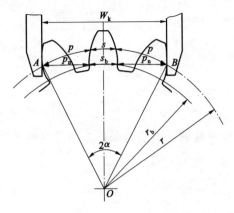

图 5.11 公法线长度的测量　　　　图 5.12 跨齿数对测量的影响

在测量公法线长度时,应保证卡脚与齿廓渐开线部分相切。如果跨齿数太多,卡尺的卡脚就会在齿廓顶部接触;如果跨齿数太少,就会在根部接触(如图 5.12 所示),这两种情况测量均不允许。跨齿数 k 由下式计算

$$k = \frac{\alpha}{180°}z + 0.5 \approx \frac{z}{9} + 0.5 \tag{5.18}$$

实际测量时跨齿数 k 必为整数,故式(5.18)的计算结果必须按四舍五入圆整为整数。

5.5　渐开线标准直齿圆柱齿轮的啮合传动

以上仅就单个渐开线齿轮进行了研究,下面将讨论一对渐开线齿轮啮合传动的情况。

5.5.1　一对渐开线齿轮的正确啮合条件

前述已经表明,渐开线齿廓能保证定比传动及其他优点,但任意两个渐开线齿轮不一定都能保证正确传动。因此,必须分析两渐开线齿轮的正确啮合条件。

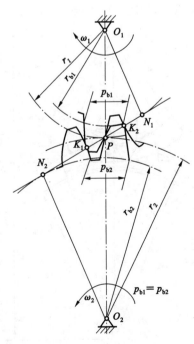

齿轮传动时,它的每一对齿仅啮合一段时间便要分离,而由后一对齿接替。图 5.13 所示为一对渐开线齿轮的啮合传动,其齿廓啮合点 K_1、K_2 都应在啮合线 N_1N_2 上。要使各对轮齿都能正确地在啮合线上啮合而不互相嵌入或分离,则当前一对齿在啮合线上的 K_1 点接触时,其后一对齿应在啮合线上另一点 K_2 接触。为了保证前后两对齿有可能同时在啮合线上接触,两轮相邻两齿间 $\overline{K_1K_2}$ 的长应相等,即相邻两齿同侧齿廓间法向齿距应相等。如果不等,当 $p_{b1} > p_{b2}$ 时,传动会短时间中断,产生冲击;当 $p_{b1} < p_{b2}$ 时,轮齿会卡住。由此可以得出结论,要使两齿轮正确啮合,则它们的基圆齿距必须相等,即

$$p_{b1} = p_{b2} \tag{5.19}$$

图 5.13　正确啮合条件

又因为

$$p_{b1} = p_1 \cos\alpha_1 = \frac{\pi d_1 \cos\alpha_1}{z_1} = \frac{\pi m_1 z_1 \cos\alpha_1}{z_1} = \pi m_1 \cos\alpha_1$$

$$p_{b2} = p_2 \cos\alpha_2 = \frac{\pi d_2 \cos\alpha_2}{z_2} = \frac{\pi m_2 z_2 \cos\alpha_2}{z_2} = \pi m_2 \cos\alpha_2$$
$$(5.20)$$

将式(5.20)代入式(5.19)中,可得两齿轮正确啮合的条件为

$$m_1 \cos\alpha_1 = m_2 \cos\alpha_2 \tag{5.21}$$

由于两轮的模数和压力角均已标准化,故渐开线齿轮的正确啮合条件为两轮的模数和压力角应分别相等,即

$$m_1 = m_2 = m$$
$$\alpha_1 = \alpha_2 = \alpha$$
$$(5.22)$$

5.5.2 中心距与啮合角

正确安装的一对齿轮在理论上应达到无齿侧间隙,否则啮合传动时就会产生冲击和噪音,反向啮合时会出现空行程,并且会影响传动的精度。为了在相互啮合的齿面间形成润滑油膜,防止因制造误差引起轮齿咬死,啮合轮齿间应留有微量齿侧间隙,它是由齿厚的公差来给予保证的。在进行齿轮的几何计算时,理论上仍按无齿侧间隙啮合考虑。

由上述知,一对正确啮合的渐开线标准齿轮模数相等,所以它们分度圆上的齿厚与齿槽宽也相等,即

$$s_1 = s_2 = e_1 = e_2 = \frac{\pi m}{2} \tag{5.23}$$

显然,要保证无侧隙啮合,必须要将两齿轮安装成分度圆相切状态,即两轮的分度圆与节圆重合,如图5.14所示。

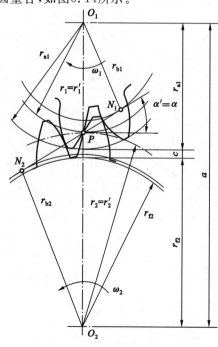

图 5.14 标准安装

标准齿轮的这种安装称为标准安装。此时的中心距称为标准中心距,用 a 表示。对于外啮合传动由图 5.14 有

$$a = r_1' + r_2' = r_1 + r_2 = \frac{m}{2}(z_1 + z_2) \tag{5.24}$$

另外,由图可得两齿轮的传动比为

$$i_{12} = \frac{\omega_1}{\omega_2} = \frac{r_{b2}}{r_{b1}} = \frac{r_2'}{r_1'} = \frac{r_2}{r_1} = \pm\frac{z_2}{z_1} \tag{5.25}$$

两轮转向相反,传动比取负号。

一齿轮的齿顶圆与另一齿轮的齿根圆之间沿中心线 O_1O_2 方向的径向距离称为齿顶间隙,简称顶隙,用 c 表示,有

$$c = c^* m \tag{5.26}$$

顶隙可保证一齿轮的齿顶与另一齿轮的齿底不相碰,同时也便于贮存润滑油。因为 c^*、m 是标准值,故两轮此时的顶隙大小为标准值,称其为标准顶隙。

由此可见,渐开线标准外齿轮在用标准中心距

安装时,不仅无侧隙,而且具有标准顶隙。

一对渐开线齿轮的啮合角总是等于节圆压力角。标准安装时,由于节圆与分度圆重合,因而啮合角等于分度圆压力角,即 $\alpha = \alpha'$。

由于齿轮制造和安装的误差、运转时径向力引起轴的变形以及轴承磨损等原因,两轮的实际中心距 a' 往往与标准中心距不一致,而略有差异。此时两轮节圆虽相切,但两轮分度圆却分离或相割,节圆与分度圆不重合,故 $a' \neq a$。

5.5.3 渐开线齿轮连续传动的条件

齿轮传动是通过其轮齿交替啮合而实现的。图 5.15 所示为一对轮齿的啮合过程。主动轮 1 顺时针方向转动,推动从动轮 2 作逆时针方向转动。

为了两轮能够连续传动,必须保证在前一对轮齿尚未脱离啮合时,后一对轮齿能及时地进入啮合。如果前一对轮齿已于 B_1 点脱离啮合,而后一对轮齿仍未进入啮合,这样在前后两对齿交替啮合时传动将发生中断,从而引起冲击。所以,保证连续传动的条件是使实际啮合线 $\overline{B_1 B_2}$ 的长度大于或至少等于齿轮的法向齿距(即基圆齿距 P_b)。通常将实际啮合线长度与基圆齿距之比称为齿轮的重合度,用 ε 表示,于是齿轮连续传动的条件为

$$\varepsilon = \frac{\overline{B_1 B_2}}{P_b} \geqslant 1 \qquad (5.27)$$

从理论上讲,重合度 $\varepsilon = 1$ 就能保证连续传动,但在实际中,考虑到制造和安装的误差,为了确保齿轮能够连续传动,应使重合度大于 1。在设计时,根据齿轮机构的使用要求和制造精度,使设计所得的重合度 ε 不小于其许用值 $[\varepsilon]$,即

$$\varepsilon \geqslant [\varepsilon] \qquad (5.28)$$

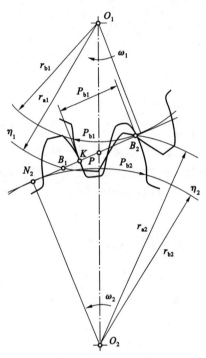

图 5.15 渐开线齿轮连续传动的条件

5.6 渐开线齿轮的加工

目前最常用的齿轮加工方法是切制法,从切制原理来看,分为仿形法和范成法两大类。对轮齿加工的基本要求是齿形准确和分齿均匀。

5.6.1 仿形法

仿形法是仿照齿轮齿廓形状来切制齿轮的一种方法,切削刃的形状和被切齿槽的齿廓形状完全相同。常用的刀具有盘形铣刀和指状铣刀等。图 5.16(a) 所示为用盘形铣刀加工齿廓的情形。切制时,把轮坯安装在铣床工作台上,铣刀绕自身轴线转动,同时轮坯沿自身轴线方向送进,切出一个齿槽后,将轮坯退回到原来位置,然后用分度头将毛坯转过 $360°/z$,再切第二个齿槽,直到切出所有齿轮的齿槽为止。图 5.16(b) 所示为用指状铣刀加工齿廓的情形。

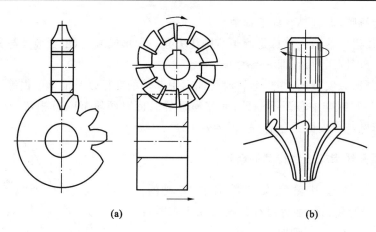

图 5.16   仿形法加工齿轮
（a）盘形铣刀加工齿廓；（b）指状铣刀加工齿廓

仿形切削时，不同齿数合用一把刀，由于铣刀的号数有限，加上分度的误差，因而其精度较低。另外由于加工过程不连续，故生产率低，加工成本高。但这种加工方法简单，不需要专用机床，可在普通铣床上加工，故这种加工方法仅适用于单件生产及精度要求不高的齿轮加工。

5.6.2   范成法

范成法又称展成法或包络法，是目前最常用的一种齿轮加工方法。它是利用一对齿轮（或齿轮齿条）作无侧隙啮合传动时，其共轭齿廓互为包络线的原理来加工齿轮的。用范成法加工齿轮时，常用的刀具有齿轮型刀具（如齿轮插刀）和齿条型刀具（如齿条插刀和齿轮滚刀）两大类。

（1）齿轮插刀

齿轮插刀的外形就像一个具有刀刃的外齿轮，如图 5.17 所示。

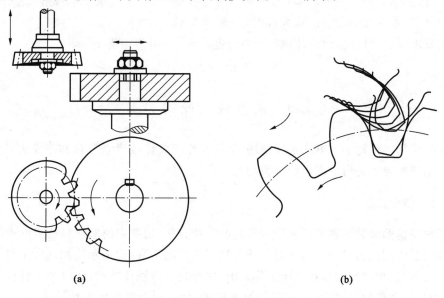

图 5.17   用齿轮插刀加工齿轮
（a）齿轮插刀；（b）范成运动

（2）齿条插刀

当齿轮插刀的齿数增至无穷多时，齿轮插刀就变为齿条插刀，如图 5.18 所示。与齿轮插刀加工齿轮相比较，齿条插刀加工齿轮时，插刀与轮坯的范成运动相当于齿条齿轮的啮合传动。

无论是用齿轮插刀还是齿条插刀加工齿轮，刀具的切削运动都是不连续的，在一定程度上影响了生产率的提高，实际生产中广泛采用的滚刀切制齿轮则克服了这种不足。

（3）滚刀

滚刀的形状像一个开有开口的螺旋，且在其轴剖面（即轮坯端面）内的形状相当于一齿条，如图 5.19 所示。滚刀回转时就像一个无穷长的齿条刀在移动，故滚刀的切削加工是连续的，生产率高。

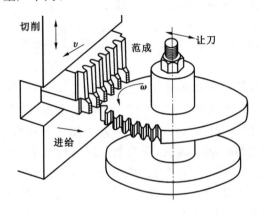

图 5.18　齿条型刀具加工齿轮

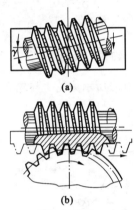

图 5.19　用滚刀代替齿条插刀加工齿轮
（a）螺旋升角 γ；（b）滚刀

5.6.3　用齿条型刀具加工标准齿轮

工程中，常用齿条型刀具加工齿轮。对用齿条型刀具加工的齿轮作几何计算，其几何关系比较单纯，且它是对齿轮型刀具加工的齿轮作几何计算所需要的基础。因而下面着重讨论用齿条型刀具加工齿轮的情况。

齿条插刀和齿轮滚刀都属于齿条型刀具。齿条型刀具与普通齿条基本相同，仅在齿顶高出一段 c^*m 以便切出齿轮的顶隙，如图 5.20 所示。因为这部分刀刃是圆弧角刀刃，故该部分刀刃切制出的轮齿根部是非渐开线齿廓曲线，称为过渡曲线。该曲线将渐开线齿廓和齿根圆光滑地连接起来，在正常情况下不属于齿廓工作段，因此，在以后讨论渐开线齿廓的切制时，刀具齿顶 c^*m 的高度将不再计及，而认为齿条型刀具的齿顶高为 h_a^*m。刀具齿根部有 c^*m 段高度是为了在切制齿轮时，保证轮坯齿顶圆与刀具齿槽底部之间有顶隙。

加工标准齿轮时，要求刀具的分度线正好与轮坯的分度圆相切，如图 5.21 所示。因轮坯的外圆已按被切标准齿轮的齿顶圆直径预先加工好，故这样切制出的齿轮，其齿顶高为 h_a^*m，齿根高为 $(h_a^*+c^*)m$，分度圆上的齿厚等于齿槽宽，即 $s=e=\pi m/2$。显然，切制出的齿轮为标准齿轮。

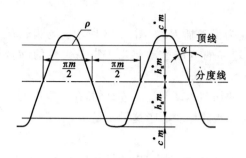

图 5.20 标准齿条型刀具

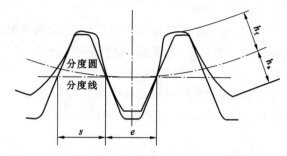

图 5.21 标准齿条型刀具切制标准齿轮

5.7 渐开线轮齿的干涉、根切和最少齿数

5.7.1 轮齿的干涉

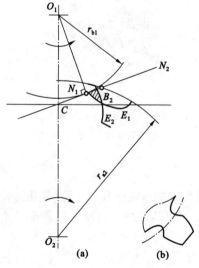

图 5.22 轮齿的干涉

(a) 齿轮啮合过程；(b) 根切

图 5.22(a)所示为轮 1 与轮 2 的啮合过程,实际极限啮合点及 B_2(轮 2 顶圆 r_{a2} 与 N_1N_2 线交点)若超过理论极限啮合点 N_1(轮 1 基圆 r_{b1} 与 N_1N_2 线切点),则两轮在 N_1B_2 区间不能正常啮合,如图中画剖面线部分所示,理论上可证明齿廓 E_1 与 E_2 相交,这种啮合过程中的齿廓相交现象,称为啮合干涉。啮合干涉和切齿干涉统称为轮齿干涉。啮合干涉使齿轮不能运转,切齿干涉使轮坯相交部分的齿廓被切去,一般都应设法避免。

5.7.2 根切和最少齿数

在图 5.22(a)中,刀具齿廓 E_2 将轮坯齿廓 E_1 的根部渐开线切去,这种切齿干涉称为根切。被根切的齿形如图 5.22(b)所示。

由图 5.23 可知,避免轮齿干涉的条件是实际极限啮合点 B_2 不得超过理论极限啮合点 N_1,即 $CB_2 \leqslant CN_1$。

图 5.23(b)所示为 B_2' 点与 N_1 点重合,是不发生根切的极限位置,$CB_2' = h_a^* m/\sin\alpha$,$CN_1 = (mz_1\sin\alpha)/2$。按不发生根切的条件得

$$\frac{h_a^* m}{\sin\alpha} \leqslant \frac{mz_1}{2}\sin\alpha \tag{5.29}$$

由于标准齿轮中 α 和 h_a^* 是定值,故只需限制 z_1 即可。一般来说,就是要求 z 大于最少齿数 z_{min},即

$$z \geqslant z_{min} = \frac{2h_a^*}{\sin^2\alpha} \tag{5.30}$$

当 $\alpha = 20°$、$h_a^* = 1$ 时,$z_{min} = 17$。

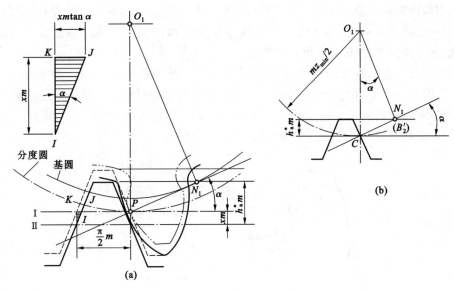

图 5.23 根切和最少齿数

5.8 渐开线变位齿轮机构

5.8.1 渐开线标准齿轮的局限性

标准齿轮传动由于设计简单,互换性好,易于制造和安装,也由于其传动性能一般能得到保证,而得到广泛的应用。但标准齿轮传动也存在一定的局限性,包括:

(1) 标准齿轮的齿数不能少于最少齿数 z_{min},否则发生根切。因此,在传动比和模数一定的条件下,限制了齿轮机构尺寸和重量的减小。

(2) 标准齿轮不适用于实际中心距 a' 不等于标准中心距的场合,即 $a' \neq a = m(z_1 + z_2)/2$。如对于外啮合,当 $a' < a$ 时,则无法安装;当 $a' > a$ 时,虽然可以安装,但将产生较大的齿侧间隙,引起冲击和噪声,同时重合度也随之减小,影响了传动的平稳性。

(3) 小齿轮与大齿轮相比,其齿根厚度小,啮合次数又较多,故强度差,且磨损严重,不符合等强度、等磨损的设计思想。

由于标准齿轮存在上述不足,不能够满足现代生产发展对齿轮传动越来越高的要求,于是提出了对齿轮进行变位修正的要求,从而产生了变位齿轮。

5.8.2 变位齿轮的概念

如图 5.23(a)所示,齿条刀具中线(加工节线)在位置 I 与轮坯分度圆(加工节圆)相切,因为刀具中线齿厚 s_2 等于齿槽宽 e_1,所以轮坯分度圆上的齿厚 s_1 等于齿槽宽 e_2,切出的是标准齿轮,如图中虚线所示。

齿条刀具中线由原位置 I 移到位置 II,齿条新的加工节线与轮坯分度圆相切,因为新节线上的齿厚 s_2 不等于齿槽宽 e_2,所以轮坯分度圆上的齿厚 s_1 也不等于齿槽宽 e_1,切出的是非标准齿轮,如图中实线所示。在刀具位置移动后,切出的非标准齿轮,称为变位齿轮。

刀具中线由切削标准齿轮的位置Ⅰ移动到位置Ⅱ的距离 xm,称为变位量;x 称为变位系数,是变位齿轮的重要参数。由轮坯中心向外移,x 取正值,切出的齿轮称为正变位齿轮;向内移动,x 取负值,切出的齿轮称为负变位齿轮。

由于齿条刀具变位后,加工节线上的齿距($p=m\pi$)、压力角(α)与中线上的相同,所以切出的变位齿轮的 m、z、α 仍保持变位前的原值,即齿轮的分度圆(mz)、基圆($mz\cos\alpha$)都不变,齿廓渐开线也不变,只是随 x 不同,取同一渐开线的不同区段作齿廓,如图 5.24 所示。由于基圆不变,用范成法切制的一对变位齿轮,瞬时传动比仍为常数。

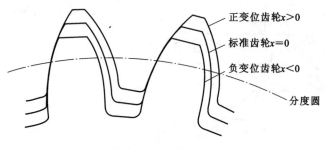

图 5.24　齿型比较

5.8.3　最小变位系数

避免根切的最小变位系数为

$$x_{\min} = \frac{h_a^*(z_{\min} - z)}{z_{\min}} \tag{5.31}$$

当 $\alpha=20°$,$h_a^*=1$ 时,式(5.31)可以简化为

$$x_{\min} = \frac{17-z}{17} \tag{5.32}$$

5.8.4　变位齿轮的几何尺寸

变位齿轮的齿数、模数、压力角都与标准齿轮相同,所以分度圆直径、基圆直径和齿距也都相同,但变位齿轮的齿厚、齿顶圆、齿根圆等都发生了变化。具体的尺寸计算公式如表 5.3 所示。

表 5.3　外啮合变位直齿轮基本尺寸的计算公式

名　　称	符号	计　算　公　式
分度圆直径	d	$d=mz$
节圆直径	d'	$d'=d\cos\alpha/\cos\alpha'$
齿顶圆直径	d_a	$d_a=d+2h_a$
齿根圆直径	d_f	$d_f=d-2h_f$
齿厚	s	$s=\pi m/2+2xm\tan\alpha$
齿顶高	h_a	$h_a=(h_a^*+x-\sigma)m$
齿根高	h_f	$h_f=(h_a^*+c^*-x)m$

名　称	符号	计 算 公 式
齿全高	h	$h=(2h_a^* + c^* -\sigma)m$
啮合角	α'	$\mathrm{inv}\alpha'=\mathrm{inv}\alpha+2[(x_1+x_2)/(z_1+z_2)]\tan\alpha$ 或 $\cos\alpha'=(a/a')\cos\alpha$
中心距变动系数	y	$y=(a'-\overset{\frown}{a})/m=[(z_1+z_2)/2][(\cos\alpha/\cos\alpha')-1]$
齿高变动系数	σ	$\sigma=x_1+x_2-y$
中心距	a	$a=(d'_1+d'_2)/2$
公法线长度	W_k	$W_k=m\cos\alpha[(k-0.5)\pi+z\mathrm{inv}\alpha]+2xm\sin\alpha$

5.8.5　变位齿轮传动

（1）变位齿轮传动的正确啮合条件和连续传动条件

变位齿轮传动的正确啮合条件和连续传动条件与标准齿轮传动相同，即两变位齿轮的模数和压力角必须分别相等，而其重合度 $\varepsilon_\alpha \geqslant [\varepsilon_\alpha]$。

（2）变位齿轮传动的类型

根据变位系数之和的不同值，变位齿轮传动可分为零传动、正传动和负传动三种类型。其类型、性能及特点如表 5.4 所示。标准齿轮传动可看做是零传动的特例。

表 5.4　变位齿轮传动的类型及性能比较

传动类型	高变位传动（又称零传动）	角变位传动	
		正传动	负传动
齿数条件	$z_1+z_2\geqslant 2z_{min}$	$z_1+z_2<2z_{min}$	$z_1+z_2>2z_{min}$
变位系数要求	$x_1=-x_2\neq 0, x_1+x_2=0$	$x_1+x_2>0$	$x_1+x_2<0$
传动特点	$\alpha'=\alpha,\ a'=a$ $y=0,\sigma=0$	$\alpha'>\alpha,\ a'>a$ $y>0,\sigma>0$	$\alpha'<\alpha,\ a'<a$ $y<0,\sigma<0$
主要优点	小齿轮取正变位，允许 $z_1<z_{min}$，减小传动尺寸。提高了小齿轮齿根强度，减小了小齿轮齿面磨损，可成对替换标准齿轮	传动机构更加紧凑，提高了抗弯强度和接触强度，提高了耐磨性能，可满足 $a'>a$ 的中心距要求	重合度略有提高，满足 $a'<a$ 的中心距要求
主要缺点	互换性差，小齿轮齿顶易变尖，重合度略有下降	互换性差，齿顶变尖，重合度下降较多	互换性差，抗弯强度和接触强度下降，轮齿磨损加剧

5.9　平行轴斜齿圆柱齿轮机构

5.9.1　斜齿圆柱齿轮齿廓曲面的形成

如前所述，直齿圆柱齿轮的齿廓形成是在垂直于齿轮轴线的端面内进行的。实际上齿轮总具有一定宽度，如图 5.25(b)所示。发生面沿基圆柱做纯滚动，且与基圆柱轴线平行的任一直线所形成的轨迹,即为直齿轮渐开线曲面。

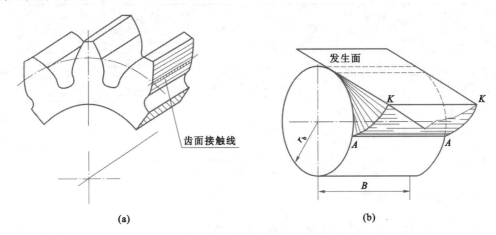

(a)　　　　　　　　　　　　　　　　(b)

图 5.25　渐开线直齿轮齿面的形成

(a) 齿面接触线;(b) 渐开面

　　当一对直齿轮相啮合时,两轮齿面的瞬时接触线为平行于轴线的直线,如图 5.25(a)所示,所以两轮轮齿在进入啮合时是沿着全齿宽同时进入啮合,在退出啮合时是沿着全齿宽同时脱离啮合。这样在啮合传动的过程中,轮齿上的载荷沿齿宽被突然加上,又突然卸掉,使得直齿圆柱齿轮机构的传动平稳性较差,容易产生较大的冲击、振动和噪声。为了克服直齿轮传动的缺点,于是出现了斜齿轮。

　　斜齿圆柱齿轮齿廓曲面的形成原理与直齿圆柱齿轮相似,所不同的是发生面上的直线 $\overline{KK}$ 与基圆柱轴线成一夹角 β_b,如图 5.26(a)所示。当发生面沿基圆柱做纯滚动,斜直线 $\overline{KK}$ 的轨迹为渐开螺旋面,即斜齿轮齿廓曲面。它与基圆的交线 AA 是一条螺旋线,夹角 β_b 称为基圆柱上的螺旋角。齿廓曲面与齿轮端面的交线仍为渐开线。

　　当两斜齿轮啮合时,由于轮齿倾斜,一端先进入啮合,另一端后进入啮合,其接触线由短变长,再由长变短,如图 5.26(b)所示。整个啮合过程是一个逐渐啮合又逐渐退出的过程,轮齿上的载荷也是逐渐加上又逐渐卸掉,所以斜齿圆柱齿轮机构传动平稳,冲击、振动和噪声较小,被广泛应用于高速、重载的机械中。

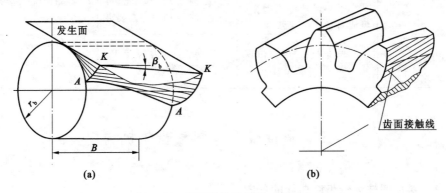

(a)　　　　　　　　　　　　　　　　(b)

图 5.26　渐开线斜齿轮齿面的形成

(a) 渐开面;(b) 齿面接触线

5.9.2 平行轴斜齿轮传动的主要特点

与直齿轮传动比较,斜齿轮传动有以下特点:

(1)传动平稳

在斜齿轮传动中,轮齿的接触线是与齿轮轴线倾斜的直线,轮齿从开始啮合到脱离啮合是逐渐从一端过渡到另一端,冲击和噪声小。这种啮合方式也减小了轮齿制造误差对传动的影响。

(2)承载能力高

由于斜齿圆柱齿轮重合度大,降低了每对轮齿的载荷,从而相对地提高了齿轮的承载能力,延长了齿轮的使用寿命。

(3)不发生根切的最少齿数比直齿轮要少,可获得更为紧凑的机构。

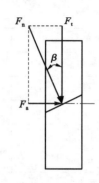

图 5.27 斜齿轮的轴向力

(4)斜齿轮传动在运转时会产生轴向推力

如图 5.27 所示,其轴向推力为 $F_a = F_t \tan\beta$,所以螺旋角 β 越大,则轴向推力越大。为不使其轴向推力过大,设计时一般取 $\beta = 8° \sim 20°$。若要消除轴向推力的影响,可采用齿向左右对称的人字齿轮或反向使用两对斜齿轮传动,这样可使产生的轴向力互相抵消。但人字齿轮的缺点是制造较为困难。

5.9.3 斜齿圆柱齿轮的基本参数

由于斜齿轮轮齿倾斜,分为垂直于轴线的端面和垂直于齿向(螺旋线切线方向)的法面。根据齿面形成原理,轮齿端面齿形为渐开线,而法面齿形不是渐开线,因此,两面上的参数不同;由于加工斜齿轮时,常用齿条型刀具或盘形齿轮铣刀来切齿,且刀具沿齿轮的螺旋线方向进刀,所以必须按斜齿轮法面参数选择刀具,故规定斜齿轮法面参数为标准值。而斜齿轮几何尺寸按端面参数计算,因此必须建立法面参数与端面参数的换算关系。

(1)螺旋角 β

由于斜齿轮螺旋面与分度圆柱的交线是一条螺旋线,该螺旋线的螺旋角用 β 表示,β 为分度圆柱上的螺旋角,通称斜齿轮的螺旋角。根据该螺旋线左、右旋向,β 有正、负之分。

(2)法面模数 m_n 与端面模数 m_t

图 5.28 为斜齿圆柱齿轮分度圆柱面的展开图。图中阴影区域表示轮齿,空白区域表示齿槽。由图可得端面齿距 p_t 与法面齿距 p_n 有如下关系

$$p_n = p_t \cos\beta \tag{5.33}$$

将上式两边同除以 π 得法面模数 m_n 与端面模数 m_t 之间的关系为

$$m_n = m_t \cos\beta \tag{5.34}$$

(3)法面压力角 α_n 与端面压力角 α_t

$$\tan\alpha_n = \tan\alpha_t \cos\beta \tag{5.35}$$

(4)齿顶高系数和顶隙系数

由于斜齿轮的径向尺寸无论在法面还是在端面都不变,故其法面和端面的齿顶高与顶隙都相等,即

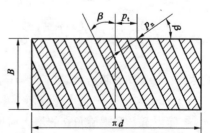

图 5.28 端面参数与法面参数之间的关系

$$
\left.\begin{array}{l}
h_{at}^{*} = h_{an}^{*}\cos\beta \\
c_{t}^{*} = c_{n}^{*}\cos\beta
\end{array}\right\} \tag{5.36}
$$

为了计算方便,现将斜齿圆柱齿轮的几何尺寸计算公式列于表 5.5 当中。

表 5.5　斜齿圆柱齿轮的几何尺寸计算公式

名称	代号	计算公式	名称	代号	计算公式
螺旋角	β	一般取 $8°\sim20°$	齿顶高	h_a	$h_a = h_{an}^{*} m_n$
法面模数	m_n	取为标准值	齿根高	h_f	$h_f = m_n(h_{an}^{*} + c_n^{*})$
端面模数	m_t	$m_t = m_n/\cos\beta$	齿全高	h	$h = h_a + h_f = (2h_{an}^{*} + c_n^{*})m_n$
法面压力角	α_n	取为标准值	齿顶间隙	c	$c = h_f - h_a = c_n^{*} m_n$
端面压力角	α_t	$\tan\alpha_t = \tan\alpha_n/\cos\beta$	齿顶圆直径	d_a	$d_a = d + 2h_a$
分度圆直径	d	$d = m_t z = m_n z/\cos\beta$	齿根圆直径	d_f	$d_f = d - 2h_f$

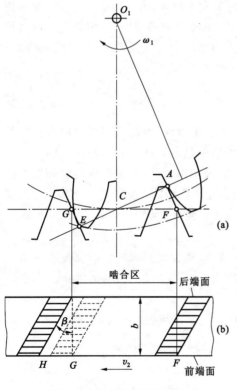

图 5.29　斜齿轮传动的重合度
(a) 前端面的啮合情况;(b) 俯视图

5.9.4　斜齿圆柱齿轮的正确啮合条件

平行轴斜齿圆柱齿轮的正确啮合条件为:

$$
\left.\begin{array}{l}
m_{t1} = m_{t2} = m_t \\
\alpha_{t1} = \alpha_{t2} = \alpha_t \\
\beta_1 = \pm\beta_2
\end{array}\right\} \tag{5.37}
$$

或

$$
\left.\begin{array}{l}
m_{n1} = m_{n2} = m_n \\
\alpha_{n1} = \alpha_{n2} = \alpha_n \\
\beta_1 = \pm\beta_2
\end{array}\right\} \tag{5.38}
$$

其中,"+"为内啮合,"-"为外啮合。

5.9.5　斜齿圆柱齿轮的连续传动条件

斜齿轮传动的重合度要比直齿轮大。图 5.29 (a)所示为斜齿轮与斜齿条在前端面的啮合情况,齿廓在 A 点进入啮合,在 E 点终止啮合。但从俯视图 [图 5.29(b)]上来分析,当前端面开始脱离啮合时,后端面仍在啮合区内。后端面脱离啮合时,前端面已达 H 点。所以,从前端面进入啮合到后端面脱离啮合,前端面走了 FH 段,故斜齿轮传动的重合度为

$$
\varepsilon = \frac{FH}{p_t} = \frac{FG + GH}{p_t} = \varepsilon_t + \frac{b\tan\beta}{p_t} \tag{5.39}
$$

式中　ε_t——端面重合度,其值等于与斜齿轮端面齿廓相同的直齿轮传动的重合度;

　　　$b\tan\beta/p_t$——轮齿倾斜而产生的附加重合度。

ε 随齿宽 b 和螺旋角 β 的增大而增大,根据传动需要可以达到很大的值,所以斜齿轮传动较平稳,承载能力大。

5.9.6　斜齿圆柱齿轮的当量齿数

斜齿轮在端面上是渐开线齿形，而法面上则不是。有时需要了解斜齿轮的法面齿形，例如，用仿形法切制斜齿圆柱齿轮时，由于刀具是沿着轮齿的螺旋线方向进给，因此在选择刀具时，不仅应使被切斜齿轮的法向模数和压力角与刀具的分别相等，还需按照一个与斜齿轮法面齿形相当的直齿轮的齿数来选择铣刀号数，这个齿形与斜齿轮法面齿形相当的直齿轮称为斜齿轮的当量齿轮。当量齿轮的齿数称为当量齿数，用 z_v 表示。齿轮铣刀刀号应按 z_v 选取。

如图 5.30 所示，为确定当量齿数，过斜齿轮分度圆上的一点 C，沿斜齿轮轮齿法面将斜齿轮的分度圆柱剖开，其剖面为一椭圆。在此剖面上，点 C 附近的齿形可视为斜齿轮法面上的齿形。而现以椭圆上点 C 的曲率半径为半径作一圆，作为假想的直齿轮的分度圆，并设此假想的直齿轮的模数和压力角分别等于该斜齿轮的法向模数和压力角，可以发现这个假想的直齿轮与上述斜齿轮的法向齿形十分相近。于是，工程上近似地认为这个假想的直齿轮即为该斜齿轮的当量齿轮，其齿数称为当量齿数。

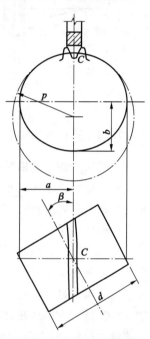

图 5.30　斜齿轮的当量齿数

如图 5.30 所示，根据数学知识可知，椭圆的长半轴 $a = d/(2\cos\beta)$，短半轴 $b = d/2$，而 C 点的曲率半径 $\rho = a^2/b = d/(2\cos^2\beta)$，故

$$z_v = \frac{2\rho}{m_n} = \frac{d}{m_n\cos^2\beta} = \frac{zm_t}{m_n\cos^2\beta} = \frac{z}{\cos^3\beta} \qquad (5.40)$$

因为 $\cos^3\beta < 0$，所以斜齿轮的实际齿数小于斜齿轮的当量齿数，而且当量齿数一般不是整数，也不必圆整为整数，只需按这个数值选取刀号即可。

此外，在计算轮齿弯曲强度、查齿形系数以及选取变位系数时，也要用到当量齿轮和当量齿数。斜齿轮不发生根切的最小齿数为

$$z_{min} = z_{vmin}\cos^3\beta = 17\cos^3\beta \qquad (5.41)$$

5.10　锥齿轮机构

5.10.1　概述

锥齿轮传动是用来传递两相交轴之间的运动和动力的，通常两轴交角为 $\Sigma = 90°$。锥齿轮的轮齿是均匀分布在截圆锥体上，从大端到小端逐渐减小，如图 5.31(a)所示，这是锥齿轮与圆柱齿轮的主要不同点。也正是由于这一特点，圆柱齿轮中的各有关圆柱在这里相应地变成了圆锥（分度圆锥、基圆锥、齿顶圆锥、齿根圆锥和节圆锥）。由于锥齿轮大端和小端的参数不同，为计算和测量方便，通常取大端的参数为标准值。

与直齿轮的传动情况相类似，一对锥齿轮的啮合运动，可以看成是两个锥顶共点的圆锥体相互做纯滚动，这两个锥顶共点的圆锥体就是节圆锥。对于正常安装的标准锥齿轮，其节圆锥

与分度圆锥是重合的。如图 5.31(b)所示,两轮的分度圆锥角分别为 δ_1 和 δ_2。

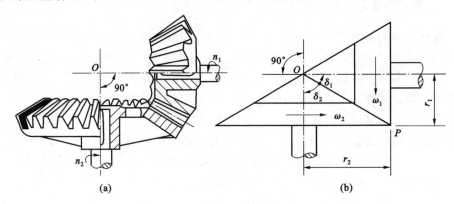

图 5.31　锥齿轮传动

(a)锥齿轮;(b)锥齿轮传动受力分析

5.10.2　直齿锥齿轮的背锥及当量齿数

直齿锥齿轮的齿廓曲线是球面渐开线,由于球面曲线不能展开成平面曲线,这给圆锥齿轮的设计和制造带来很多困难。为了在工程上应用方便,可以采用一种近似的方法来研究圆锥齿轮的齿廓曲线,即用能展成平面的实际齿廓曲线来代替圆锥齿轮理论齿廓曲线。为此,引入了背锥的概念。

图 5.32 所示为锥齿轮的轴剖面。$\triangle OAB$、$\triangle Oaa$、$\triangle Obb$ 分别为锥齿轮的分度圆锥、齿根圆锥和齿顶圆锥。O_1AB 为过锥齿轮大端、其母线与锥齿轮分度圆锥母线垂直的圆锥,称其为锥齿轮的背锥。显然,背锥与球面相切于圆锥齿轮大端的分度圆上。将锥齿轮的球面渐开线齿廓 ab 向背锥上投影,在轴剖面上得到 $a'b'$,显然,ab 和 $a'b'$ 非常接近,且当锥距 R 与模数 m 的比值越大时(一般 $R/m>30$),球面渐开线 ab 与它在背锥上的投影 $a'b'$ 相差得越小。故可用背锥的齿形近似代替直齿圆锥齿轮大端球面上的齿形,且背锥面可以展成平面,使设计、制造更简单。

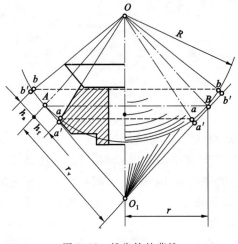

图 5.32　锥齿轮的背锥

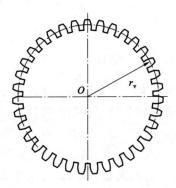

图 5.33　圆锥齿轮的当量齿轮

将背锥展开成平面,得到一个扇形齿轮,如图 5.33 所示。其齿数等于锥齿轮的实际齿数 z,其模数、压力角、齿顶高和齿根高分别与锥齿轮大端相同。再将该扇形齿轮的轮齿补全,得到一直齿圆柱齿轮,该直齿圆柱齿轮即为上述直齿锥齿轮的当量齿轮,其齿数为当量齿数,用 z_v 表示。

由图 5.33 可知

$$r_v = \frac{r}{\cos\delta} = \frac{mz}{2\cos\delta} \tag{5.42}$$

式中　δ——锥齿轮分度圆锥角。

由于 $r_v = mz_v/2$,所以

$$z_v = \frac{z}{\cos\delta} \tag{5.43}$$

5.10.3　锥齿轮的传动

(1) 直齿锥齿轮的正确啮合条件

直齿锥齿轮的正确啮合条件可从当量圆柱齿轮得到,即两轮大端模数和压力角必须分别相等。此外,为了保证安装成轴交角为 Σ 的一对直齿锥齿轮能实现节圆锥顶点重合,且齿面成线接触,啮合时应满足 $\delta_1 + \delta_2 = \Sigma$ 的条件。因此直齿锥齿轮的正确啮合条件为

$$\left.\begin{array}{l} m_1 = m_2 = m \\ \alpha_1 = \alpha_2 = \alpha \\ \delta_1 + \delta_2 = \Sigma \end{array}\right\} \tag{5.44}$$

(2) 传动比

当两轮的轴交角 $\Sigma = 90°$ 时,两锥齿轮的传动比为

$$i_{12} = \frac{\omega_1}{\omega_2} = \frac{z_2}{z_1} = \frac{d_2}{d_1} = \frac{\sin\delta_2}{\sin\delta_1} = \tan\delta_2 = \frac{1}{\tan\delta_1} \tag{5.45}$$

5.10.4　直齿锥齿轮传动的几何参数与尺寸计算

直齿锥齿轮的齿高通常是由大端到小端逐渐收缩的。按顶隙的不同可分为两类,即等顶隙收缩齿和不等顶隙收缩齿。前者两轮的顶隙由小端到大端均匀不变;后者两轮的顶隙由大端到小端逐渐减小。根据国家标准规定,现多采用等顶隙圆锥齿轮传动。

为方便计算,将直齿锥齿轮传动的主要几何尺寸计算公式列于表 5.6 中。

表 5.6　直齿锥齿轮传动的主要几何尺寸计算公式

名　　称	符号	计　算　公　式
分度圆锥角	δ	$\delta_1 = \text{arccot}\dfrac{z_2}{z_1}$,$\delta_2 = 90° - \delta_1$
分度圆直径	d	$d_1 = mz_1$,$d_2 = mz_2$
齿顶高	h_a	$h_{a1} = h_{a2} = h_a^* m$
齿根高	h_f	$h_{f1} = h_{f2} = (h_a^* + c^*)m$
齿顶圆直径	d_a	$d_{a1} = d_1 + 2h_a\cos\delta_1$　　　$d_{a2} = d_2 + 2h_a\cos\delta_2$
齿根圆直径	d_f	$d_{f1} = d_1 - 2h_f\cos\delta_1$　　　$d_{f2} = d_2 - 2h_f\cos\delta_2$

续表 5.6

名　称	符号	计　算　公　式
锥距	R	$R=\dfrac{1}{2}\sqrt{d_1^2+d_2^2}$
齿宽	b	$b\leqslant\dfrac{1}{3}R$
齿顶角	θ_a	不等顶隙收缩齿：$\theta_{a1}=\theta_{a2}=\arctan\dfrac{h_a}{R}$；等顶隙收缩齿：$\theta_{a1}=\theta_{f2}$，$\theta_{a2}=\theta_{f1}$
齿根角	θ_f	$\theta_{f1}=\theta_{f2}=\arctan\dfrac{h_f}{R}$
齿顶圆锥角	δ_a	$\delta_{a1}=\delta_1+\theta_{a1}$　　　　$\delta_{a2}=\delta_2+\theta_{a2}$
齿根圆锥角	δ_f	$\delta_{f1}=\delta_1-\theta_{f1}$　　　　$\delta_{f2}=\delta_2-\theta_{f2}$
当量齿数	z_v	$z_{v1}=\dfrac{z_1}{\cos\delta_1}$　　　　$z_{v2}=\dfrac{z_2}{\cos\delta_2}$

5.11　蜗轮蜗杆机构

　　如图 5.34 所示，蜗杆传动主要由蜗杆和蜗轮组成，用于传递空间两交错轴之间的回转运动和动力。通常两轴交错角为 90°，一般蜗杆是主动件。

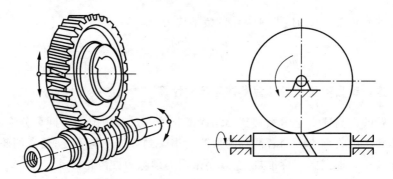

图 5.34　蜗杆

5.11.1　蜗杆机构的传动类型

　　按照蜗杆的不同形状，蜗杆蜗轮机构可分为圆柱蜗杆传动［见图 5.35(a)］、环面蜗杆传动［见图 5.35(b)］和锥形蜗杆传动［见图 5.35(c)］。机械中常用的是圆柱蜗杆机构。圆柱蜗杆机构又可分为普通圆柱蜗杆机构和圆弧蜗杆机构。圆柱蜗杆机构根据加工方法的不同又可分为阿基米德蜗杆（端面齿形为阿基米德螺线）、渐开线蜗杆（端面齿形为渐开线）和圆弧齿蜗杆（轴剖面齿形为凹圆弧）。目前最常用的是阿基米德蜗杆，这种蜗杆的轴剖面齿廓为直线。如图 5.36 所示，在车床上切制阿基米德蜗杆时，所用刀具的两侧刃间夹角为 $2\alpha=40°$，刀具的切削刃平面通过蜗杆的轴线。这样加工得到的蜗杆在过轴线的截面内获得直线齿廓，在垂直于轴线的截面内获得阿基米德螺旋线，故称为阿基米德蜗杆。

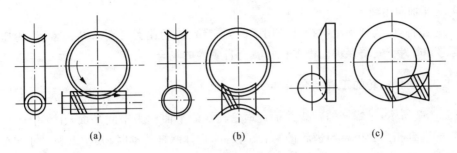

图 5.35 蜗杆传动的类型

(a) 圆柱蜗杆传动；(b) 环面蜗杆传动；(c) 锥形蜗杆传动

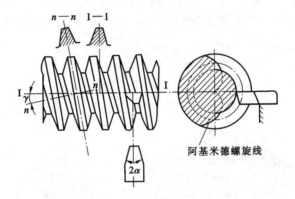

图 5.36 阿基米德圆柱蜗杆

在各类蜗杆机构中，由于阿基米德蜗杆是最简单的，制造简便，应用广泛，且阿基米德圆柱蜗杆蜗轮机构的传动基本知识也适用于其他类型的蜗杆机构，故本节着重介绍阿基米德圆柱蜗杆机构。

5.11.2 蜗杆蜗轮机构的特点及应用

(1) 传动比大，结构紧凑

在动力传动中，一般传动比为 5～80；在分度机构中，传动比可达 300；若只传递运动，传动比可达 1000。

(2) 传动平稳，振动、冲击和噪音均很小

由于蜗杆的轮齿是连续不断的螺旋齿，它和蜗轮轮齿是逐渐进入啮合及逐渐退出啮合，且同时啮合的齿对数多，故传动平稳，几乎无噪声。

(3) 具有自锁性

当蜗杆的导程角 γ_1 小于轮齿间的当量摩擦角 φ_v 时，蜗杆蜗轮传动具有自锁性。在这种情况下，只能以蜗杆为主动件带动蜗轮传动，而不能由蜗轮带动蜗杆。这种自锁蜗杆蜗轮机构常用在需要单向传动的场合，其反向自锁性可起安全保护作用。

(4) 传动效率低

由于蜗杆蜗轮啮合传动时的相对滑动速度较大，摩擦损耗大，而发热和温升过高又加剧了磨损，故传动效率较低。用耐磨材料（如锡青铜等）制造蜗轮可以减小磨损，但其成本较高。具有自锁性的蜗杆蜗轮机构效率低于 50%，一般传动效率为 70%～80%。

（5）蜗杆轴向力较大

由于上述特点，蜗杆蜗轮机构常被用于两轴交错、传动比大且要求结构紧凑、传递功率不大或间歇工作、为了安全保护而需要机构具有自锁性的场合。

5.11.3　蜗杆蜗轮的正确啮合条件

如图 5.37 所示，过蜗杆的轴线并垂直蜗轮轴线的平面称为中间平面，在此中间平面内蜗杆与蜗轮的啮合相当于齿条与齿轮的啮合。因此，设计蜗杆传动时，其参数和尺寸均在中间平面内确定，并沿用渐开线圆柱齿轮传动的计算公式。这样，蜗轮蜗杆传动的正确啮合条件为：中间平面内蜗杆与蜗轮的模数和压力角分别相等；或蜗杆的轴向模数和轴向压力角分别等于蜗轮的端面模数和端面压力角，且为标准值。在中间平面内，蜗杆的模数和压力角表示为 m_{a1}、α_{a1}，蜗轮的模数和压力角分别表示为 m_{t2}、α_{t2}，于是，蜗轮蜗杆机构的正确啮合条件又可以表示为

$$\left.\begin{array}{l} m_{a1} = m_{t2} = m \\ \alpha_{a1} = \alpha_{t2} = \alpha \end{array}\right\} \tag{5.46}$$

当两轴间的交错角 $\Sigma = 90°$ 时，还应满足 $\gamma_1 = \beta_2$，且蜗杆与蜗轮的螺旋线旋向相同。

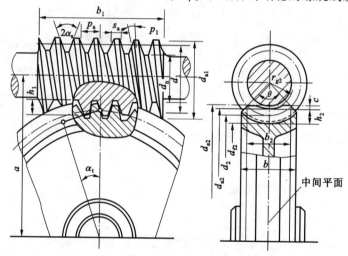

图 5.37　普通蜗杆蜗轮机构的几何尺寸

5.11.4　蜗杆蜗轮机构的主要参数及几何尺寸计算

（1）模数 m

蜗杆的模数系列与齿轮模数系列有所不同，常用的标准模数系列如表 5.7 所示。

阿基米德蜗杆的压力角的标准值为 20°。在动力传动中，当导程角 $\gamma_1 > 30°$ 时，推荐采用 $\alpha = 25°$；在分度机构中，推荐采用 $\alpha = 15°$ 或 $\alpha = 12°$。

（2）蜗杆头数 z_1、蜗轮齿数 z_2 和传动比 i

选择蜗杆头数 z_1 时，主要考虑传动比、效率及加工等因素。通常蜗杆头数 $z_1 = 1 \sim 10$，推荐取 $z_1 = 1、2、4、6$。若要得到大的传动比或要求自锁时，可取 $z_1 = 1$；当传递功率较大时，为提高传动效率，或传动速度较高时，导程角 γ_1 要大，则 z_1 取大值。通常可根据传动比按表 5.8 所示选取。

表 5.7 圆柱蜗杆的基本尺寸和参数

m (mm)	d_1 (mm)	z_1	q	$m^2 d_1$ (mm³)	m (mm)	d_1 (mm)	z_1	q	$m^2 d_1$ (mm³)
1	18	1	18.000	18	6.3	63	1、2、4、6	10.000	2500
1.25	20	1	16.000	31.25	8	80	1、2、4、6	10.000	5120
1.6	20	1、2、4	12.500	51.2	10	90	1、2、4、6	9.000	9000
2	22.4	1、2、4、6	11.200	89.6	12.5	112	1、2、4	8.960	17500
2.5	28	1、2、4、6	11.200	175	16	140	1、2、4	8.750	35840
3.15	35.5	1、2、4、6	11.270	352	20	160	1、2、4	8.000	64000
4	40	1、2、4、6	10.000	640	25	200	1、2、4	8.000	125000
5	50	1、2、4、6	10.000	1250					

注:本表取材于 GB 10085—1988,本表所得的 d_1 数值为国标规定的优先使用值。

表 5.8 蜗杆头数的选取

传动比	7~13	14~27	28~40	>40
蜗杆头数 z_1	4~6	2	2,1	1

蜗轮齿数 $z_2 = iz_1$,可根据传动比和选定 z_1 来确定。为了避免蜗轮轮齿发生根切,z_2 不应小于 26,但不宜大于 80。因为 z_2 过大,会使结构尺寸增大,蜗杆长度也随之增加,从而致使蜗杆刚度降低而影响啮合精度。对于动力传动,推荐 $z_2 = 29 \sim 70$。

对于蜗杆为主动件的蜗杆传动,其传动比为

$$i = \frac{n_1}{n_2} = \frac{z_2}{z_1} \tag{5.47}$$

式中　n_1、n_2——蜗杆和蜗轮的转速,单位为 r/min;

　　　z_1、z_2——蜗杆头数和蜗轮齿数。

（3）蜗杆的导程角 γ_1

因蜗杆螺旋面和分度圆柱的交线是螺旋线,设蜗杆的头数为 z_1,分度圆直径为 d_1,轴向齿距为 p_{a1},螺旋线的导程 $l = z_1 p_{a1} = z_1 \pi m$,则蜗杆的导程角 γ_1 为

$$\tan\gamma_1 = \frac{l}{\pi d_1} = \frac{mz_1}{d_1} \tag{5.48}$$

（4）蜗杆的分度圆直径与直径系数 q

因为加工蜗轮的滚刀必须与和蜗轮啮合传动的蜗杆具有相同的参数,对于相同的模数和压力角,可以有许多不同直径的蜗杆,这就要配备很多蜗轮滚刀,显然,这样很不经济。为限制滚刀的数目并便于刀具的标准化,就对每一标准模数规定了一定数量的蜗杆分度圆直径 d_1,令比值

$$\frac{d_1}{m} = q \tag{5.49}$$

称为蜗杆直径系数。因 d_1、m 已规定有标准值,故 q 值也是标准值。与模数 m 匹配的蜗杆分

度圆直径 d_1 的标准值如表 5.7 所示。

蜗杆的直径系数在蜗杆传动设计中具有重要意义,因为在 m 一定时,q 大则 d_1 大,蜗杆的强度和刚度也相应增大;而当 z_1 一定时,q 小则 γ_1 增大,可提高传动效率。所以在蜗杆轴刚度允许的情况下,应尽可能选用较小的 q 值。

(5) 蜗杆、蜗轮分度圆直径 d_1 和 d_2

蜗杆的分度圆直径 d_1,根据其模数 m 由表 5.7 确定;蜗轮分度圆直径 $d_2 = m_{t2}z_2 = mz_2$。

(6) 中心距

蜗杆蜗轮传动的标准中心距为

$$a = \frac{1}{2}(d_1 + d_2) = \frac{m}{2}(q + z_2) \tag{5.50}$$

蜗杆蜗轮传动的其他几何尺寸,可按表 5.9 所示进行计算。

表 5.9　圆柱蜗杆传动的几何尺寸计算

名称	代号	计算公式		说　明
		蜗杆	蜗轮	
齿顶高	h_a	$h_{a1} = h_a^* m$	$h_{a2} = h_a^* m$	
齿根高	h_f	$h_{f1} = (h_a^* + c^*)m$	$h_{f2} = (h_a^* + c^*)m$	
分度圆直径	d	$d_1 = mq = mz_1/\tan\gamma$	$d_2 = mz_2 = 2a - d_1 - 2x_2 m$	
齿顶圆直径	d_a	$d_{a1} = d_1 + 2h_{a1}$	$d_{a2} = d_2 + 2h_{a2}$	
齿根圆直径	d_f	$d_{f1} = d_1 - 2h_{f1}$	$d_{f2} = d_2 - 2h_{f2}$	
顶隙	c	$c = c^* m$		
蜗杆轴向齿距	p_a	$p_a = p_t = \pi m$		h_a^*——齿顶高系数,$h_a^* = 1$;c^*——顶隙系数,$c^* = 0.2$;x_2——蜗轮变位系数,当 $x_2 = 0$ 时,即为标准蜗轮
蜗轮端面齿距	p_t			
蜗杆分度圆柱的导程角	γ	$\tan\gamma = mz_1/d_1 = z_1/q$		
蜗轮分度圆柱轮齿的螺旋角	β	$\beta = \gamma$		
中心距	a	$a = (d_1 + d_2 + 2x_2 m)/2 = m(q + z_2 + 2x_2)/2$		
蜗轮咽喉母圆半径	r_{g2}		$r_{g2} = a - \frac{1}{2}d_{a2}$	
齿宽	b		$z_2 = 12, b \leqslant 0.75 d_{a1}$ $z_1 = 4, b \leqslant 0.67 d_{a1}$	

5.11.5　蜗杆机构中蜗轮转动方向的判定

蜗杆机构中蜗轮转动的方向可按照蜗杆的旋向和转向用左、右手定则判定。如图 5.38(a)所示,蜗杆为右旋,用右手四指绕蜗杆的转向,大拇指沿蜗杆轴线所指的相反方向,就是蜗轮节点的线速度方向,由此可判定蜗轮的转向为逆时针方向;若蜗杆为左旋,同理可用左手判断蜗轮的转向[如图 5.38(b)所示]为顺时针方向。

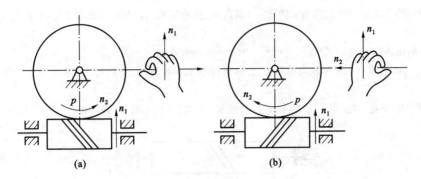

图 5.38　蜗杆蜗轮转动方向的判断

(a) 右旋蜗杆；(b) 左旋蜗杆

实践与思考

5.1　用硬纸板、线绳等制作模型，进行渐开线的展成绘制，以此验证渐开线的基本性质。

5.2　每 2 人为一组，测量齿轮参数，掌握和了解齿轮的基本结构尺寸及参数。

5.3　参观齿轮的加工过程，了解齿轮的加工工艺、切齿原理和精度测量方法。

5.4　一个标准渐开线直齿轮，当齿根圆和基圆重合时，齿数为多少？若齿数大于上述值时，齿根圆和基圆哪个大？

5.5　各种齿轮传动的正确啮合条件是什么？

5.6　齿轮加工的仿形法和范成法有何特点？是否都可能出现根切现象？若有，如何避免？

5.7　齿轮为什么要变位？

5.8　变位齿轮的模数、压力角、分度圆直径、基圆直径与标准齿轮是否一样？

5.9　斜齿轮的端面模数和法向模数的关系如何？端面压力角和法面压力角的关系如何？哪一个模数应取标准值？

5.10　观察蜗轮蜗杆的结构形式，了解其类型、旋向以及加工方法，有条件的通过测量其结构尺寸，确定蜗杆传动的基本参数。

习　　题

5.1　一渐开线齿轮，其基圆半径 $r_b = 40$ mm，试求此渐开线压力角 $\alpha = 20°$ 处的半径 r 和曲率半径 ρ 的大小。

5.2　有一个标准直齿圆柱齿轮，测量其齿顶圆直径 $d_a = 106.40$ mm，齿数 $z = 25$，问是哪一种齿制的齿轮？基本参数是多少？

5.3　两个标准直齿圆柱齿轮，已测得齿数 $z_1 = 22$，$z_2 = 98$，小齿轮齿顶圆直径 $d_{a1} = 240$ mm，大齿轮全齿高 $h = 22.5$ mm，试判断这两个齿轮能否正确啮合传动？

5.4　已知 C6150 车床主轴箱内一对外啮合标准直齿圆柱齿轮，其齿数 $z_1 = 21$，$z_2 = 66$，模数 $m = 3.5$ mm，压力角 $\alpha = 20°$，正常齿。试确定这对齿轮的传动比、分度圆直径、齿顶圆直径、全齿高、中心距、分度圆齿厚和分度圆齿槽宽。

5.5　一对标准斜齿轮 $z_1 = 20$，$z_2 = 40$，$m_n = 8$ mm，$\alpha_n = 20°$，$\beta = 30°$，齿宽 $B = 30$ mm，$h_a^* = 1$。求：

(1) 法面和端面齿距 p_n、p_t；

(2) r_1、r_2 及 a；

(3) z_{v1}、z_{v2}。

5.6　一对直齿圆锥齿轮 $z_1 = 15$，$z_2 = 30$，$m_n = 5$ mm，$\alpha_n = 20°$，$h_a^* = 1$，$c^* = 0.2$，两轴垂直相交。求：两轮

的传动比、各轮的分度圆锥角 δ、当量齿数 z_v、齿顶高 h_a、齿根高 h_f、齿顶角 θ_a、齿根角 θ_f、顶锥角 δ_a、根锥角 δ_f、分度圆齿厚 s 及锥距 R。

5.7 设蜗轮齿数 $z_2=40$,分度圆半径 $r_2=160$ mm,蜗杆头数 $z_1=1$,求:

(1) 蜗轮端面模数 m_{t2}、蜗杆轴向模数 m_{a1}、轴向齿距 p_{a1}、导程 l_1、导程角 γ_1、直径系数 q 及其分度圆直径 d_1;

(2) 若蜗杆为左旋,置于蜗轮之上,转动方向如图5.39所示,试求蜗轮的转向。

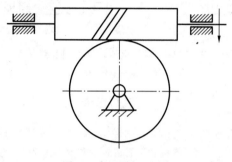

图 5.39 习题 5.7 图

6 轮 系

6.1 轮系的类型及功用

前一章所讲的齿轮机构是由一对齿轮所组成的,它是齿轮机构的最基本形式。在实际机械中,为了满足不同的工作需要,如获得大的传动比、实现相距较远的两轴之间的传动等,只采用一对齿轮来进行传动往往是不够的,因此经常需要用由多对齿轮组成的齿轮机构来进行传动。这种由一系列齿轮所组成的齿轮传动系统,称为轮系。

轮系可分为定轴轮系、行星轮系和混合轮系三大类。

6.1.1 定轴轮系

如果轮系运转时,其中各个齿轮轴线的位置相对于机架都是固定不动的,称为定轴轮系(普通轮系)。

(1)平面定轴轮系

由轴线共面或互相平行的平面齿轮机构所组成的定轴轮系,称为平面定轴轮系,如图6.1所示。

(2)空间定轴轮系

包含空间齿轮机构的定轴轮系,它存在着齿轮轴线的相交与交错,称为空间定轴轮系,如图6.2所示。

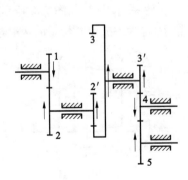

图6.1 平面定轴轮系

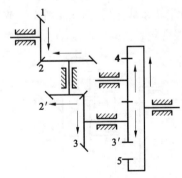

图6.2 空间定轴轮系

6.1.2 行星轮系

如果轮系运转时,其中至少有一个齿轮轴线的位置不是固定不动,而是绕其他齿轮的固定轴线转动,则称之为行星轮系(周转轮系)。

在行星轮系中,既绕自身轴线自转,又随其他构件一起绕固定轴线公转的齿轮,称为行星轮;绕自身固定轴线转动,且与行星轮啮合的齿轮,称为太阳轮;装有行星轮并绕太阳轮轴线转动的构件,称为系杆(行星架或转臂)。一个系杆、装在该系杆上的若干个行星轮和与行星轮啮合的太阳轮就组成了一套基本的行星轮系。

系杆和太阳轮的回转轴线相同且固定,在实际机械中一般以它们作为运动的输入或输出构件,通常称它们为行星轮系的基本构件。

(1)差动行星轮系

自由度为2的行星轮系,称为差动行星轮系,习惯上称之为差动轮系,如图6.3(a)所示。在差动行星轮系中,有两个太阳轮转动。

(2)简单行星轮系

自由度为1的行星轮系,称为简单行星轮系,习惯上称之为行星轮系,如图6.3(b)所示。在简单行星轮系中,只有一个太阳轮转动。

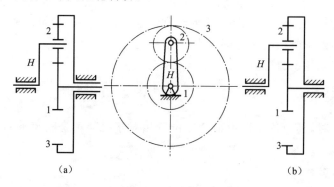

(a)   (b)

图 6.3 行星轮系
(a) 差动行星轮系;(b) 简单行星轮系

6.1.3 混合轮系

在实际机械中所采用的轮系,很少是单一的定轴轮系或行星轮系,常常是既有定轴轮系部分,又有行星轮系部分(如图6.4所示),或者是由几部分行星轮系所组成(如图6.5所示),这种轮系称为混合轮系。其中的定轴轮系与各个单一的行星轮系,称为组成混合轮系的基本轮系。

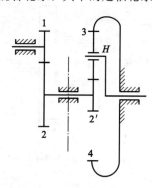

图 6.4 由定轴轮系和行星轮系组成的混合轮系

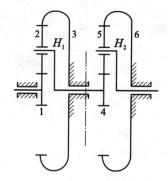

图 6.5 由两套行星轮系组成的混合轮系

6.1.4 轮系的功用

(1)实现相距较远的两轴之间的传动

两轴相距较远时,采用一对齿轮传动(图6.6中双点画线)与采用轮系传动(图6.6中点画线)相比,后者可以缩小齿轮机构的总体尺寸。

（2）实现分路传动

利用轮系,可以把一个主动轴的转动传给不同的运动终端,并且各运动终端之间能保持预定的相对运动关系。图 6.7 所示的是机械钟表传动机构,N 轮的转动,通过齿轮 1、2 传给分针 m,通过齿轮 1、2、2′、3、3′、4 传给秒针 s,通过齿轮 1、2、2″、5′、5、6 传给时针 h,从而使分针 m、秒针 s、时针 h 之间具有确定的运动关系。

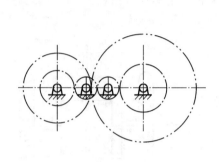

图 6.6 相距较远的两轴之间的传动

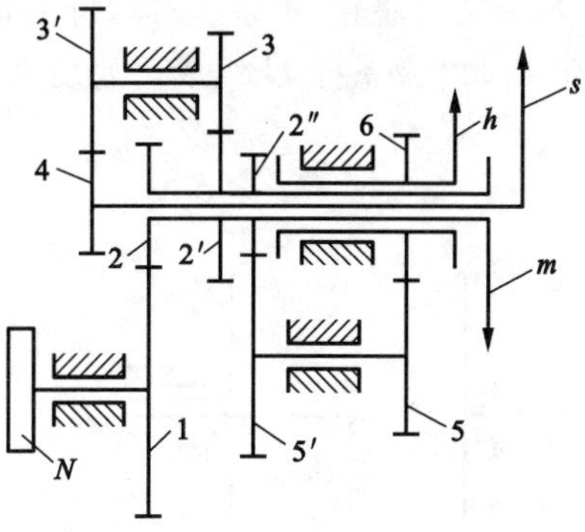

图 6.7 机械钟表传动机构

（3）获得大的传动比

对于只采用一对齿轮来进行传动的情况,受限于大、小齿轮的齿数比不宜过大,其传动比一般不能超过 7,而采用轮系来进行传动就能获得大的传动比。图 6.1、图 6.2 所示的定轴轮系和图 6.3 所示的行星轮系。

（4）实现变速传动

在主动轴转速不变的情况下,执行件执行不同的任务时需要有不同的转速,这就需要利用轮系来完成变速传动。图 6.8 所示的是某车床变速机构,移动三联齿轮 A 和双联齿轮 B 到不同的位置,即可在电动机转速不变的情况下,使输出轴得到六种不同的转速。

（5）实现换向传动

在主动轴转向不变的情况下,利用轮系可改变从动轴的转向。如图6.9所示的车床三星轮换向机构,转动构件 a 到不同的工位,即可在主动轮 1 转向不变的情况下,只改变从动轮 4 的转向而不改变其转速。

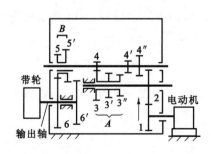

图 6.8 变速机构

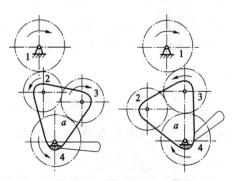

图 6.9 换向机构

（6）实现运动的合成

利用差动行星轮系,可以把两个独立的输入运动合成为一个输出运动。图 6.10 所示的运动合成机构,可以把太阳轮 1、3 输入的独立转动通过行星轮 2 合成为系杆 H 的转动而输出。

（7）实现运动的分解

利用差动行星轮系,不仅可以把两个独立的运动合成为一个运动,还可以把一个主动构件的转动,按所需要的比例分解成两个基本构件的两个不同的转动。图 6.11 所示的是装在汽车后桥上的差动行星轮系(差速器),齿轮 5 为原动件,齿轮 4 上固连着系杆 H,其上装有行星轮 2。齿轮 1、2、3 及系杆 H 组成一差动轮系。

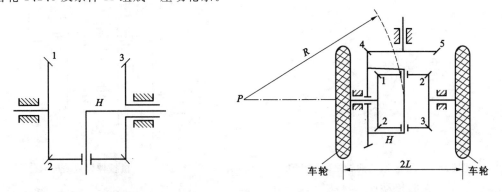

图 6.10　运动合成机构　　　　　　　图 6.11　差速器

当汽车直线行驶时,前轮的转向机构通过地面的约束作用,要求两后轮有相同的转速 $(n_3 = n_5)$。此时行星轮 2 和系杆 H 之间没有相对运动,整个差动行星轮系相当于同齿轮 4 固结在一起成为一个刚体,随齿轮 4 一起转动。

当汽车转弯行驶时,前轮的转向机构确定了后轴线上的转弯中心 P 点,通过地面的约束作用,使两轮的转弯半径不同,即要求两后轮有不同的转速。汽车后桥上的差速器就能根据转弯半径的不同,自动改变后两轮的转速。

6.2　定轴轮系传动比的计算

6.2.1　轮系的传动比

轮系运转时首、末两个齿轮的转速(或角速度)之比称为轮系的传动比,通常用字母"i"表示。设轮系的首轮为齿轮 A,末轮为齿轮 B,则其传动比为

$$i_{AB} = \frac{n_A}{n_B} = \frac{\omega_A}{\omega_B} \tag{6.1}$$

讨论定轴轮系传动比,既要计算传动比的数值的大小,也要确定首、末轮的转向关系。

6.2.2　平面定轴轮系的传动比计算

（1）传动比数值大小的计算

设轮系的首轮为齿轮 A,末轮为齿轮 B,其传动比数值大小为:

$$i_{AB} = \frac{n_A}{n_B} = \frac{\omega_A}{\omega_B} = \frac{\text{由轮 } A \text{ 至轮 } B \text{ 间所有从动轮齿数的连乘积}}{\text{由轮 } A \text{ 至轮 } B \text{ 间所有主动轮齿数的连乘积}} \tag{6.2}$$

（2）首、末轮转向关系的确定

在平面定轴轮系中，各齿轮均为圆柱齿轮，其轴线都互相平行。对圆柱齿轮而言，内啮合两齿轮的转向相同，外啮合两齿轮的转向相反，因此首、末两轮的转向关系取决于轮系中外啮合齿轮的对数。即

$$i_{AB} = \frac{n_A}{n_B} = \frac{\omega_A}{\omega_B} = (-1)^m \frac{\text{由轮 } A \text{ 至轮 } B \text{ 间所有从动轮齿数的连乘积}}{\text{由轮 } A \text{ 至轮 } B \text{ 间所有主动轮齿数的连乘积}} \qquad (6.3)$$

式中　　m——轮系中由轮 A 至轮 B 间外啮合齿轮的对数。

【例 6.1】　在图 6.1 所示的轮系中，已知 $z_1 = 20, z_2 = 30, z_{2'} = 18, z_3 = 72, z_{3'} = 21, z_4 = 35, z_5 = 42$，求 i_{15}。

【解】　该轮系为平面定轴轮系，题中轮 1 与轮 2、轮 3′ 与轮 4、轮 4 与轮 5 为外啮合，由式（6.3）求得

$$i_{15} = \frac{n_1}{n_5} = (-1)^3 \frac{z_2 z_3 z_4 z_5}{z_1 z_{2'} z_{3'} z_4} = \frac{30 \times 72 \times 35 \times 42}{20 \times 18 \times 21 \times 35} = -12$$

结果为负，说明齿轮 1 与齿轮 5 转向相反。

图 6.1 中齿轮 4 在轮系中兼作主、从动轮，其齿数在计算式中约去，不影响传动比数值的大小，只改变转向，该轮称为惰轮。

6.2.3　空间定轴轮系的传动比计算

在空间定轴轮系中，既有圆柱齿轮，又有锥齿轮、蜗轮蜗杆等空间齿轮，存在着齿轮轴线的相交与交错。

（1）传动比数值大小的计算

设轮系的首轮为齿轮 A，末轮为齿轮 B，其传动比数值大小由式（6.2）求得。

（2）首、末轮转向关系的确定

在轮系中，轴线不平行的两个齿轮的转向没有相同或相反的意义，方向判定只能用画箭头法。

用画箭头法标注齿轮的转向：

一对外啮合圆柱齿轮转向相反，箭头指向也相反；

一对内啮合圆柱齿轮转向相同，箭头指向也相同；

一对锥齿轮其轴线相交，箭头同时指向或同时背离节点；

一对蜗杆蜗轮的轴线垂直交错，箭头指向按第五章规定标注（如图 5.38 所示）。

【例 6.2】　在图 6.2 所示的轮系中，已知 $z_1 = 30, z_2 = 60, z_{2'} = 35, z_3 = 70, z_{3'} = 21, z_4 = 35, z_5 = 105$，求 i_{15}。

【解】　该轮系为首、末两轮的轴线平行的空间定轴轮系。

（1）传动比数值大小

由式（6.2）求得

$$i_{15} = \frac{n_1}{n_5} = \frac{z_2 z_3 z_4 z_5}{z_1 z_{2'} z_{3'} z_4} = \frac{60 \times 70 \times 35 \times 105}{30 \times 35 \times 21 \times 35} = 20$$

（2）首、末轮转向关系的确定

用画箭头的方法确定轮系中各轮的转向关系，如图 6.2 所示。由于图中首末两轮轴线平行，故首末轮转向相反。

【例 6.3】　在图 6.12 所示的轮系中，已知 $z_1=1,z_2=25,z_{2'}=20,z_3=25,z_{3'}=25,z_4=30,z_{4'}=50,z_5=55,z_{5'}=21,z_6=84$，求 i_{16}。

【解】　该轮系为首、末两轮的轴线不平行的空间定轴轮系。

（1）传动比数值大小

由式（6.2）求得

$$i_{16}=\frac{n_1}{n_6}=\frac{z_2 z_3 z_4 z_5 z_6}{z_1 z_{2'} z_{3'} z_{4'} z_{5'}}=\frac{25\times25\times30\times55\times84}{1\times20\times25\times50\times21}=165$$

（2）首、末轮转向关系的确定

用画箭头的方法确定轮系中各轮的转向关系，如图 6.12 所示。由于图中首末两轮轴线不平行，首末轮转向没有相同或相反的意义。

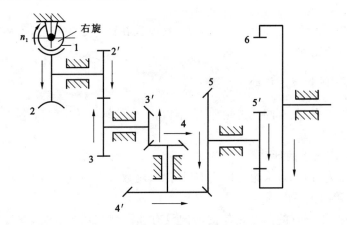

图 6.12　首、末两轮的轴线不平行的空间定轴轮系

6.3　行星轮系传动比的计算

6.3.1　行星轮系的转化机构

行星轮系与定轴轮系的根本区别在于行星轮系中有转动的系杆，使得行星轮在既绕自身轴线转动（自转）的同时，又绕太阳轮的轴线转动（公转）。如果设法将系杆固定不动，则行星轮的公转就会消除，该轮系就可以转化成一个定轴轮系。

假设在图 6.13 所示的轮系中，各构件的转速分别为 ω_1、ω_2、ω_3、ω_H，且均做逆时针转动（令逆时针为正）。根据相对运动的原理，假设给整个轮系加上一个公共的转速 $-\omega_H$，各构件的相对运动关系保持不变，那么可知此时系杆的角速度变成 $\omega_H-\omega_H=0$，即系杆静止不动了。于是，该行星轮系就转化成一个假想的定轴轮系，并称其为原行星轮系的转化机构。

在图 6.13 所示的行星轮系中，当给整个轮系加上一个公共转速 $-\omega_H$ 后，其各构件的角速度变化如表 6.1 所示。

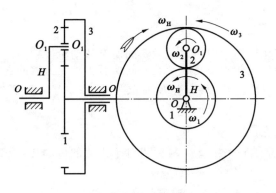

图 6.13　行星轮系

表 6.1　行星轮系转化机构中各构件的角速度

构件名称	原行星轮系各构件转速	转化机构中各构件转速
太阳轮 $1(z_1)$	ω_1	$\omega_1^H = \omega_1 - \omega_H$
行星轮 $2(z_2)$	ω_2	$\omega_2^H = \omega_2 - \omega_H$
太阳轮 $3(z_3)$	ω_3	$\omega_3^H = \omega_3 - \omega_H$
行星架 H	ω_H	$\omega_H^H = \omega_H - \omega_H = 0$

表中，ω_1^H、ω_2^H、ω_3^H、ω_H^H 分别表示在转化机构中齿轮 1、2、3 及系杆的角速度。由表可见 $\omega_H^H = 0$，所以上述行星轮系已转化为图 6.14 所示的定轴轮系。因此，该转化机构的传动比就可按定轴轮系传动比的计算方法来计算。通过对该轮系传动比的计算，即可得到行星轮系中各构件的真实角速度，进而求得其中任意两构件的传动比。

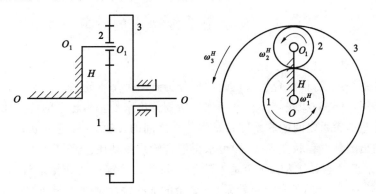

图 6.14　行星轮系和转化机构

6.3.2　行星轮系传动比的计算

设轮系的两个太阳轮分别为 a、b，系杆为 H，则其转化机构的传动比为

$$i_{ab}^H = \frac{\omega_a^H}{\omega_b^H} = \frac{\omega_a - \omega_H}{\omega_b - \omega_H} = \frac{n_a - n_H}{n_b - n_H} \tag{6.4}$$

由于两个太阳轮的轴线重合，故可按式(6.2)用齿数来计算它，即

$$i_{ab}^{H}=\frac{\omega_{a}^{H}}{\omega_{b}^{H}}=\frac{\omega_{a}-\omega_{H}}{\omega_{b}-\omega_{H}}=\frac{n_{a}-n_{H}}{n_{b}-n_{H}}$$

$$=\pm\frac{在转化机构中由轮 a 至轮 b 间所有从动轮齿数的连乘积}{在转化机构中由轮 a 至轮 b 间所有主动轮齿数的连乘积} \qquad (6.5)$$

式中　±——转向相同时取"＋",转向相反时取"－",取决于 a、b 两轮在转化机构中的转向
　　　　关系。

在应用上式时要注意:

(1) $i_{ab}^{H}\neq i_{ab}$。i_{ab} 是定轴轮系中 a、b 两轮相对于机架的传动比,i_{ab}^{H} 是行星轮系的转化机构的传动比。

(2) ω_{a}、ω_{b}、ω_{H} 均为代数值,在代入时要带有相应的"±"号。

(3) 对于包含有锥齿轮的行星轮系,只适应于计算其基本构件间的传动比,而不适应于其行星轮的转速计算。

【例 6.4】　在图 6.13 所示的轮系中,已知 $z_{1}=40,z_{2}=20,z_{3}=80,n_{1}=160\ \mathrm{r/min},n_{3}=40\ \mathrm{r/min}$,转向如图。求 n_{H}。

【解】　该轮系为行星轮系,可以判定在其转化机构中太阳轮 1 和太阳轮 3 的转向相反。由式(6.5),可求得其转化机构的传动比为

$$i_{13}^{H}=\frac{n_{1}^{H}}{n_{3}^{H}}=\frac{n_{1}-n_{H}}{n_{3}-n_{H}}=-\frac{z_{2}z_{3}}{z_{1}z_{2}}=-\frac{20\times80}{40\times20}=-2$$

将 $n_{1}=160\ \mathrm{r/min}$、$n_{3}=40\ \mathrm{r/min}$ (n_{3} 与 n_{1} 转向相同,取正号)代入上式得

$$\frac{160-n_{H}}{40-n_{H}}=-2$$

解得　　　　　　　　　　　　　　　$n_{H}=80\ \mathrm{r/min}$

结果为正,说明系杆 H 和齿轮 1 在实际的行星轮系中转向相同(图 6.13)。

6.4　混合轮系传动比的计算

计算混合轮系传动比的方法是:

① 分析轮系的组成,将混合轮系正确地划分为若干个基本轮系。

② 正确运用式(6.3)和式(6.5),分别列出所划分出来的基本轮系的传动比方程式。

③ 找出各基本轮系之间的联系即各基本轮系之间的转速关系,建立联系条件。

④ 将所列出的各方程联立求解,即可求得混合轮系传动比。

将混合轮系正确地划分为若干个基本轮系是问题的关键。划分轮系时,首先要找出轮系中的各套行星轮系,划分出各套行星轮系后,剩余的那些绕固定轴线转动的齿轮就组成定轴轮系。找出行星轮系的正确方法是:

(1) 找行星轮

分析轮系的运动,看各个齿轮的转动轴线是否固定,找出所有的那些既绕自身轴线自转、又随其他构件一起绕固定轴线公转的齿轮,即行星轮。

(2) 确定系杆与太阳轮

找到行星轮后,支承行星轮的构件就是系杆,转动轴线与系杆转动轴线重合且与行星轮相啮合的定轴转动齿轮即是太阳轮。要一一找出所有的系杆和太阳轮。

（3）划分出各套行星轮系

一套行星轮系只有一个系杆，一个系杆、装在该系杆上的所有行星轮和相应的太阳轮就组成了一套基本的行星轮系，要正确地划分出所有的各套行星轮系。

【例 6.5】 在图 6.4 所示的轮系中，已知 $z_1 = 30, z_2 = 60, z_{2'} = 24, z_3 = 36, z_4 = 96,$ $n_1 = 200$ r/min。求 n_H。

【解】 该轮系为混合轮系。

（1）划分轮系

齿轮 3 在绕自身轴线转动的同时，又随构件 H 一起绕固定轴线转动，故为行星轮。构件 H 支承行星轮，就是系杆。定轴转动齿轮 $2'$ 和齿轮 4 与行星轮相啮合，且转动轴线与系杆 H 的转动轴线重合，必然是太阳轮。因此系杆 H 和齿轮 $2'$、3、4 就组成了一套行星轮系。剩余的定轴转动齿轮 1、2 组成一套定轴轮系。所以这是一个由定轴轮系和行星轮系组成的混合轮系。

（2）分别列传动比方程

对于行星轮系，由式（6.5）得

$$i_{2'4}^H = \frac{\omega_{2'}^H}{\omega_4^H} = \frac{n_{2'} - n_H}{n_4 - n_H} = -\frac{z_3 z_4}{z_{2'} z_3} = -\frac{36 \times 96}{24 \times 36} = -4$$

由于 $n_4 = 0$，故上式可写成

$$\frac{n_{2'} - n_H}{-n_H} = -4$$

即
$$\frac{n_{2'}}{n_H} = 5 \tag{a}$$

对于定轴轮系，由式（6.3）得

$$i_{12} = \frac{n_1}{n_2} = -\frac{z_2}{z_1} = -\frac{60}{30} = -2$$

即
$$\frac{n_1}{n_2} = -2 \tag{b}$$

（3）建立联系条件

由于齿轮 2 和齿轮 $2'$ 为一个构件，故

$$n_2 = n_{2'} \tag{c}$$

（4）联立求解

由传动比的概念和式（a）、（b）、（c）得

$$n_H = -\frac{n_1}{10}$$

将 $n_1 = 200$ r/min 代入得

$$n_H = -\frac{n_1}{10} = -\frac{200}{10} = -20 \text{ r/min}$$

结果为负，说明齿轮 1 和系杆 H 在实际的混合轮系中转向相反。

6.5 渐开线少齿差行星传动简介

在图 6.15 所示的行星轮系中，齿轮 1 为行星轮，构件 H 为系杆，齿轮 2 为太阳轮。系杆

H 为主动件，做平面运动的行星轮 1 的绝对转动由等角速比传动机构 V 输出。当太阳轮与行星轮的齿数差 $\Delta z = z_2 - z_1 = 1 \sim 4$ 时，就称为少齿差行星传动。因为采用渐开线齿轮传动，故称为渐开线少齿差行星传动。

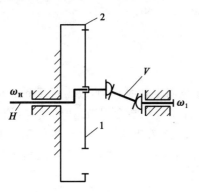

图 6.15　渐开线少齿差行星传动

由式(6.5)可知

$$i_{12}^H = \frac{\omega_1^H}{\omega_2^H} = \frac{\omega_1 - \omega_H}{\omega_2 - \omega_H} = \frac{z_2}{z_1}$$

由于 $\omega_2 = 0$，故上式可写成

$$\frac{\omega_1 - \omega_H}{-\omega_H} = \frac{z_2}{z_1}$$

即

$$\frac{\omega_H}{\omega_1} = -\frac{z_1}{z_2 - z_1}$$

故

$$i_{H1} = \frac{\omega_H}{\omega_1} = -\frac{z_1}{z_2 - z_1} \tag{6.6}$$

由上式可知，当齿数差 $\Delta z = z_2 - z_1 = 1 \sim 4$ 时，就可以获得较大的单级传动比；当齿数差 $\Delta z = z_2 - z_1 = 1$ 时，称为一齿差行星传动，其传动比为

$$i_{H1} = -z_1 \tag{6.7}$$

此时为最大值，"－"说明输出轴与输入轴转向相反。

实践与思考

将学生分组，为每组提供轮系机构或机械传动装置等(如汽车变速箱、差动齿轮机构、车床齿轮箱、机械表)，让学生先看懂传动关系，再画出传动示意图，并计算各轴传动比和机械系统的传动比。进一步掌握定轴轮系、行星轮系及混合轮系的特点及应用。

习　题

6.1　在图 6.16 所示轮系中，已知各齿轮齿数分别为 $z_1 = 18, z_2 = 54, z_{2'} = 25, z_3 = 30, z_{3'} = 45, z_4 = 50$。求 i_{14}。

6.2　在图 6.17 所示轮系中，已知蜗杆均为右旋，各齿轮齿数分别为 $z_1 = 1, z_2 = 35, z_3 = 1, z_4 = 40$。若 $n_1 = 1400$ r/min，转向如图所示，求 n_4。

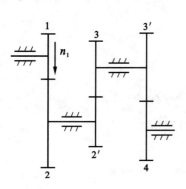

图 6.16　习题 6.1 图

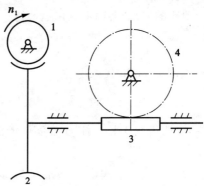

图 6.17　习题 6.2 图

6.3 在图 6.18 所示轮系中,已知各齿轮齿数分别为 $z_1 = 18, z_2 = 72, z_3 = 25, z_4 = 35, z_5 = 2, z_6 = 50$。求 i_{16}。

6.4 在图 6.19 所示轮系中,已知各齿轮齿数分别为 $z_1 = z_2 = 20, z_{2'} = 35, z_3 = 50$。若 $n_1 = 510$ r/min,转向如图所示,求 n_H。

6.5 在图 6.20 所示轮系中,已知各齿轮齿数分别为 $z_1 = 72, z_2 = 18, z_{2'} = 36, z_3 = 18$。若 $n_1 = 55$ r/min,$n_3 = 190$ r/min,转向如图所示,求 n_H。

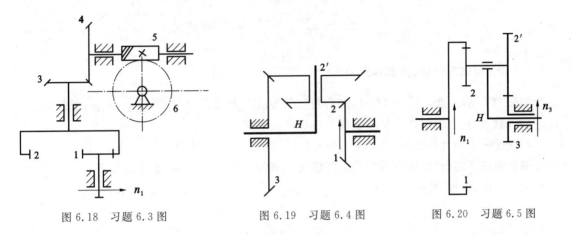

图 6.18 习题 6.3 图　　　　图 6.19 习题 6.4 图　　　　图 6.20 习题 6.5 图

6.6 在图 6.21 所示的电动三爪卡盘传动轮系中,已知各齿轮齿数分别为 $z_1 = 6, z_2 = z_{2'} = 25, z_3 = 57$,$z_4 = 56$。求 i_{14}。

6.7 在图 6.22 所示轮系中,已知各齿轮齿数分别为 $z_1 = 25, z_2 = 50, z_{2'} = 28, z_3 = 42, z_4 = 112$。求 i_{14}。

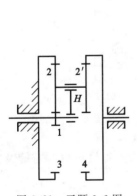

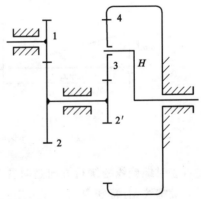

图 6.21 习题 6.6 图　　　　　　　图 6.22 习题 6.7 图

7 其他常用机构

7.1 螺旋机构

7.1.1 螺纹的形成、类型和应用

如图 7.1 所示,把底边等于 πd_2 的直角三角形绕于直径为 d_2 的圆柱上,并使底边与圆柱体的底边对齐,则它的斜边在圆柱表面上便形成一条螺旋线。

若取任一平面几何图形,使其一边靠在圆柱的母线上并沿螺旋线移动,移动时保持该平面图形通过圆柱体的轴线,便可得到相应的螺纹。如图 7.1(b)所示,根据平面图形的形状,螺纹可分为三角形、矩形、梯形和锯齿形等。三角形螺纹多用于联接,其余螺纹则多用于传动。

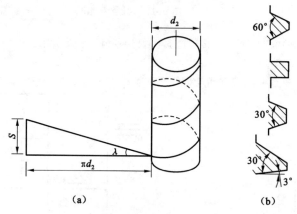

图 7.1 螺纹的形成与牙型

(a) 螺纹的形成;(b) 牙型

按照圆柱直立时螺旋线的绕行方向是向右上升还是向左上升,螺纹可分为右旋及左旋两种。一般采用右旋螺纹,有特殊要求时才采用左旋螺纹。

根据圆柱上螺旋线的数目,螺纹可分为单线、双线、三线和多线。若将三角形底边分成两等份或三等份,并从等分点分别画一条或两条平行于斜边的直线,则在圆柱表面上相应地形成两条或三条等距离的螺旋线。在此基础上形成两条或三条螺纹,分别称为双线螺纹[图 7.2(a)]和三线螺纹[图 7.2(b)]。为制造方便,螺纹一般不超过四线。单线螺纹常用于联接,也可用于传动;多线螺纹则主要用于传动。

在圆柱体的外表面上形成的螺纹称为外螺纹,在圆柱孔的内表面上形成的螺纹称为内螺纹,如螺柱、螺母上的螺纹。

表 7.1 列出了常用螺纹的类型、牙型和应用。螺纹已标准化,分为米制和英制两种,我国采用米制,英、美等国则采用英制。

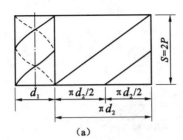 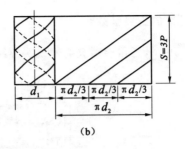

（a） （b）

图 7.2 多线螺纹的形成

（a）双线螺纹；（b）三线螺纹

表 7.1 常用螺纹

类别			牙形图	特点和应用
联接用	三角形螺纹	普通螺纹		牙形角 $\alpha=60°$，牙根较厚，牙根强度较高，同一公称直径，按螺距大小分为粗牙和细牙，一般情况下多用粗牙，而细牙用于薄壁零件或受动载荷的联接，还可用于微调机构的调整
		英寸制螺纹		牙形角 $\alpha=55°$，尺寸单位是 in，螺距以每英寸长度内的牙数表示，也有粗牙、细牙之分，多在修配英、美等国家的机件时使用
		管螺纹		牙形角 $\alpha=55°$，公称直径近似为管子内径，以 in 为单位，是一种螺纹深度较浅的特殊英寸制细牙螺纹，多用于压力在 1.57 N/mm² 以下的管子联接
传动用		矩形螺纹		牙型为正方形，牙厚为螺距的一半，尚未标准化，传动效率高，但精确制造困难，可用于传动
		梯形螺纹		牙形角 $\alpha=30°$，效率略低于矩形螺纹，但工艺性好，牙根强度高，广泛用于传动
		锯齿形螺纹		工作面的牙型斜角为 3°，非工作面的牙型斜角为 30°，综合了矩形螺纹效率高和梯形螺纹牙根强度高的特点。但只能用于单向受力的传动

7.1.2   螺纹的主要参数

现以图 7.3 所示三角形螺纹为例说明螺纹的主要参数。

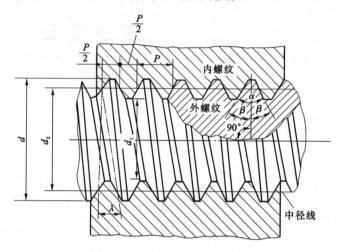

图 7.3   螺纹的主要参数

（1）大径 d

与外螺纹牙顶或内螺纹牙底相重合的假想圆柱的直径,并规定为螺纹的公称直径。

（2）小径 d_1

与外螺纹牙底或内螺纹牙顶相重合的假想圆柱的直径。

（3）中径 d_2

这是一个假想圆柱的直径,在该圆柱母线上的牙形宽度与牙槽宽度相等。

（4）螺距 P

相邻两牙在中径线上对应点间的轴向距离。

（5）导程 S 与线数 n

同一条螺旋线上的相邻牙在中径线上对应点间的轴向距离,称为导程。导程 S 与线数 n 及螺距 P 之间的关系为

$$S = nP \qquad\qquad (7.1)$$

其中 $n=1$ 为单线,$n=2$ 为双线,其余依次类推。

（6）升角 λ

在中径圆柱面上螺旋线的切线与螺纹轴线垂直面间的夹角称为升角。如图 7.1(a)所示,其计算公式为

$$\tan\lambda = \frac{S}{\pi d_2} = \frac{nP}{\pi d_2} \qquad\qquad (7.2)$$

（7）牙形角 α

在轴剖面内螺纹牙形相邻两侧边的夹角。

（8）牙形斜角 β

牙形侧边与螺纹轴线的垂线间的夹角称为牙形斜角。对于对称牙形,$\beta=\alpha/2$。

7.1.3 螺旋机构的工作原理及类型

螺旋机构是利用螺旋副传递运动和动力的机构,主要用来把回转运动变为直线运动,同时传递动力。按螺旋副中的摩擦性质,螺旋机构可分为滑动螺旋机构和滚动螺旋机构。滑动螺旋机构中,螺旋副做相对运动时产生滑动摩擦。滚动螺旋机构中,螺旋副作相对运动时产生滚动摩擦。

(1) 滑动螺旋机构

图 7.4 所示为最简单的三构件滑动螺旋机构。图中构件 1 为螺杆,构件 2 为螺母,构件 3 为机架。在图 7.4(a)中,A 为回转副,B 为螺旋副,C 为移动副,其螺旋导程为 S。当螺杆转一周(2π)时,螺母的位移为

$$L = S \tag{7.3}$$

螺杆转过 φ 角时,螺母的位移为

$$L' = S\left(\frac{\varphi}{2\pi}\right) \tag{7.4}$$

其移动方向根据螺纹的旋向和转动方向来确定。

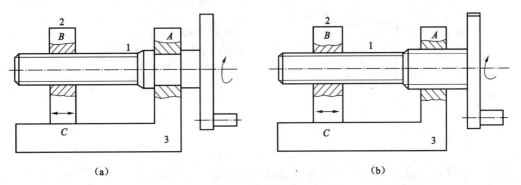

图 7.4 滑动螺旋机构
(a) 螺旋副;(b) 滑动螺旋机构

若将图 7.4(a)中的回转副 A 也变为螺旋副,便得到如图 7.4(b)所示的滑动螺旋机构。设 A、B 两螺旋副的导程分别为 S_A、S_B,当 A、B 两螺旋副的旋向相反(一为右旋,一为左旋)时,若螺杆转过 φ 角,则其螺母的位移为

$$L = L_A + L_B = \frac{(S_A + S_B)\varphi}{2\pi} \tag{7.5}$$

故螺母可产生快速移动。这种螺旋机构称为复式螺旋机构。当 A、B 两螺旋副的旋向相同(同为右旋或左旋)时,若螺杆转过 φ 角,则其螺母的位移为

$$L = L_A - L_B = \frac{(S_A - S_B)\varphi}{2\pi} \tag{7.6}$$

式中 L_A——螺杆相对于机架向前的位移;

L_B——螺母相对于螺杆向后的位移。

由式(7.6)可知,当两螺旋副的旋向相同时,若 S_A、S_B 相差很小,则螺杆相对于机架转动较大的角度,螺母相对于机架的位移可以很小,这样就可以达到微调的目的。这种螺旋机构称为差动螺旋机构或微调螺旋机构。

（2）滚动螺旋机构

滑动螺旋机构的螺旋副由于摩擦阻力大、效率低、精度低等，不能满足现代机械的传动要求。因此，许多现代机械中多采用滚动螺旋机构（滚珠丝杠）。滚动螺旋机构是指在具有螺旋槽的螺杆与螺母之间，连续填满滚珠作为中间体的螺旋机构，如图 7.5 所示。当螺杆与螺母相对转动时，滚动体在螺纹滚道内滚动，使螺杆与螺母间以滚动摩擦代替滑动摩擦，提高了传动效率和传动精度。滚动螺旋机构按其滚动体循环方式的不同，可分为外循环和内循环两种形式。

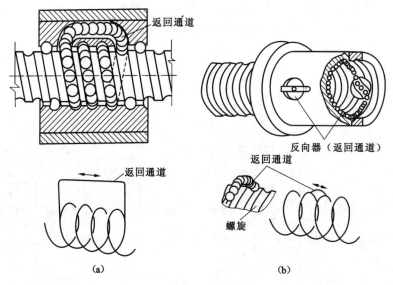

图 7.5　滚动螺旋机构
(a) 外循环式；(b) 内循环式

① 外循环式　外循环是指滚珠在回程时脱离螺杆的螺旋槽，而在螺旋槽外进行循环，如图 7.5(a)所示。外循环螺母只需前后各设一个反向器。当滚珠滚入反向器时，就被阻止而转弯，从返回通道回到滚道的另一端去，从而形成一个循环回路。

② 内循环式　内循环是指滚珠在整个循环过程中始终和螺杆接触的循环方式，如图 7.5(b)所示。内循环螺母上开有侧孔，孔内镶有反向器将相邻两螺纹的滚道联通，滚珠可越过螺纹顶部进入相邻滚道，形成一个封闭的循环回路。因此，一个循环回路里只有一圈滚珠，设有一个反向器。一个螺母常设置 2～4 个循环回路，各循环回路的反向器均布在圆周上。

7.1.4　螺旋机构的特点及功能

滑动螺旋机构结构简单，制造方便，能获得很大的降速比和力的增益，工作平稳，无噪声，合理选择螺纹升角可具有自锁性能，但效率低。

滚动螺旋机构摩擦很小，效率高（多在 90％以上），并可用调整的方法消除间隙，因而传动精度高；可变直线运动为旋转运动，其效率仍可达 80％以上。其缺点是结构复杂，制造难度大，不能自锁。由于其明显的优点，滚动螺旋机构已被广泛应用于数控机床，汽车、拖拉机转向机构等。螺旋机构的主要功能如表 7.2 所示。

表 7.2 螺旋机构的主要功能

功能	应用示例	说　明
传递运动和动力		台虎钳定心夹紧机构,由平面夹爪 1 和 V 形夹爪 2 组成定心机构。螺杆 3 的 A 端是右旋螺纹,B 端为左旋螺纹,采用导程不同的复式螺旋。当转动螺杆 3 时,夹爪 1 与 2 夹紧工件 4
转变压动形式		(a) 螺杆转动,螺母移动; 　　(b) 螺母转动,螺杆移动; 　　(c) 螺母固定,螺杆转动和移动; 　　(d) 螺杆固定,螺母转动和移动
机构调整		利用螺旋机构调节曲柄长度。螺杆(构件 1)与曲柄(构件 2)组成转动副 B,与螺母(构件 3)组成螺旋副 C。曲柄 2 的长度 AK 可通过转动螺杆 1 改变螺母 3 的位置来调整
微调与测量		镗床镗刀的微调机构。螺母 2 固定于镗杆 3。螺杆 1 与螺母 2 组成螺旋副 A,同时又与螺母 4 组成螺旋副 B。4 的末端是镗刀,它与 2 组成移动副 C。螺旋副 A 与 B 旋向相同而导程不同,当转动螺杆 1 时,镗刀相对镗杆做微量的移动,以调整镗孔时的进给量

7.2　棘　轮　机　构

7.2.1　棘轮机构的工作原理

图 7.6 所示为常见外啮合齿啮式的棘轮机构,主要由棘轮 1、主动件摇杆 4、驱动棘爪 2、止回棘爪 5 和机架组成。当主动摇杆顺时针摆动时,摇杆上铰接的驱动棘爪插入棘轮的齿槽

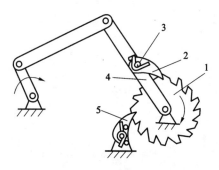

图 7.6　棘轮机构

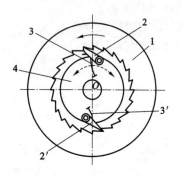

图 7.7　内啮合棘轮机构

内,推动棘轮同向转动一定的角度。当主动摇杆逆时针摆动时,驱动棘爪在棘轮的齿背上滑过,这时止回棘爪阻止棘轮反向转动,棘轮静止不动,从而实现了当主动件连续地往复摆动时,从动棘轮作单向的间歇运动。为了保证棘爪工作可靠,常利用扭簧 3 使棘爪紧压齿面。

7.2.2　棘轮机构的基本类型和应用

常见棘轮机构可分为齿啮式和摩擦式两大类。

(1) 齿啮式棘轮机构

齿啮式棘轮机构是靠棘爪和棘轮齿啮合传动,结构简单、制造方便、转角准确、运动可靠。但棘轮转角只能进行有级调节,且棘爪在齿背上滑行易引起噪声、冲击和磨损,故不宜用于高速。齿啮式棘轮机构有外啮合(图 7.6)和内啮合(图 7.7)两种基本形式。内啮合棘轮机构由棘轮 1、棘爪 2 和 2′、弹簧 3 和 3′以及轴 4 组成,如图 7.7 所示。

① 双动式棘轮机构

如图 7.8 所示,其棘爪 3 可制成平头撑杆[图 7.8(a)]或钩头拉杆[图 7.8(b)]。当主动摇杆 1 往复摆动一次时,能使棘轮 2 沿同一方向做二次间歇运动。这种棘轮机构每次停歇的时间较短,棘轮每次的转角也较小。

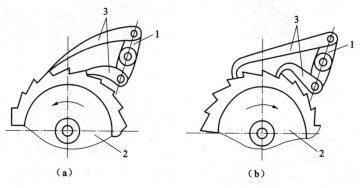

（a）　　　　　　　　（b）

图 7.8　双动式棘轮机构
(a) 平头撑杆；(b) 钩头拉杆

② 可变向棘轮机构

如图 7.9(a)所示,它的棘轮齿形为对称梯形。当棘爪在实线位置时,主动杆与棘爪将使棘轮向逆时针方向做间歇运动;当棘爪翻到双点画线位置时,主动杆与棘爪将使棘轮向顺时针方向做间歇运动。

图 7.9(b)所示为另一种可变向棘轮机构。其棘轮 2 齿形为矩形,棘爪 1 背面为斜面,棘爪顺时针转动时,它可从棘齿上滑过。当棘爪处在图示位置时,棘轮将向逆时针方向做单向间歇转动;若将棘爪提起并绕其轴线转 180°后放下,则可实现棘轮沿顺时针的单向间歇转动;若将棘爪提起并绕其轴线转 90°后,使棘爪搁置在壳体的平台上,则棘爪和棘轮脱开。主动杆往复摆动时,棘轮静止不动。

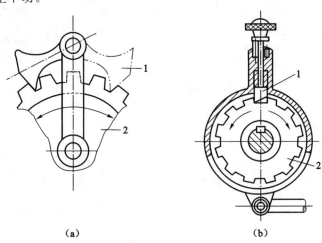

(a) (b)

图 7.9 可变向棘轮机构

(a) 对称梯形齿形;(b) 矩形齿形

(2)摩擦式棘轮机构

摩擦式棘轮机构如图 7.10 所示,棘轮上无棘齿。它靠棘爪 1、3 和棘轮 2 之间的摩擦力传动,棘轮转角可做无级调节,且传动平稳、无噪声。但因靠摩擦力传动,其接触表面容易发生滑动,一方面可起过载保护作用,另一方面因传动精度不高,故适用于低速、轻载的场合。

棘轮机构常用于低速,且要求实现间歇运动的场合。它具有单向间歇运动的特性,利用它可满足送进、制动、实现超越运动(图 7.7 所示自行车后轴上的内啮合棘轮机构)和转位分度等工艺要求。

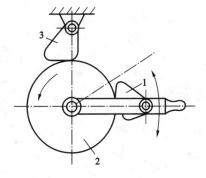

图 7.10 摩擦式棘轮机构

7.2.3 棘轮转角调节

为了使棘轮每次转动的转角满足工作要求,可用以下方法调节。

(1)改变曲柄的长度

如图 7.11 所示,改变曲柄 AB 的长度,可改变摇杆 CD 的最大摆角 ψ 的大小,从而调节棘轮转角。

（2）改变棘爪行程内的齿数

图 7.12 所示棘轮机构，在棘轮外面罩一遮板（遮板不随棘轮一起转动）。摇杆的摆角不变，变更遮板的位置，可使棘爪行程的一部分在遮板上滑过，不与棘齿接触，从而改变棘轮转角的大小。遮板的位置可根据需要进行调节。

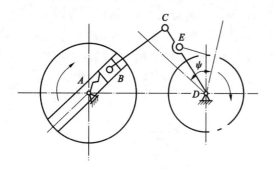 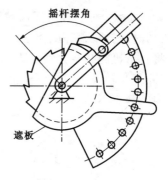

图 7.11 改变曲柄长度调节棘轮转角　　　　图 7.12 用遮板调节棘轮转角

7.3 槽轮机构

7.3.1 槽轮机构的工作原理与类型

如图 7.13 所示槽轮机构，由带有圆柱销 3 的拨盘 1、具有径向槽的槽轮 2 及机架组成。

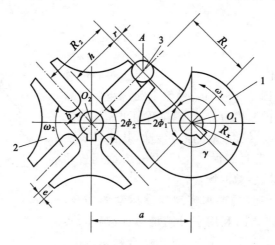

图 7.13 外槽轮机构

主动件拨盘逆时针做等速连续转动，当圆销 A 未进入槽轮的径向槽时，槽轮的内凹锁止弧被拨盘的外凸锁止弧锁住而静止；当圆销 A 开始进入径向槽时，内外锁止弧脱开，槽轮在圆销 A 的驱动下顺时针转动；当圆销 A 开始脱离径向槽时，槽轮因另一锁止弧又被锁住而静止，直到圆销再次进入下一个径向槽时，锁止弧脱开，槽轮才能继续转动，从而实现从动槽轮的单向间歇运动。

槽轮机构有外槽轮机构（图 7.13）和内槽轮机构（图 7.14）两种类型。依据机构中圆销的数目，外槽轮机构又有单圆销（图 7.13）、双圆销（图 7.15）和多圆销槽轮机构之分。单圆销外槽轮机构工作时,拨盘转一周,槽轮反向转动一次;双圆销外槽轮机构工作时,拨盘转一周,槽轮反向转动两次;内槽轮机构的槽轮转动方向与拨盘转向相同。

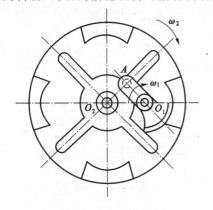 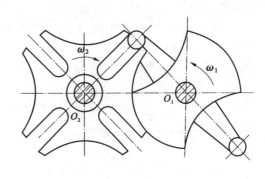

图 7.14　内槽轮机构　　　　　　　图 7.15　双圆销槽轮机构

7.3.2　槽轮机构的特点与应用

　　槽轮机构的优点是结构简单、制造容易、转位迅速、工作可靠,但制造与装配精度要求较高,且转角大小不能调节,转动时有冲击,故不适用于高速,一般用于转速不很高的自动机械、轻工机械或仪器仪表中。例如,图 7.16 所示的转塔车床的刀架转位机构,刀架 3 上装有六种刀具,槽轮 2 上有六个径向槽。当拨盘 1 回转一周时,圆销进入槽轮一次,驱使槽轮转过 60°,刀架也随着转过 60°,从而将下一工序所需刀具转换到工作位置。图 7.17 所示的电影放映机的卷片机构,槽轮 2 上有 4 个径向槽,拨盘 1 每转一周,圆销将拨动槽轮转过 90°,使胶片移过一幅画面,并停留一定的时间,以适应人眼的视觉暂留现象。

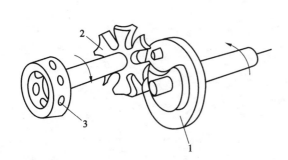 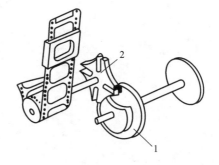

图 7.16　转塔车床的刀架转位机构　　　图 7.17　电影放映机的卷片机构

实践与思考

　　7.1　观察实训室机械装置的螺纹类型及作用。

　　7.2　拆装台虎钳并注意观察其螺纹的作用。

　　7.3　观察棘轮机构、槽轮机构的模型及其运动演示,分析运动特点及结构。

　　7.4　观察自行车后轮轴上的棘轮机构和牛头刨床上用于进给的棘轮机构,分别说出各是哪种棘轮机构及其工作原理。

　　7.5　槽轮机构中槽轮槽数与拨盘上圆柱销数应满足什么关系?为什么要在拨盘上加上锁止弧?

　　7.6　你见过哪些机械中使用了间歇运动机构,试举例说明。

习　题

7.1　图 7.18 所示的螺旋机构中,已知左旋双线螺杆的螺距为 3 mm。问当螺杆按图示方向转动 180°时,螺母移动了多少距离? 向什么方向移动?

7.2　图 7.19 所示螺旋机构,构件 1 与 2 组成螺旋副 A,其导程 $S_A = 2.5$ mm,构件 1 与 3 组成螺旋副 B,其导程 $S_B = 3$ mm,螺杆 1 转向如图所示。如果要使 2、3 由距离 $H_1 = 100$ mm 快速趋近至 $H_2 = 78$ mm,试确定螺旋副 A、B 的旋向及构件 1 应转几圈?

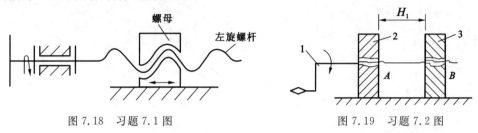

图 7.18　习题 7.1 图　　　　图 7.19　习题 7.2 图

8 通用机械零件概述

机器的基本组成要素是机械零件,机器的设计和制造,必须落实到机械零件的设计和制造上。因此,学习机械设计要从学习机械零件设计开始。以后各章将从工作原理、承载能力、构造、维护等方面论述通用机械零件的设计问题,从而解决如何合理确定零件的形状、尺寸、参数,如何适当选用零件的材料,如何使零件具有良好的工艺性等。本章将扼要阐明机械零件设计计算的共性问题。

8.1 机械零件应满足的基本要求和设计的一般步骤

8.1.1 机械零件应满足的基本要求

机械零件是组成机器的基本单元,在讨论机械设计的基本要求之前,首先应初步了解设计机械零件的一些基本要求。机械零件的设计必须依据其在机器中的作用及工作情况,满足强度、刚度、寿命、工艺性、可靠性以及某些特殊要求的一部分或全部内容。具体有以下几个方面:

(1) 在预定寿命期限内不失效

机械零件因某种原因不能正常工作的现象称为失效。机械零件的主要失效形式有断裂、表面破坏(腐蚀、磨损和接触疲劳等)、过量残余变形和正常工作条件的破坏。为避免这些失效,设计中需要考虑以下几个问题:

① 强度要求 零件在工作时,在额定的工作条件下,既不发生任何形式的破坏,也不产生超过允许限度的残余变形,且能保证机器的正常运转和工作,就认为该零件满足了强度要求。强度不足是零件在工作中断裂或过量残余变形的直接原因。

零件的强度分为体积强度和表面接触强度。零件在载荷作用下,如果产生的应力在较大的体积内,则这种应力状态下的零件强度称为体积强度(简称强度)。若两个零件在受载前后由点接触或线接触变为小表面积接触,且其表面产生很大的局部应力(称为接触应力),这时零件的强度称为表面接触强度(简称接触强度)。在设计中,除了部分受力较小或形状复杂无法计算的零件靠经验、实验确定外,大多数重要零件都是利用强度条件来校核的(工程力学中的相关强度理论)。若零件的强度不够,就会出现整体断裂、表面接触疲劳或塑性变形等失效而丧失工作能力,所以设计零件时必须满足强度要求。其设计准则是

$$\sigma = \frac{P}{A} \leqslant [\sigma] = \frac{\sigma_{\lim}}{S} \tag{8.1}$$

式中 σ——计算应力;

$[\sigma]$——许用应力;

P——工作载荷;

A——面积尺寸;

　　$\sigma_{\lim}$——极限应力；

　　S—— 安全系数。

　　提高零件强度的原则措施有：a. 增大零件危险剖面的尺寸、合理设计剖面形状，以增大剖面面积的惯性矩；b. 采用高强度材料，对材料进行提高强度及降低内应力的热处理，控制加工工艺以减小或消除微观缺陷等；c. 力求降低零件上的载荷，如减小轴的支撑跨距以降低作用在其上的弯矩，采用减振结构以降低冲击载荷等；d. 妥善设计零件的结构以降低应力集中程度等。

　　② 刚度要求　　在机器工作时，有时机器并没有被破坏，但是由于零件的变形而导致机器的失效或不能完成预定的工作任务，这就是刚度失效。对于这类情况，不但要求进行强度计算，同时还要进行刚度计算。

　　零件的刚度要求是指零件工作时，零件所产生的弹性变形不超过规定的限度。刚度的计算是利用刚度条件来判定的。针对弹性变形的两种情况（弯曲和扭转），刚度条件分别为

$$y \leqslant [y] \quad 或 \quad \theta \leqslant [\theta]; \quad \varphi \leqslant [\varphi] \tag{8.2}$$

式中　y——挠度；

　　　$[y]$——许用挠度；

　　　θ——偏转角；

　　　$[\theta]$——许用偏转角；

　　　φ——扭转角；

　　　$[\varphi]$——许用扭转角。

　　提高零件整体刚度的原则措施有：a. 适当增加零件的剖面尺寸；b. 合理设计零件的剖面形状；c. 合理添置加强筋，采用多支点结构；d. 提高零件接触表面的加工精度或经适度跑合降低表面粗糙度；e. 适当增大接触面积，以降低单位压力等。

　　③ 寿命要求　　寿命要求就是要求零件在预定的工作期间保持正常工作而不致报废。主要是针对那些在变应力下工作和工作时受到磨损或腐蚀的零件提出的。

　　提高零件寿命的措施主要有：a. 妥善设计零件结构以降低应力集中程度；b. 采用精加工或表面强化处理以提高零件工作表面的质量；c. 合理选择摩擦副配对材料、润滑剂与润滑方法以提高零件抗磨损能力；d. 选用耐腐蚀材料制造在腐蚀介质中工作的零件；e. 利用热处理提高零件材料的机械性能或利用滚压、喷丸等工艺使零件表面产生有利的残余预应力，等等。

　　④ 振动性和噪声要求　　随着机械向高速发展和人们对环境舒适性要求的提高，对机械的振动和噪声的要求也越来越高。当机械或零件的固有振动频率等于或接近受激振源作用所引起的强迫振动频率时，将产生共振。这不但影响机器的正常工作，甚至会造成破坏性事故。因此，对于高速机械应该进行振动分析和计算，采取降低振动和噪声的措施。

　　具体来说，并不是每一类型的零件都需要进行所有上述的计算，而是从实际载荷的工作条件出发，分析其主要的失效形式，再确定其计算准则，必要时再按其他要求进行校核。例如，对于机床主轴，首先根据刚度确定尺寸，再校核其强度、振动稳定性等。

　　（2）工艺性要求

　　所谓机械零件的结构工艺性，是指在一定生产条件下，能够方便经济地制造和装配，即零件的结构设计应使之易于加工。工艺性要求也是零件设计的重要内容之一，必须要从生产批量、材料、毛坯制作、加工方法、装配过程等方面进行全面的考虑。由于制造费用一般要占产品

成本的 80% 以上,所以工艺性的好坏直接影响零件的经济性。

（3）经济性要求

零件的经济性要求就是要用最低的成本和最少的工时制造出满足技术要求的零件。在进行设计时,必须时刻牢记,要从降低材料消耗、尽可能利用廉价材料代替昂贵的材料、尽可能多使用标准件等方面入手,努力提高经济性指标。

（4）可靠性要求

零件可靠性的概念与机械系统可靠性相似,并且用零件的可靠度来衡量。零件可靠度定义为:在预定的环境条件下和使用时间（寿命）内,零件能够正常工作而不会失效的概率（可能性）。

（5）标准化要求

机械设计中的标准化是指对零件的特征参数及其结构尺寸、检验方法和制图的规范化要求。机械零件设计的标准分为国家标准（GB）、部颁标准（如 JB、YB 等）和企业标准等三级,这些标准（特别是国家和有关部颁标准）是在机械设计中必须严格遵守的。此外,出口产品一般还应符合国际标准化组织制定的国际标准（ISO）。习惯上,又把零件的标准化、部件的通用化和产品的系列化称为标准工作的"三化"。"三化"是提高产品质量、降低生产成本的关键。

（6）其他要求

设计机械零件时,在满足上述要求的前提下还应力图减小质量,减小材料消耗和惯性载荷,对于行走机械可以增大其有效的工作能力,从而提高经济效益。此外,对于一些专门用途或在特殊环境下工作的机械零件,还需要考虑诸如耐高温或低温、耐腐蚀、表面装饰和造型美观等要求。

8.1.2 机械零件设计的一般步骤

机械零件设计的一般步骤可以概括为:

① 根据零件的使用要求（如功率、转速等）,选择零件的类型及结构形式,并拟定计算简图。

② 分析作用在零件上的载荷（拉、压力,剪切力）。

③ 根据零件的工作条件,选择合适的材料及处理方法,确定许用应力。

④ 分析零件的主要失效形式,按照相应的设计准则,确定零件的基本尺寸。

⑤ 按照结构工艺性、标准化等要求,设计零件的结构及其尺寸。

⑥ 绘制零件工作图,拟定必要的技术条件,编写计算说明书。

在实际工作中,有时采用与上述设计步骤相反的校核计算,即:先参照已有的实物或图样,根据经验采用类比法来初步确定零件的结构尺寸;再根据载荷应力分析来确定有关设计准则,并验算零件中的工作应力（或计算应力）是否小于或等于许用应力,或者验算其安全系数是否大于或等于许用安全系数。

8.2 机械零件的工作能力和设计准则

机械零件的工作能力是指零件在一定的工作条件下所能安全工作的限度,也称承载能力。决定零件工作能力的因素很多,但归纳起来主要是强度、刚度、耐磨性和振动稳定性等。

机械零件丧失预定功能的现象称为失效。失效和破坏是两个不同的概念,失效并不单纯意味着破坏,而是具有更广泛的含义。零件常见的失效形式有断裂、表面失效、过量变形、振动失稳、打滑、滑移等。

8.2.1　机械零件的常见失效形式

机械零件常见的失效形式大致有以下几种:

(1) 断裂

机械零件的断裂通常有两种情况:① 零件在外载荷的作用下,某一危险截面上的应力超过零件的强度极限时将发生断裂(如螺栓的折断);② 零件在循环变应力的作用下,危险截面上的应力超过零件的疲劳强度而发生疲劳断裂。

(2) 过量变形

当零件上的应力超过材料的屈服极限时,零件将发生塑性变形。当零件的弹性变形量过大时也会使机器的工作异常,如机床主轴的过量弹性变形会降低机床的加工精度。

(3) 表面失效

表面失效主要有疲劳点蚀、磨损、压溃和腐蚀等形式。表面失效后通常会增加零件的摩擦,使零件尺寸发生变化,最终造成零件的报废。

(4) 破坏正常工作条件引起的失效

有些零件只有在一定的工作条件下才能正常工作,否则就会引起失效,如带传动因过载发生打滑,使带传动不能正常地工作。

8.2.2　机械零件的设计准则

同一零件对于不同失效形式的承载能力也各不相同。根据不同的失效形式建立的判定零件工作能力的条件,称为设计准则。主要包括以下几种:

(1) 强度准则

强度是零件应满足的基本要求,是指零件在载荷作用下抵抗破坏的能力。按照破坏部位和形式的不同,强度可分为整体强度和表面强度(接触与挤压强度)两种。

① 整体强度

整体强度是指零件在载荷作用下抵抗断裂和塑性变形的能力,包括拉压、弯曲、扭转、剪切等几种类型。整体强度的判定准则为

$$\sigma \leqslant [\sigma] \quad \text{或} \quad \tau \leqslant [\tau] \tag{8.3}$$

式中　σ、τ——零件危险截面上的最大计算应力;

　　　$[\sigma]$、$[\tau]$——材料的许用应力。

另一种表达形式为:危险截面处的实际安全系数 S 应大于或等于许用安全系数$[S]$,即

$$S \geqslant [S] \tag{8.4}$$

② 表面强度

零件受载时,在传力接触表面上产生的应力称为表面强度。零件的表面强度包括挤压强度和接触强度两种类型。

a. 挤压强度　零件通过面接触传力时会产生挤压应力 σ_P,它可能使零件表面压溃破坏,造成失效。设计时应满足的强度条件为

$$\sigma_P = \frac{F}{A} \leqslant [\sigma_P] \tag{8.5}$$

式中　σ_P——挤压应力；

　　　$[\sigma_P]$——许用挤压应力；

　　　F——零件接触表面间的作用力；

　　　A——接触表面垂直于作用力方向的投影面积。

　　挤压破坏首先在强度较弱的材料表面产生，所以式中$[\sigma_P]$值应取两零件中许用挤压应力较小者。

　　b. 接触强度　零件通过点、线接触（高副）传递载荷时，受载后由于弹性变形，其接触区为一很小的面积，而表层产生的局部应力却很大，称为接触应力，其最大值用σ_H表示。这时零件的强度称为接触强度。设计时应满足的强度条件为

$$\sigma_H = \frac{\sigma_{H\,lim}}{S_H} \leqslant [\sigma_H] \tag{8.6}$$

式中　σ_H——接触应力；

　　　$[\sigma_H]$——许用接触应力；

　　　$\sigma_{H\,lim}$——材料的接触疲劳极限；

　　　S_H——接触疲劳安全系数。

　　（2）刚度准则

　　刚度是指零件受载后抵抗弹性变形的能力，其设计计算准则为：零件在载荷作用下产生的弹性变形量应小于或等于机器工作性能允许的极限值。各种变形量计算公式可参考材料力学课程，本书不再赘述。

　　（3）耐磨性准则

　　设计时应使零件的磨损量在预定限度内不超过允许量。由于磨损机理比较复杂，通常采用条件性的计算准则，即零件的压强P不大于零件的许用压强$[P]$，即

$$P \leqslant [P] \tag{8.7}$$

　　（4）散热性准则

　　零件工作时如果温度过高将导致润滑剂失去作用，材料的强度极限下降，引起变形及附加热应力等，从而使零件不能正常工作。散热性准则为：根据热平衡条件，工作温度t不应超过许用工作温度$[t]$，即

$$t \leqslant [t] \tag{8.8}$$

　　（5）可靠性准则

　　可靠性用可靠度表示，对那些大量生产而又无法逐件试验或检测的产品，更应计算其可靠度。零件的可靠度用零件在规定的使用条件下、在规定的时间内能正常工作的概率来表示，即用在规定的寿命时间内能连续工作的件数占总件数的百分比表示。如有N_T个零件，在预期寿命内只有N_S个零件能连续正常工作，则其系统的可靠度为

$$R = \frac{N_S}{N_T} \tag{8.9}$$

8.3　机械零件常用材料及其选用原则

8.3.1　机械零件的常用材料

机械零件常用材料有铸铁、碳素结构钢、合金钢、有色金属、非金属材料及各种复合材料。其中,铸铁和碳素结构钢应用最为广泛。

（1）铸铁

铸铁是含碳量大于 2.11% 的铁碳合金。其碳大部分以石墨的形式存在于组织中,所以,一般情况下其强度、韧性较低。但由于石墨的存在,其耐磨性较好,同时具有良好的减振性能,而且价格低廉。铸铁也有多种,但工程上常用的主要是灰铸铁和球墨铸铁。

灰铸铁是机械制造中主要的铸造材料,性脆、抗拉强度低,但具有良好的铸造性能,可铸成形状复杂的零件,且减震性、耐磨性均好,抗压强度高,成本低,因此应用很广,特别是机座和机架多采用灰铸铁。

球墨铸铁中的石墨经过处理,成为球状,使得其力学性能得到极大的提高,强度接近普通碳素钢,伸长率、耐冲击性都比较好,且铸造性、耐磨性好,因此在很多场合下成功地取代了某些碳素钢及合金钢。例如发动机的曲轴。

（2）钢

① 普通碳素结构钢　含碳量低,易于冶炼、价格低廉、工艺性好,具有较高的强度和良好的塑性与韧性。因此,普通碳素结构钢广泛应用于制造一般机械零件和工程结构的构件。

② 优质碳素结构钢　具有较好的力学性能,可以使用热处理在较大范围内提高机械性能,应用最为广泛。常用于制造机械性能要求较高的螺栓、扳手、齿轮、凸轮等。

③ 合金结构钢　由于碳素结构钢在某些特殊的地方无法使用,或由于其综合力学性能不能令人满意,不能满足一些特殊的需要,这时就需要使用合金结构钢。注意:合金钢必须进行合适的热处理,才能充分发挥其作用。

④ 铸钢　主要用在形状比较复杂、强度要求较高的零件制作。

对于碳素钢而言,含碳量高则强度、硬度较高,但是塑性随之降低。对于高碳钢,其热处理更需严格控制。

（3）有色金属

一般都是用有色金属合金来制造零件。常用的有色金属合金有铝合金、铜合金、轴承合金等。有色金属合金由于成本高、强度低,多用于制造耐磨、减摩、耐腐蚀零件。其中应用较多的是铜合金。

在机械中,各部分的联接是靠运动副实现的。而在运动副中,为了提高结构的可靠性、耐磨性、降低成本等原因,大量使用衬套或轴瓦等零件。而这些零件的材料大多是铜合金。铜合金主要有:铜锌合金、含锡青铜、无锡青铜。

（4）非金属材料

常用的非金属材料有橡胶、塑料等。

橡胶由于富有弹性,能够吸收较多的冲击能量,且摩擦系数大,所以常用作联轴器或减震器的弹性元件,带传动的传动带等。

塑料的密度小,易于制成形状复杂的零件,而且不同的塑料有不同的特点,因此塑料在机械制造中应用日益广泛。

此外,复合材料也已进入机械零件的应用领域。复合材料是按设计要求把材料进行定向处理或复合而获得所要求性能的新型材料,是材料工业的发展方向之一。

8.3.2　材料的选用原则

(1) 使用要求

① 当零件所受的载荷大或要求尺寸小时,可选择强度较高的材料。

② 当零件受拉伸载荷、剪切载荷、冲击载荷、变载荷或受力后产生交变应力时,应选用钢材;受压零件可选用铸铁。

③ 当零件以刚度为主要要求时,可选用一般强度的材料。

④ 当零件以耐磨性为主要要求时,可选用减摩、耐磨材料。

⑤ 当零件要求重量轻时,应选用轻合金、塑料或高强度材料。

(2) 工艺要求

零件所选用的材料应与制造工艺相适应。

① 当零件形状比较复杂或尺寸较大时,如箱、壳、架、盖等,宜选用铸造性能好的铸铁、铸钢或焊接性能好的材料。

② 对精度高、需要切削加工的零件,宜选用切削性能好的材料。

(3) 经济性要求

在机械产品成本中,材料成本一般占 1/3 以上。因此,在满足使用要求的前提下,应尽量选用价格低廉的材料,这是零件材料选用时应遵循的普遍原则。除此而外,还有:

① 设计组合式零件,以节约贵重金属,降低材料成本。

② 采用精铸、精锻等无切削或少切削加工工艺,以提高材料利用率,大批量生产时可大幅度降低成本。

③ 考虑生产费用,以降低成本。铸铁比钢便宜,但对单件或小批量生产,铸模的费用相对较大,故选用钢板焊接反而有利,因为省去了模具费用。

④ 零件选用的材料牌号、品种、规格应尽可能少,以求生产准备、采购供应方便,降低成本。

8.4　摩擦与磨损

摩擦与磨损是自然界和社会生活中普遍存在的现象。任何机器的运转都是靠各种运动副两接触表面的相对运动来实现的,而相对运动时必然伴随着摩擦现象。摩擦的结果首先是造成能量损耗,其次是使摩擦副相互作用的表面发热、磨损。据估计,目前世界上 1/3～1/2 的能量消耗在各种形式的摩擦中,约有 80% 的零件因磨损而报废。为了提高机械的使用寿命以及节省能源和材料,应设法尽量减小摩擦和减少磨损。应当指出,摩擦也可以加以利用,实现动力传递(如带传动)、制动(如摩擦制动器)及联接(如过盈联接)等,这时则应增大摩擦,但仍应减少磨损。

8.4.1　摩擦及其分类

在外力作用下,紧密接触的两个物体做相对运动或具有相对运动趋势时,其接触面间会产生阻碍这种运动的阻力,这种现象称为摩擦。仅有相对运动趋势时的摩擦称为静摩擦,静摩擦力的大小随作用于物体的外力的变化而变化;当外力克服了最大静摩擦力,物体间产生相对运动时的摩擦称为动摩擦。根据两相对运动物体的运动形式的不同,动摩擦又分为滑动摩擦和滚动摩擦。按摩擦状态,即表面接触情况和油膜厚度,可以将滑动摩擦分为四大类,即干摩擦、边界摩擦(边界润滑)、流体摩擦(流体润滑)和混合摩擦(混合润滑),如图 8.1 所示。

（1）干摩擦

两摩擦表面间无任何润滑剂或保护膜的纯净金属接触时的摩擦,称为干摩擦,如图 8.1(a)所示。在工程实际中没有真正的干摩擦,因为暴露在大气中的任何零件的表面,不仅会因氧化而形成氧化膜,且或多或少也会被润滑油所湿润或受到"污染",这时,其摩擦系数将显著降低。在机械设计中,通常把不出现显著润滑的摩擦当做干摩擦处理。

（2）边界摩擦

两摩擦表面各附有一层微薄的边界膜,两表面仍是凸峰接触的摩擦状态称为边界摩擦,如图 8.1(b)所示。与干摩擦相比,边界摩擦的摩擦状态有很大改善,其摩擦和磨损程度取决于边界膜的性质、材料表面机械性能和表面形貌。

（3）流体摩擦

两摩擦表面完全被流体(液体或气体)层隔开、表面凸峰不直接接触的摩擦称为流体摩擦,如图 8.1(c)所示。流体摩擦不会发生金属表面的磨损,是理想的摩擦状态。

（4）混合摩擦

两表面间同时存在干摩擦、边界摩擦和流体摩擦的状态称为混合摩擦,如图 8.1(d)所示。

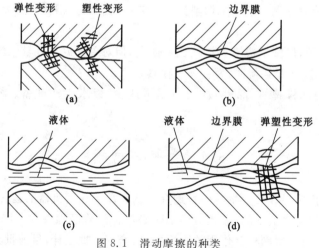

图 8.1　滑动摩擦的种类
(a) 干摩擦;(b) 边界摩擦;(c) 流体摩擦;(d) 混合摩擦

8.4.2　磨损及其过程

由于机械作用或伴有化学作用,运动副表面材料不断损失的现象称为磨损。磨损要消耗功,从而降低机械的效率。磨损还会改变零件的形状和尺寸,降低零件工作的可靠性,有时甚至导致机械提前报废或发生设备及人身事故。因此,要努力避免或减轻磨损。但另一方面,磨损也并非全都是有害的,工程上常利用磨损的原理来减小零件表面的粗糙度,如磨削、研磨、抛光、跑合等;

图 8.2 所示为磨损曲线图。由图可见磨损过程大致可分为三个阶段:

Ⅰ为跑合磨损阶段。由于机械加工的表面具有一定的不平度,运转初期摩擦副的实际接触面积较小,单位面积上的实际载荷较大,因此磨损速度较快,经跑合后尖峰高度降低,峰顶半径增大,实际接触面积增加,磨损速度降低。

Ⅱ为稳定磨损阶段。机件以平稳缓慢的速度磨损,这个阶段的长短就代表机件使用寿命的长短。

Ⅲ为剧烈磨损阶段。经稳定磨损阶段后,使精度降低、间隙增大,从而产生冲击、振动和噪声,磨损加剧,温度升高,短时间内使零件迅速报废。

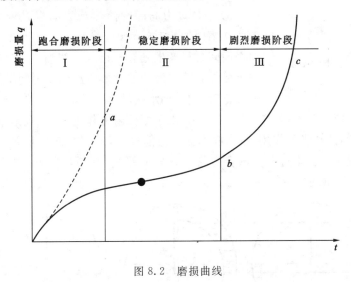

图 8.2 磨损曲线

8.5 润 滑

8.5.1 润滑的作用

润滑的作用大致可归纳为如下几点:

(1)减摩作用　减轻零件表面的摩擦、磨损和减少机械的功率损耗。

(2)降低温升作用　一方面是减小摩擦使发热量减少,另一方面是润滑油流过摩擦表面带走摩擦产生的一部分热量。

(3)清洗作用　润滑油流过摩擦表面时,可带走磨损落下的金属细屑和污物。

(4)防锈作用　吸附于零件表面的油膜,可保护零部件表面免遭锈蚀。

8.5.2 润滑的分类

润滑是降低摩擦与磨损的普遍方法。润滑的直接作用是在摩擦表面间形成润滑膜,以减少摩擦、减轻磨损。润滑膜还具有缓冲、吸振的能力。循环润滑还能起到散热作用,而使用润滑脂可以起密封作用。

（1）流体润滑

面接触的两摩擦表面若被一层具有足够厚度、压力的连续油膜完全隔开,此种润滑状态称为流体润滑。在此状态下,润滑油膜的厚度通常超过 10^{-6} m。根据压力油膜形成原理,流体润滑分为流体静力润滑和流体动力润滑。

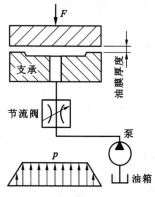

图 8.3　流体静力润滑原理

① 流体静力润滑　利用外部供油（气）装置将一定压力的液体送入摩擦面之间建立压力油膜的润滑称为流体静力润滑,它的工作原理如图 8.3 所示。液压泵将压力油经节流阀送入支承面,使摩擦面间强迫产生一层流体膜,将两表面分开,并承受一定的载荷。其承载能力仅随供油（气）压力及支承面的几何尺寸的变化而变化,与摩擦面间的相对速度无关。

② 流体动力润滑　流体动力润滑是依靠具有一定形状的两摩擦面做相对运动时,将有一定粘度的润滑油（气）带入两表面间自行产生具有一定压力的油膜,将两表面完全隔开,并承受外载荷。滑动轴承形成流体动力润滑的示例见图 8.4。轴静止时,轴与轴承接触面上的润滑油被挤出,如图 8.4(a)所示;当轴顺时针方向转动时,如图 8.4(b)所示,由于摩擦阻力作用,使轴颈沿轴承孔壁滚爬,同时由于润滑油的粘性和吸附作用,带动楔形油层向前移动,迫使轴向上抬起;当轴的转速达到工作转速时,油膜压力在垂直方向的合力与外载荷 F 平衡,润滑油隔开摩擦表面形成流体动力润滑,如图 8.4(c)所示。

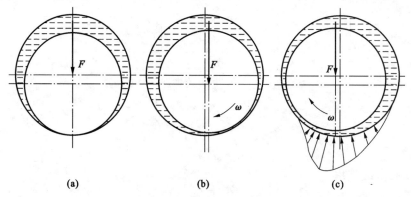

图 8.4　径向滑动轴承流体动力润滑原理
(a)轴静止时;(b)轴顺时针转动时;(c)轴转速达到工作转速时

（2）弹性流体动力润滑

由于流体动力效应、润滑油的压力-粘度特性和接触体弹性变形三者综合作用而形成的压力润滑油膜,将摩擦表面分隔开来的润滑状态称为弹性流体动力润滑。

（3）边界润滑

在边界润滑中,两个接触体表面并未处处被润滑膜隔开,而是存在着明显的微凸体接触。两摩擦表面的摩擦因数不取决于润滑剂的粘度,而与边界膜性质有关。

（4）混合润滑

混合润滑是介于边界润滑与弹性流体动力润滑之间的润滑状态。

8.5.3 常用润滑方式及装置

(1) 人工加油(脂)润滑

最简单的方法是直接在需要润滑的部件做出加油孔,既可用油壶、油枪进行加油,也可在油孔处装设油杯,如旋套式注油杯[图 8.5(a)]、压配式注油杯[图 8.5(b)]、旋盖式油杯[图 8.5(c),主要供给润滑脂,润滑脂是靠杯盖的旋拧而被挤出的]、压注油杯[图 8.5(d),润滑脂注油,需要专用油枪加脂]。

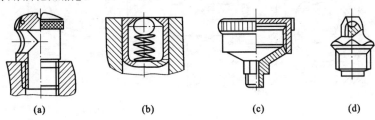

图 8.5 人工加油(脂)润滑

(a) 旋套式注油杯;(b) 压配式注油杯;(c) 旋盖式油杯;(d)压注油杯

油杯除能储存一定的油(脂)量外,还可以防止污物进入,但其供油时间较短,可靠性不高,因此这种方法一般只适用于低速、轻载的简易机械。

(2) 滴油油杯润滑

手动式滴油油杯[图 8.6(a)]是在机器启动前用手按下手柄 1,使活塞杆 2 向下运动将油压出,预先供给摩擦副几滴油做润滑用。弹簧 3 用以使活塞杆回升。这种装置主要用于间歇工作机器的轴承(多为滑动轴承)上。针阀式注油油杯[图 8.6(b)]是利用手柄竖直或放平来操纵针阀的开闭,用调节螺母控制针阀提升高度,从而调节油孔开口大小和滴油量。这种装置常用于要求供油可靠的机器中。

(3) 油绳、油垫润滑

这种润滑方式是用油绳、毡垫或泡沫塑料等浸在油中,利用毛细管的吸附作用进行供油,如图 8.7 所示。油绳的优点是本身具有过滤作用,能使油保持清洁,供油连续均匀。缺点是油量不易调节,常用于低、中速和轻载机械上。

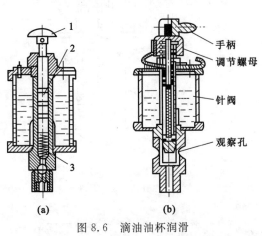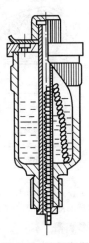

图 8.6 滴油油杯润滑   图 8.7 油绳润滑

(a) 手动式滴油油杯;(b) 针阀式注油油杯

（4）油环、油链润滑

依靠套在轴上的环或链把油从油池中带到轴上再流向润滑部位，如图 8.8 所示。其中，图 8.8(a)为油环润滑，图 8.8(b)为油链润滑。如能在油池中保持一定的油位，这种方法是比较简单可靠的。

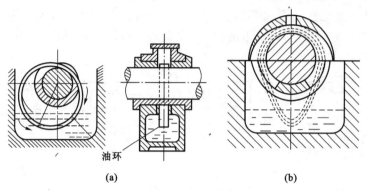

图 8.8　油环、油链润滑

(a) 油环润滑；(b) 油链润滑

油链与轴、油的接触面积较大，低速时能随轴转动和带起较多的油，因此油链润滑最适合低速机械。

（5）浸油及飞溅润滑

浸油润滑是将需要润滑的零部件，如齿轮[图 8.9(a)]、链轮[图 8.9(b)]、凸轮、滚动轴承等的一部分浸在油池中，转动时可将油带到润滑部位，如图 8.9 所示。

飞溅润滑时利用高速旋转的零件或依靠附加的零件将油池中的油飞溅或形成飞沫向需要润滑的部位供油。如润滑部位不能直接被油溅到时，如图 8.9(a)所示，则可以利用齿轮转动将油飞溅到箱盖内壁上，并使之沿特制的沟槽进入轴承。

浸油润滑及飞溅润滑都能保证开车后自动连续供油，停车时自动停止供油，润滑可靠、耗油少，维护简单，在机床、减速器、内燃机等闭式传动中应用较多。

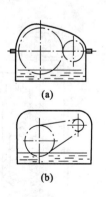

图 8.9　浸油及飞溅润滑

(a) 齿轮传动的浸油润滑；(b) 链轮传动的浸油润滑

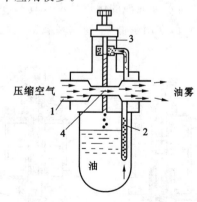

图 8.10　油雾润滑装置

1—压缩空气喷管；2—吸油管；3—油量调节器；4—喉头

（6）油雾润滑

油雾润滑装置如图 8.10 所示，主要由压缩空气喷管 1、吸油管 2 和油量调节器 3 三个部分组成。压缩空气以一定的速度通过喷管，根据空气动力学的原理，在喷管的喉头 4 处形成负压区,依靠空气压差从吸管中吸油。油吸入后由油量调节器控制油量进入喷管,在管中被压缩空气雾化并送至润滑部位。

油雾润滑主要用于 $d_n > 6 \times 10^5 (\text{mm} \cdot \text{r})/\text{min}$ 的高速轴承及 $v > 5 \sim 15$ m/s 的闭式齿轮传动中。

（7）压力供油润滑

压力供油润滑是用油泵将油压送到润滑部位,供油量充分可靠且易于控制,可带走摩擦热,起冷却作用,润滑效果好,广泛应用于大型、重型、高速、精密、自动化的各种机械设备中。

图 8.11 所示是一种装在机床主轴箱内的简单压力供油装置,它是利用传动轴上的偏心轮 1 在轴转动时推动柱塞泵吸油压油,使润滑油经单向阀通过油管送到各润滑点。油的流量可由活塞形成调节,油压范围为 0.1～0.3 MPa。

图 8.12 所示为一齿轮减速器的压力供油系统简图。该系统能调整油的流量,对循环油起良好的过滤、冷却作用,适用于要求较高的传动供油系统。

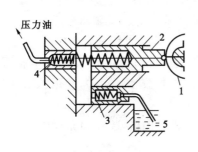

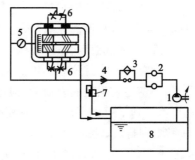

图 8.11　柱塞泵压力供油

1—偏心轮;2—活塞;3—吸油单向阀;

4—送油单向阀;5—油池

图 8.12　齿轮减速器的压力供油系统简图

1—油泵;2—复式过滤器;3—冷却器;4—单向阀;

5—压力表;6—流量控制阀;7—调压阀;8—油箱

（8）定时定量集中自动供油润滑系统

定时定量集中自动供油润滑系统是一种较新颖的润滑技术,它能按规定的周期、规定的油量,自动地对设备各个润滑点进行供油,供油采用间歇、全损耗的方式进行。其优点是:① 无论润滑点位置的高低或离油泵的远近,各点的供油量不变;② 润滑周期的长短及供油量可按设计的要求或工作需要事先进行调节,减少了润滑油的损耗,节省了加油工作量;③ 润滑油不回收循环使用,使摩擦面始终得到清洁的润滑油,提高了润滑质量;④ 自动监控和报警系统完善,润滑可靠;⑤ 零部件多为标准化系列产品,由专业厂家批量生产,使用维修方便简单。缺点是系统较为复杂。多用于自动、精密及大型机床以及冶金、矿山、纺织、印刷、塑料等机械中。

自动供油润滑系统是由润滑液压站、定量阀和控制保护等三个基本部分组成。按定量阀的给油方式不同有并列和顺序供油系统之分,图 8.13 所示为并列供油系统。液压站提供一定压力的润滑油,经主油管与并列设置的各定量阀相联接,各定量阀经支油管同时向全部润滑点供油。油泵停转后卸荷,这时定量阀在弹簧的作用下储油,为下一次润滑做好准备。

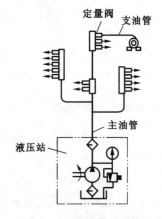

图 8.13　并列供油系统

8.6　密封装置

机械装置密封有两个主要作用：
(1) 阻止液体、气体工作介质，润滑剂泄漏；
(2) 防止灰尘、水分进入润滑部位。

8.6.1　静密封

两个相对静止不动的结合面之间的密封称为静密封(比如减速器箱体与轴承端盖，减速器箱体与减速器箱盖之间的密封等)。

① 研磨面密封　最简单的静密封靠结合面加工平整、光洁，在螺栓预紧力的作用下贴紧密封，要求结合面研磨加工，间隙小于 5 μm，如图 8.14(a)所示。

② 垫片密封　参看图 8.14(b)，在结合面间加垫片，螺栓压紧使垫片产生弹塑性变形以填满密封面上的不平，从而消除间隙，达到密封的目的。常温、低压、普通介质可用纸、橡胶垫片；高压、特殊高温和低温场合可用聚四氟乙烯垫片；高温、高压可用金属垫片。

③ 密封胶密封　密封胶有一定的流动性，容易充满结合面的间隙，粘附在金属面上能大大减少泄漏，即使在较粗糙的表面上密封效果也很好。密封胶型号很多，使用越来越广泛，使用时可查机械设计手册，如图 8.14(c)所示。

④ O 形圈密封　如图 8.14(d)所示，在结合面上开密封圈槽，装入 O 形密封圈，利用其在结合面间形成严密的压力区来达到密封的目的。

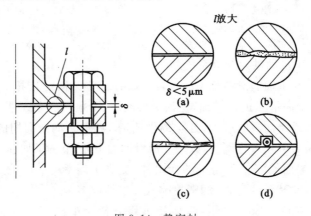

图 8.14　静密封

(a) 研磨面密封；(b) 垫片密封；(c) 密封胶密封；(d) O 形圈密封

8.6.2　动密封

两个具有相对运动的结合面之间的密封称为动密封(比如减速器外伸轴与轴承端盖之间的密封)。

(1) 接触式密封

靠密封面互相靠近或嵌入以减少或消除间隙，达到密封的目的。这类密封方式称为接触式密封。

由于接触式密封是利用密封元件与结合面的压紧而起密封作用,必定产生摩擦磨损,因此这种密封方式不宜用于高速的场合。

① 毡圈密封

矩形断面的毡圈安装在梯形的槽中,受变形压缩而对轴产生一定的压力,从而消除间隙,达到密封的目的。毡圈密封结构简单,一般只用于工作速度低($v<4\sim5$ m/s)、工作温度低($t<90$ ℃)的脂润滑处,主要起防尘作用。结构如图 8.15 所示。

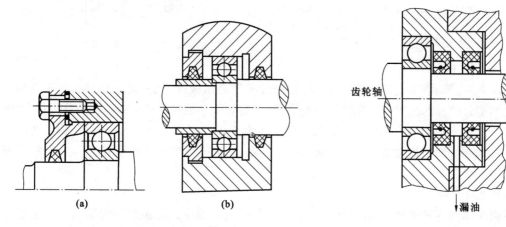

图 8.15 毡圈密封

图 8.16 密封圈密封

② 密封圈密封

密封圈用耐油橡胶、塑料或皮革等弹性材料制成,靠材料本身的弹力及弹簧的作用,以一定压力紧套在轴上起密封作用。唇形密封圈用得很多,要注意唇口方向。图 8.16 所示密封圈唇口朝内,目的是防漏油;唇口朝外,主要目的是防灰尘、杂质侵入。这种密封广泛用于油密封,也可用于脂密封和防尘,工作速度小于 7 m/s。

③ 机械密封

机械密封又称端面密封。图 8.17 是最简单的机械密封,动环 1 与轴固定在一起,随轴转动;静环 2 固定在机座端盖上。动环与静环端面在弹簧 3 的弹簧力作用下互相贴紧,起到很好的密封作用。

(2) 非接触式密封

依靠各种方法减少密封间隙两侧的压力差而阻漏的密封方式,称为非接触式密封。

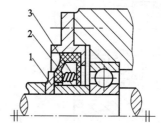

图 8.17 机械密封

① 间隙密封

如图 8.18 所示,在静止件(轴承端盖通孔)与转动件(轴)之间有很小间隙($0.1\sim0.3$ mm),利用其节流效应起到密封作用。它可用于脂润滑轴承密封,若在端盖上车出环槽,在槽中填充密封润滑脂,密封效果会更好。用于油润滑时,须在盖上车出螺旋槽,以便把欲向外流失的润滑油借螺旋的输送作用,送回到轴承腔内。螺旋的左右旋向由轴的转向而定。

② 油环密封

图 8.19 所示油润滑时,可在轴上装一个油环。当轴转动时,利用其离心作用,将多余的油及杂质沿径向甩开,经过轴承座的集油腔和油沟流回。

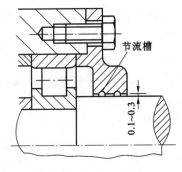

图 8.18　间隙密封

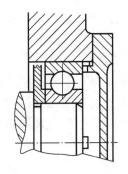

图 8.19　挡油环密封

③ 迷宫式密封

如图 8.20 所示,将旋转的零件与固定的密封零件之间做成迷宫(曲路)间隙,利用其节流作用达到密封的目的。间隙中充满密封润滑脂,密封效果会更好。根据部件结构分为径向、轴向两种。图 8.20(a)所示为径向曲路,径向间隙不大于 0.1~0.2 mm。图 8.20(b)所示为轴向曲路,考虑轴的伸长,间隙大些,一般取 1.5~2 mm。这种密封方式效果好、可靠,但结构复杂,加工要求高。

(3) 组合密封

前面介绍的各种密封,各有其优、缺点,在一些较重要的密封部位常同时采用几种密封组合使用的形式。图 8.21 所示是毡圈密封加迷宫密封的组合密封方式,可充分发挥各自的优点,提高密封效果。

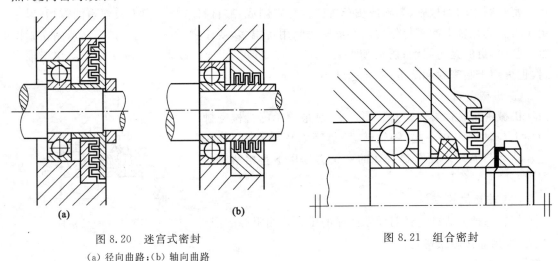

(a)　　　　　　　　(b)

图 8.20　迷宫式密封

(a) 径向曲路;(b) 轴向曲路

图 8.21　组合密封

实践与思考

8.1　考察某一辆自行车,看其选用了多少种材料? 并对其所使用的各种材料从使用性能、工艺性和经济性要求进行评价,提出自己的改进意见。

8.2　滑动摩擦分为哪几种类型? 各有何特点?

8.3　分组到实训车间,观察常见的润滑油加入方法有哪些? 闭式齿轮采用浸油润滑时应注意哪些问题?

8.4　典型的磨损分哪三个阶段? 磨损按机理分几种类型?

8.5　观察实训车间中的机械,其密封方式可分为哪几种?

8.6　机械零件设计的基本要求是什么？

8.7　什么叫失效？机械零件的主要失效形式有几种？各举例说明。

8.8　机械零件设计的一般步骤是什么？

8.9　机械零件设计有哪些常用计算准则？

8.10　什么是标准化？标准化的意义何在？

9 带与链传动

9.1 V带传动与V带轮

9.1.1 带传动的类型、特点和应用

（1）带传动的组成和类型

带传动是一种常用的机械传动。如图9.1所示，它由主动带轮1、从动带轮2和环形挠性传动带3组成。

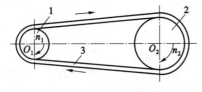

图9.1 带传动的组成

按传动原理，可将带传动分为摩擦传动和啮合传动两类。

图9.2所示为啮合传动类的同步齿形带传动，它克服了带传动弹性滑动对传动比的影响，适用于传递较大载荷的场合。

摩擦传动是带传动的主要类型，主要有平带传动（图9.3）和V带传动两种。在工程中，V带传动应用最广。V带的类型很多，如图9.4所示，除普通V带外，还有窄V带、齿形V带、联组V带、接头V带和双面V带等，其中以普通V带和窄V带最为常用。本章主要介绍普通V带。

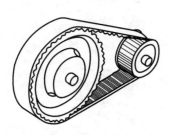

图9.2 同步齿形带传动

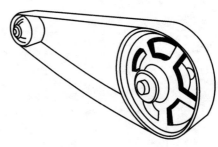

图9.3 平带传动

（2）带传动的特点和应用

摩擦带传动有如下主要特点：

① 带具有弹性，能缓和冲击、吸收振动，故传动平稳、噪声小；

② 过载时，带在带轮上打滑，具有过载保护作用；

③ 结构简单，制造成本低，且便于安装和维护；

④ 带与带轮间存在弹性滑动，不能保证传动比恒定不变；

⑤ 带必须张紧在带轮上，增加了对轴的压力；

⑥ 不适用于高温、易爆及有腐蚀介质的场合。

摩擦带传动适用于要求传动平稳、传动比要求不很严格及传动中心距较大的场合。

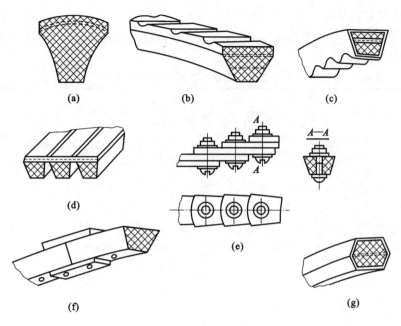

图 9.4　各种类型的 V 带

(a) 窄 V 带；(b) 大楔角 V 带；(c) 齿形 V 带；(d) 联组 V 带；(e) 、(f) 接头 V 带；(g) 双面 V 带

由于啮合带传动中的同步带传动能保证准确的传动比，其适应的速度范围广($v\leqslant$ 50 m/s)、传动比大($i\leqslant12$)、传动效率高($\eta=0.68\sim0.99$)、传动结构紧凑，故广泛用于电子计算机、数控机床及纺织机械中。啮合带传动中的齿孔带传动常用于放映机、打印机中，以保证同步运动。

9.1.2　V 带的结构与标准

（1）普通 V 带的结构

标准普通 V 带都制成无接头的环形，其构造如图 9.5 所示，由抗拉体、顶胶、底胶和包布组成。抗拉体是承受负载拉力的主体，分帘布芯和绳芯两种类型，前者制造方便，后者柔韧性好；顶胶和底胶分别承受带弯曲时的拉伸和压缩；包布主要起保护作用。

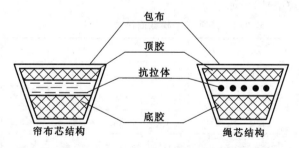

图 9.5　普通 V 带结构

当 V 带弯曲时，带中保持其原长度不变的周线称为节线，由全部节线构成节面。带的节面宽度称为节宽 b_d，V 带受纵向弯曲时，该宽度保持不变。

（2）普通 V 带的标准

普通 V 带已标准化，其节线长度 L_d 为带的基准长度。普通 V 带的基准长度系列如表9.1所示。

表 9.1　普通 V 带的长度系列和带长修正系数 K_L（GB/T 13575.1—1992）

基准长度 L_d(mm)	K_L					基准长度 L_d(mm)	K_L				
	Y	Z	A	B	C		A	B	C	D	E
200	0.81					2000	1.03	0.98	0.88		
224	0.82					2240	1.06	1.00	0.91		
250	0.84					2500	1.09	1.03	0.93		
280	0.87					2800	1.11	1.05	0.95	0.83	
315	0.89					3150	1.13	1.07	0.97	0.86	
355	0.92					3550	1.17	1.09	0.99	0.89	
400	0.96	0.87				4000	1.19	1.13	1.02	0.91	
450	1.00	0.89				4500		1.15	1.04	0.93	0.90
500	1.02	0.91				5000		1.18	1.07	0.96	0.92
560		0.94				5600			1.09	0.98	0.95
630		0.96	0.81			6300			1.12	1.00	0.97
710		0.99	0.83			7100			1.15	1.03	1.00
800		1.00	0.85			8000			1.18	1.06	1.02
900		1.03	0.87	0.82		9000			1.21	1.08	1.05
1000		1.06	0.89	0.84		10000			1.23	1.11	1.07
1120		1.08	0.91	0.86		11200				1.14	1.10
1250		1.11	0.93	0.88		12500				1.17	1.12
1400		1.14	0.96	0.90		14000				1.20	1.15
1600		1.16	0.99	0.92	0.83	16000				1.22	1.18
1800		1.18	1.01	0.95	0.86						

普通 V 带两侧楔角 φ 为 40°，相对高度 h/b_d 约为 0.7，并按其截面尺寸的不同将其分为 Y、Z、A、B、C、D、E 七种型号，详如表 9.2 所示。

表 9.2　普通 V 带横截面尺寸（GB 11544.89）

型　号	Y	Z	A	B	C	D	E
顶宽 b	6	10	13	17	22	32	38
节宽 b_d	5.3	8.5	11	14	19	27	32
高度 h	4.0	6.0	8.0	11	14	19	25
楔角 φ	40°						
每米质量 q(kg/m)	0.04	0.06	0.10	0.17	0.30	0.60	0.87

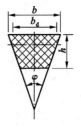

9.1.3　普通 V 带轮

带传动一般安装在传动系统的高速级,带轮的转速较高,故要求带轮要有足够的强度。带轮常用灰铸铁铸造,有时也采用铸钢、铝合金或非金属材料。当带轮圆周速度 $v<25$ m/s 时,采用 HT150;当 $v=25\sim30$ m/s 时,采用 HT200;速度更高时,可采用铸钢或钢板冲压后焊接;传递功率较小时,带轮材料可采用铝合金或工程塑料。

带轮的结构一般由轮缘、轮毂、轮辐等部分组成。轮缘是带轮具有轮槽的部分。轮槽的形状和尺寸与相应型号的带截面尺寸相适应。规定梯形轮槽的槽角为 32°、34°、36° 和 38° 等四种,都小于 V 带两侧面的夹角 40°。这是由于带在带轮上弯曲时,截面变形将使其夹角变小,以使胶带能紧贴轮槽两侧。

在 V 带轮上,与所配用 V 带的节宽 b_d 相对应的带轮直径称为带轮的基准直径,以 d 表示。V 带轮的设计主要是根据带轮的基准直径选择结构形式,根据带的型号确定轮槽尺寸。普通 V 带轮轮缘的截面图及各部分尺寸如表 9.3 所示。

表 9.3　普通 V 带轮的轮槽尺寸(mm)

槽　型		Y	Z	A	B	C
b_d		5.3	8.5	11	14	19
h_{amin}		1.6	2.0	2.75	3.5	4.8
e		8±0.3	12±0.3	15±0.3	19±0.4	25.5±0.5
f_{min}		6	7	9	11.5	16
h_{fmin}		4.7	7.0	8.7	10.8	14.3
δ_{min}		5	5.5	6	7.5	10
B		$B=(z-1)e+2f$ (z 为轮槽数)				
轮槽角 (°)	32	≤60	—	—	—	—
	34	—	≤80	≤118	≤190	≤315
	36	>60	—	—	—	—
	38	—	>80	>118	>190	>315

（注：轮槽角行中间列为 d (mm)）

注:δ_{min} 是轮缘最小壁厚推荐值。

带轮直径 $d\leqslant200$ mm 时,可采用实心式,如图 9.6(a) 所示;带轮直径 200 mm $<d\leqslant$ 400 mm 时,可采用腹板式,如图 9.6(b) 所示;带轮直径 $d>400$ mm 时,可采用轮辐式,如图 9.6(c) 所示。

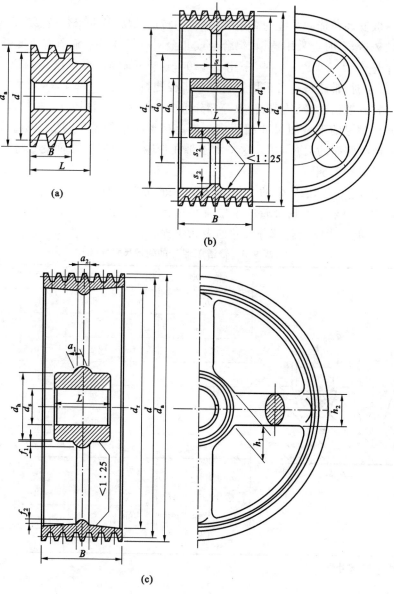

图 9.6　V 带轮的结构形式

（a）实心式；（b）腹板式；（c）轮辐式

$$d_{\mathrm{h}}=(1.8\sim2)d_{\mathrm{s}};\ d_0=\frac{d_{\mathrm{h}}+d_{\mathrm{r}}}{2};\ d_{\mathrm{r}}=d_{\mathrm{a}}-2(H+\delta);$$

$$s=(0.2\sim0.3)B;s_1\geqslant1.5s;\ s_2\geqslant0.5s;L=(1.5\sim2)d_{\mathrm{s}};$$

$$h_1=290\sqrt[3]{\frac{P}{nA}};P\ 为传递功率(\mathrm{kW});n\ 为带轮转速(\mathrm{r/min});A\ 为轮辐数;$$

$$h_2=0.8h_1;a_1=0.4h_1;a_2=0.8h_2;f_1=0.2h_1;f_2=0.2h_2$$

9.2 带传动工作情况分析

9.2.1 带传动的受力分析

带必须以一定的初拉力 F_0 张紧在带轮上。不传动时[图 9.7(a)],带两边的拉力都等于初拉力 F_0；传动时[图 9.7(b)],由于带与带轮间摩擦力的作用,带两边的拉力不再相等。绕上主动轮的一边,拉力由 F_0 增加到 F_1,称为紧边；绕上从动轮的一边,拉力由 F_0 减小到 F_2,称为松边。设环形带的总长度不变,并考虑带为弹性体,则紧边拉力的增加量 F_1-F_0 应等于松边拉力的减少量 F_0-F_2,即

$$F_0 = \frac{1}{2}(F_1 + F_2) \tag{9.1}$$

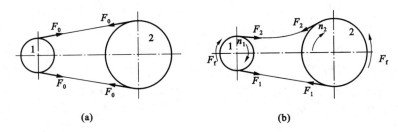

图 9.7 带传动的受力分析
(a) 不传动时；(b) 传动时

紧边和松边的拉力差,即为带传动的有效圆周力 F。在数值上,F 等于任一带轮与带接触弧上的摩擦力的总和 $\sum F_f$,即

$$F = \sum F_f = F_1 - F_2 \tag{9.2}$$

有效圆周力 F(N)、带速 v(m/s)和带传递的功率 P(kW)之间的关系为

$$P = \frac{Fv}{1000} \tag{9.3}$$

由式(9.1)和式(9.2)得

$$\left.\begin{array}{l} F_1 = F_0 + \dfrac{F}{2} \\[2mm] F_2 = F_0 - \dfrac{F}{2} \end{array}\right\} \tag{9.4}$$

由式(9.4)可知,带两边拉力 F_1 和 F_2 的大小取决于初拉力 F_0 和带传递的有效圆周力 F。又由式(9.3)可知,在带传动的传动能力范围内,F 的大小与传递的功率 P 及带速 v 有关。当传递的功率增大时,带两边的拉力差值也相应增大。带两边拉力的这种变化,实际上反映了带与带轮接触面上摩擦力的变化。显然,当其他条件不变且初拉力 F_0 一定时,摩擦力有一极限值。当带所传递的有效圆周力超过这个极限值时,带与带轮之间将发生显著的相对滑动,这种现象称为打滑。打滑将使带的磨损加剧,传动效率降低,最终致使带传动丧失工作能力。

在带传动中,当带在带轮上即将打滑尚未打滑时,摩擦力达到临界值,此时带所能传递的有效圆周力亦达到最大值。临界状态下的 F_1 与 F_2 之间的关系可用欧拉公式表示为

$$\frac{F_1}{F_2} = e^{f_v \alpha_1} \tag{9.5}$$

式中　f_v——当量摩擦因数，$f_v = \dfrac{f}{\sin\dfrac{\varphi}{2}}$；

　　　　f——带与带轮之间的摩擦因数；

　　　　φ——带的楔角；

　　　　α_1——小带轮的包角；

　　　　e——自然对数的底。

将式(9.2)和式(9.4)分别代入式(9.5)整理后，可得出带所能传递的最大有效圆周力为

$$F_{\max} = F_1\left(1 - \frac{1}{e^{f_v \alpha_1}}\right) = 2F_0\,\frac{1 - \dfrac{1}{e^{f_v \alpha_1}}}{1 + \dfrac{1}{e^{f_v \alpha_1}}} \tag{9.6}$$

分析式(9.6)可知，带所能传递的最大有效圆周力 $F_{\max}$ 与初拉力 F_0、当量摩擦因数 f_v 及包角 α_1 的大小有关。F_0、f_v 和 α_1 中任一值的增大，都会使 $F_{\max}$ 随之增大。上式表明了提高带传动能力的途径。增大初拉力虽可提高带的传动能力，但初拉力 F_0 过大时，会使带因过分拉伸而降低使用寿命，同时会产生过大的压轴力。V 带的当量摩擦因数 $f_v = f/\sin20° \approx 3f$，故 V 带的传动能力远高于平带。在实际工作中，一般要求 $\alpha_1 \geqslant 120°$。

9.2.2　带传动的应力分析

带传动时，带中存在以下三种应力。

(1) 拉力产生的拉应力

紧边拉应力 σ_1 和松边拉应力 σ_2 为

$$\sigma_1 = \frac{F_1}{A} \qquad \sigma_2 = \frac{F_2}{A} \tag{9.7}$$

式中　A——带的横截面面积(mm^2)。

(2) 离心力产生的离心拉应力

当带绕过带轮做圆周运动时，由于自身质量将产生离心力，离心力只发生在两轮包角部分，但由此引起的拉力却作用于带的全长，其拉应力为

$$\sigma_c = \frac{qv^2}{A} \tag{9.8}$$

式中　q——传动带单位长度的质量(kg/m)。

(3) 带绕过带轮时产生的弯曲应力

带绕过带轮时，因弯曲而产生弯曲应力(MPa)，由力学知识可知

$$\sigma_{b1} = \frac{2Ey_0}{d_1} \qquad \sigma_{b2} = \frac{2Ey_0}{d_2} \tag{9.9}$$

式中　d_1、d_2——小、大带轮直径(mm)；

　　　　E——带的弹性模量(MPa)；

　　　　y_0——带的中性层到最外层的垂直距离(mm)；

　　　　σ_{b1}、σ_{b2}——小、大带轮处带的弯曲应力。

显然,两带轮直径 d 不相等时,带在小带轮上产生的弯曲应力较大。为了防止弯曲应力过大,对每种型号的 V 带都规定了相应的最小带轮基准直径。

图 9.8 所示为带工作时的应力分布情况。由图可知,带工作时,其上各截面在不同位置所承受的应力是变化的,最大应力发生在紧边绕进小带轮处,其值为

$$\sigma_{\max} = \sigma_1 + \sigma_{b1} + \sigma_c \tag{9.10}$$

由此可见,带是在变应力状态下工作的。在应力循环次数达到一定数值后将产生疲劳破坏。

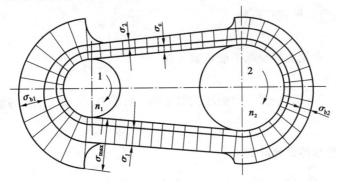

图 9.8 带的应力分布

9.2.3 带传动的弹性滑动与传动比

(1) 带的弹性滑动

由于传动带是弹性体,受拉后将产生弹性变形。如图 9.7 所示,带在绕过主动轮时,所受的拉力由 F_1 降低到 F_2,带将逐渐缩短,带的速度 v 低于主动轮的圆周速度 v_1,带与带轮之间必将发生相对滑动。同样的现象也会发生在从动轮上,但情况相反,带将逐渐伸长,也会沿轮面滑动,这时带的速度 v 高于从动轮的圆周速度 v_2。上述现象称为弹性滑动。

弹性滑动和打滑是两个截然不同的概念:弹性滑动是由于带的弹性及松紧边拉力差引起的,只要传递圆周力,就一定会产生弹性滑动,因而是不可避免的;而打滑是由于过载引起的,是应当避免的。

(2) 传动比

由于带的弹性滑动,使从动轮圆周速度 v_2 低于主动轮圆周速度 v_1,其降低程度称为滑动率,用 ε 表示,即

$$\varepsilon = \frac{v_1 - v_2}{v_1} \times 100\% \tag{9.11}$$

式中　$v_1 = \dfrac{\pi d_1 n_1}{60 \times 1000}$(m/s);

$\quad\quad v_2 = \dfrac{\pi d_2 n_2}{60 \times 1000}$(m/s);

$\quad\quad d_1$、d_2——主、从动轮的直径(mm);

$\quad\quad n_1$、n_2——主、从动轮的转速(r/min)。

将 v_1、v_2 代入式(9.11)并整理得带传动的传动比为

$$i = \frac{n_1}{n_2} = \frac{d_2}{d_1(1 - \varepsilon)} \tag{9.12}$$

V带传动的滑动率较小($\varepsilon = 0.01 \sim 0.02$),在一般计算中可不予考虑。

9.3　V带的失效形式和设计准则

9.3.1　V带传动的失效形式

带传动的主要失效形式有两种:

(1) 打滑

由于过载,带在带轮上打滑而不能正常工作。

(2) 带的疲劳破坏

带在变应力状态下工作,当应力循环次数达到一定值时,带将发生疲劳破坏,如脱层、撕裂和拉断。

9.3.2　V带传动的设计准则

针对带传动的上述主要失效形式,带传动的设计准则应为:在保证带传动不打滑的条件下,具有一定的疲劳寿命。

保证带传动不打滑的条件是:带传递的有效圆周力 F 小于或等于其所能传递的最大有效圆周力,即

$$F \leqslant F_{max} \tag{9.13}$$

要保证带传动具有一定的疲劳寿命,应使带所受最大应力小于带的许用应力$[\sigma]$,即

$$\left. \begin{aligned} \sigma_{max} &= \sigma_1 + \sigma_{b1} + \sigma_c \leqslant [\sigma] \\ \sigma_1 &\leqslant [\sigma] - \sigma_{b1} - \sigma_c \end{aligned} \right\} \tag{9.14}$$

由式(9.6)得

$$F_{max} = F_1 \left(1 - \frac{1}{e^{f_v \alpha_1}}\right) = \sigma_1 A \left(1 - \frac{1}{e^{f_v \alpha_1}}\right) \tag{9.15}$$

将式(9.14)代入上式得

$$F_{max} \leqslant ([\sigma] - \sigma_{b1} - \sigma_c) A \left(1 - \frac{1}{e^{f_v \alpha_1}}\right) \tag{9.16}$$

将上式取等号值代入式(9.3),得带传动在既不打滑又具有一定疲劳寿命时,单根 V 带所能传递的功率为

$$P_0 = ([\sigma] - \sigma_{b1} - \sigma_c) \left(1 - \frac{1}{e^{f_v \alpha_1}}\right) \frac{Av}{1000} \tag{9.17}$$

在载荷平稳、包角 $\alpha_1 = 180°$、带长 L_d 为特定长度、抗拉体为化学纤维绳芯结构的条件下,由试验测得许用应力$[\sigma]$,并由式(9.17)求得单根普通 V 带所能传递的功率 P_0,如表 9.4 所示。P_0 称为单根 V 带的基本额定功率。

在带的实际工作条件与上述特定条件不同时,需对 P_0 进行修正。修正后即得与实际条件相符的单根普通 V 带所能传递的功率,称该功率为许用功率$[P_0]$,即

$$[P_0] = (P_0 + \Delta P_0) K_a K_L \tag{9.18}$$

式中　ΔP_0——功率增量,考虑传动比 $i \neq 1$ 时,带在大轮上的弯曲应力较小,故在寿命相同的

条件下可增大传递的功率，ΔP_0 值如表 9.5 所示；

K_α——包角修正系数，考虑 $\alpha \neq 180°$ 时对传动能力的影响，如表 9.6 所示；

K_L——带长度修正系数，考虑带长与特定长度不同时对传动能力的影响，如表 9.1 所示。

表 9.4　单根普通 V 带的基本额定功率 P_0(kW)

带型	小带轮基准直径 D_1(mm)	小带轮转速 n_1(r/min)						
		400	730	800	980	1200	1460	2800
Z	50	0.06	0.09	0.10	0.12	0.14	0.16	0.26
	63	0.08	0.13	0.15	0.18	0.22	0.25	0.41
	71	0.09	0.17	0.20	0.23	0.27	0.31	0.50
	80	0.14	0.20	0.22	0.26	0.30	0.36	0.56
A	75	0.27	0.42	0.45	0.52	0.60	0.68	1.00
	90	0.39	0.63	0.68	0.79	0.93	1.07	1.64
	100	0.47	0.77	0.83	0.97	1.14	1.32	2.05
	112	0.56	0.93	1.00	1.18	1.39	1.62	2.51
	125	0.67	1.11	1.19	1.40	1.66	1.93	2.98
B	125	0.84	1.34	1.44	1.67	1.93	2.20	2.96
	140	1.05	1.69	1.82	2.13	2.47	2.83	3.85
	160	1.32	2.16	2.32	2.72	3.17	3.64	4.89
	180	1.59	2.61	2.81	3.30	3.85	4.41	5.76
	200	1.85	3.05	3.30	3.86	4.50	5.15	6.43
C	200	2.41	3.80	4.07	4.66	5.29	5.86	5.01
	224	2.99	4.78	5.12	5.89	6.71	7.47	6.08
	250	3.62	5.82	6.23	7.18	8.21	9.06	6.56
	280	4.32	6.99	7.52	8.65	9.81	10.74	6.13
	315	5.14	8.34	8.92	10.23	11.53	12.48	4.16
	400	7.06	11.52	12.10	13.67	15.04	15.51	—

表 9.5　单根普通 V 带额定功率的增量 ΔP_0

带型	小带轮转速 n_1 (r/min)	传动比 i									
		1.00~1.01	1.02~1.04	1.05~1.08	1.09~1.12	1.13~1.18	1.19~1.24	1.25~1.34	1.35~1.51	1.52~1.99	≥2.0
Z	400	0.00	0.00	0.00	0.00	0.00	0.00	0.00	0.00	0.01	0.01
	730	0.00	0.00	0.00	0.00	0.00	0.00	0.01	0.01	0.01	0.02
	800	0.00	0.00	0.00	0.00	0.01	0.01	0.01	0.01	0.02	0.02
	980	0.00	0.00	0.00	0.01	0.01	0.01	0.01	0.02	0.02	0.02
	1200	0.00	0.00	0.01	0.01	0.01	0.01	0.02	0.02	0.02	0.03
	1460	0.00	0.00	0.01	0.01	0.01	0.02	0.02	0.02	0.02	0.03
	2800	0.00	0.01	0.02	0.02	0.03	0.03	0.03	0.04	0.04	0.04
A	400	0.00	0.01	0.01	0.02	0.02	0.03	0.03	0.04	0.04	0.05
	730	0.00	0.01	0.02	0.03	0.04	0.05	0.06	0.07	0.08	0.09
	800	0.00	0.01	0.02	0.03	0.04	0.05	0.06	0.08	0.09	0.10
	980	0.00	0.01	0.03	0.04	0.05	0.06	0.07	0.08	0.10	0.11
	1200	0.00	0.02	0.03	0.05	0.07	0.08	0.10	0.11	0.13	0.15
	1460	0.00	0.02	0.04	0.06	0.08	0.09	0.11	0.13	0.15	0.17
	2800	0.00	0.04	0.08	0.11	0.15	0.19	0.23	0.26	0.30	0.34

续表 9.5

带型	小带轮转速 n_1 (r/min)	传动比 i									
		1.00～1.01	1.02～1.04	1.05～1.08	1.09～1.12	1.13～1.18	1.19～1.24	1.25～1.34	1.35～1.51	1.52～1.99	≥2.0
B	400	0.00	0.01	0.03	0.04	0.06	0.07	0.08	0.10	0.11	0.13
	730	0.00	0.02	0.05	0.07	0.10	0.12	0.15	0.17	0.20	0.22
	800	0.00	0.03	0.06	0.07	0.11	0.14	0.17	0.20	0.23	0.25
	980	0.00	0.03	0.07	0.10	0.13	0.17	0.20	0.23	0.26	0.30
	1200	0.00	0.04	0.08	0.13	0.17	0.21	0.25	0.30	0.34	0.38
	1460	0.00	0.04	0.10	0.15	0.20	0.25	0.31	0.36	0.40	0.46
	2800	0.00	0.10	0.20	0.29	0.39	0.49	0.59	0.69	0.79	0.89
C	400	0.00	0.04	0.08	0.12	0.16	0.20	0.23	0.27	0.31	0.35
	730	0.00	0.07	0.14	0.21	0.27	0.34	0.41	0.48	0.55	0.62
	800	0.00	0.08	0.16	0.23	0.31	0.39	0.47	0.55	0.63	0.71
	980	0.00	0.09	0.19	0.27	0.37	0.47	0.56	0.65	0.74	0.83
	1200	0.00	0.12	0.24	0.35	0.47	0.59	0.70	0.82	0.94	1.06
	1460	0.00	0.14	0.28	0.42	0.58	0.71	0.85	0.99	1.14	1.27
	2800	0.00	0.27	0.55	0.82	1.10	1.37	1.64	1.92	2.19	2.37

表 9.6　包角修正系数 K_α

包角 α_1	180°	170°	160°	150°	140°	130°	120°	110°	100°	90°
K_α	1.00	0.98	0.95	0.92	0.89	0.86	0.82	0.78	0.74	0.69

9.4　V 带传动的设计计算

9.4.1　已知条件和设计内容

设计带传动的已知条件包括传动的用途、工作情况和原动机种类,传递的功率,主、从动轮的转速 n_1、n_2(或传动比),外部尺寸及安装位置要求等其他条件。

带传动设计计算的主要内容包括:确定带的型号、基准长度和根数;确定带轮的材料、结构尺寸;确定传动中心距及作用在轴上的力等。

9.4.2　设计计算的一般步骤

V 带传动的设计计算一般步骤如下:

(1)确定计算功率 P_c

设 P 为传动的名义功率(额定功率),K_A 为工作情况系数(表 9.7),则计算功率为

$$P_c = K_A P \tag{9.19}$$

(2)选择 V 带型号

根据计算功率 P_c 和小带轮转速 n_1 由图 9.9 选取 V 带的型号,临近两种型号的交界线时,可按两种型号同时计算,分析比较后决定取舍。

表 9.7　工作情况系数 K_A

载荷性质	工作机	电动机					
		空、轻载启动			重载启动		
		每天工作小时数(h)					
		<10	10~16	>16	<10	10~16	>16
载荷变动很小	液体搅拌机、通风机(≤7.5 kW)、离心式水泵和压缩机、轻负荷输送机	1.0	1.1	1.2	1.1	1.2	1.3
载荷变动小	带式输送机(不均匀负荷)、通风机(>7.5 kW)、旋转式水泵和压缩机(非离心式)、发电机、金属切削机床、印刷机、旋转筛、锯木机和木工机械	1.1	1.2	1.3	1.2	1.3	1.4
载荷变动较大	制砖机、斗式提升机、往复式水泵和压缩机、起重机、磨粉机、冲剪机床、橡胶机械、振动筛、纺织机械、重载输送机	1.2	1.3	1.4	1.4	1.5	1.6
载荷变动很大	破碎机(旋转式、颚式等)、磨碎机(球磨、棒磨、管磨)	1.3	1.4	1.5	1.5	1.6	1.8

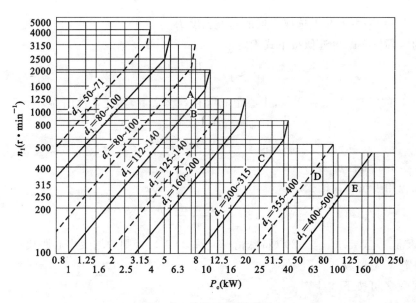

图 9.9　普通 V 带选型图

（3）确定带轮的基准直径 d_1 和 d_2

小带轮的基准直径 d_1 应大于或等于表 9.8 列出的该型号带轮的最小基准直径 d_{min}，以免带的弯曲应力过大而导致其寿命降低。

表 9.8　普通 V 带轮最小基准直径

型　号	Y	Z	A	B	C
最小基准直径 $d_{\min}$	20	50	75	125	200

注:普通 V 带轮基准直径(mm)系列是 20,22.4,25,28,31.5,40,45,50,56,63,67,71,75,80,85,90,100,106,112,118,125,
132,140,150,160,170,180,200,212,224,236,250,265,280,300,315,355,375,400,425,450,475,500,530,560,600,630,
670,710,750,800,900,1000 等。

由式(9.12)可得大轮基准直径

$$d_2 = \frac{n_1}{n_2} d_1 \tag{9.20}$$

d_1、d_2 应符合表 9.8 中的基准直径系列。

(4) 验算带速 v(m/s)

$$v = \frac{\pi d_1 n_1}{60 \times 1000} \tag{9.21}$$

一般 v 应在 5～25 m/s 范围内。

(5) 计算中心距和带长

如果中心距未给出,可按下式初选中心距 a_0,即

$$0.7(d_1 + d_2) \leqslant a_0 \leqslant 2(d_1 + d_2) \tag{9.22}$$

初定带长 L_0 可按几何长度计算公式求得,即

$$L_0 = 2a_0 + \frac{\pi}{2}(d_1 + d_2) + \frac{(d_2 - d_1)^2}{4a_0} \tag{9.23}$$

根据初定的 L_0 由表 9.1 选取相近的基准长度 L_d。

传动的实际中心距可近似按下式确定

$$a \approx a_0 + \frac{L_d - L_0}{2} \tag{9.24}$$

考虑 V 带的安装、调整和张紧,中心距应留有调整余量,其变化范围为

$$\left. \begin{array}{l} a_{\min} = a - 0.015L_d \\ a_{\max} = a + 0.03L_d \end{array} \right\} \tag{9.25}$$

(6) 验算小带轮包角

小带轮包角可按下面的公式求得

$$\alpha_1 = 180° - \frac{d_2 - d_1}{a} \times 57.3° \tag{9.26}$$

对于 V 带,一般要求 $\alpha_1 \geqslant 120°$(特殊情况允许 $\geqslant 90°$),否则应增大中心距或加张紧轮。

(7) 确定 V 带根数

V 带根数 Z 可按下式计算

$$Z \geqslant \frac{P_c}{[P_0]} = \frac{P_c}{(P_0 + \Delta P_0)K_\alpha K_L} \tag{9.27}$$

为了使每根 V 带受力均匀,带的根数不宜太多,各种型号 V 带推荐最多使用根数 $Z_{\max}$,如表 9.9 所示。如果计算的结果超出范围,应改选 V 带型号或加大带轮直径后重新设计。

表9.9 V带最多使用根数 Z_{max}

V带型号	Y	Z	A	B	C	D	E
Z_{max}	1	2	5	6	8	8	9

（8）计算初拉力 F_0

初拉力 F_0 的大小对带传动的正常工作及寿命影响很大。初拉力不足，易出现打滑；初拉力过大，则V带寿命降低，压轴力增大。

单根V带合适的初拉力可按下式计算

$$F_0 = \frac{500P_c}{Zv}\left(\frac{2.5}{K_a}-1\right)+qv^2 \tag{9.28}$$

式中 P_c——计算功率(kW)；

Z——V带的根数；

v——V带速度(m/s)；

K_a——包角修正系数，见表9.6；

q——V带单位长度的质量(kg/m)，见表9.2。

由于新带易松弛，所以对于非自动张紧的V带传动，安装新带时的初拉力应为上述初拉力的1.5倍。

（9）计算轴上压力

V带作用在轴上的压力 F_Q，一般可近似按两边的初拉力 F_0 的合力来计算，如图9.10所示。

$$F_Q = 2ZF_0\sin\frac{\alpha_1}{2} \tag{9.29}$$

式中 Z——V带根数；

F_0——单根V带初拉力(N)；

α_1—— 小带轮包角。

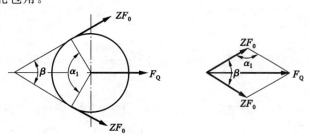

图9.10 带传动作用在轴上的力

（10）带轮的结构设计（从略）

【例9.1】 试设计一起重机用电动机与减速器之间的V带传动。已知电动机转速 $n_1 = 1440$ r/min，从动轮转速 $n_2 = 720$ r/min，为单班工作制，电动机额定功率 $P = 7.5$ kW，要求该传动结构紧凑。

【解】 （1）确定计算功率 P_c。

由表9.7查得 $K_A = 1.2$，由式(9.19)得

$$P_c = K_A P = 1.2 \times 7.5 = 9 \text{ kW}$$

（2）选择 V 带的型号

由图 9.9 根据 P_c 及 n_1 查得,交点在 A 型带与 B 型带区域界限附近,故 A 型带或 B 型带均可选用。根据两种型号分别计算,然后综合比较,最终确定带的型号。

A 型带:

（3）确定带轮的基准直径 d_1 和 d_2

由表 9.8,根据 $d_1 \geqslant d_{\min}$ 的要求,取 $d_1 = 100$ mm。

按式(9.20)得

$$d_2 = \frac{d_1 n_1}{n_2} = \frac{100 \times 1440}{720} = 200 (\text{mm})$$

由表 9.8 取 $d_2 = 200$ mm。

（4）验算带速 v

$$v = \frac{\pi d_1 n_1}{60 \times 1000} = \frac{3.14 \times 100 \times 1440}{60 \times 1000} = 7.54 (\text{m/s})$$

带速 v 在 5~25 m/s 范围内,故合适。

（5）计算中心距 a、带长 L_d

由式(9.22)得

$$0.7(d_1 + d_2) \leqslant a_0 \leqslant 2(d_1 + d_2)$$
$$0.7 \times (100 + 200) \leqslant a_0 \leqslant 2 \times (100 + 200)$$

取

$$a_0 = 250 \text{ mm}$$

由式(9.23)得

$$L_0 = 2a_0 + \frac{\pi(d_1 + d_2)}{2} + \frac{(d_2 - d_1)^2}{4a_0}$$
$$= 2 \times 250 + \frac{3.14 \times (100 + 200)}{2} + \frac{(200 - 100)^2}{4 \times 250}$$
$$= 981 (\text{mm})$$

由表 9.1 取 $L_d = 1000$ mm。

由式(9.24)得

$$a = a_0 + \frac{L_d - L_0}{2} = 250 + \frac{1000 - 981}{2} = 259.5 (\text{mm})$$

由式(9.25)得

$$a_{\min} = a - 0.015 L_d = 259.5 - 0.015 \times 1000 = 244.5 (\text{mm})$$
$$a_{\max} = a + 0.03 L_d = 259.5 + 0.03 \times 1000 = 289.5 (\text{mm})$$

（6）验算小带轮包角 α_1

由式(9.26)得

$$\alpha_1 = 180° - \frac{d_2 - d_1}{a} \times 57.3° = 180° - \frac{200 - 100}{259.5} \times 57.3° = 157.9° > 120°$$

故合适。

（7）确定 V 带的根数 Z

依次查表 9.4、表 9.5、表 9.6 和表 9.1 得 $P_0 = 1.31$ kW、$\Delta P_0 = 0.17$ kW、$K_\alpha = 0.94$、$K_L = 0.89$。

由式(9.27)得

$$Z \geqslant \frac{P_c}{(P_0 + \Delta P_0)K_\alpha K_L}$$

$$= \frac{9}{(1.31 + 0.17) \times 0.94 \times 0.89} = 7.2$$

取 $Z = 8$。

(8) 计算初拉力 F_0

由表 9.2 查得 $q = 0.10 \text{ kg/m}$,由式(9.28)得

$$F_0 = \frac{500 P_c}{Zv}\left(\frac{2.5}{K_\alpha} - 1\right) + qv^2$$

$$= \frac{500 \times 9}{8 \times 7.54} \times \left(\frac{2.5}{0.94} - 1\right) + 0.10 \times 7.54^2$$

$$= 129.54(\text{N})$$

(9) 计算轴上的力 F_Q

由式(9.29)得

$$F_Q = 2ZF_0 \sin\frac{\alpha_1}{2} = 2 \times 8 \times 129.54 \times \sin\frac{157.9°}{2}$$

$$= 2034.21(\text{N})$$

B 型带:

按 A 型带计算方法,可得 B 型带与 A 型带对应项目的计算结果分别为:

(3) 带轮的基准直径:$d_1 = 125 \text{ mm}$,$d_2 = 250 \text{ mm}$。

(4) 带速:$v = 9.54 \text{ m/s}$,合适。

(5) 中心距、带长:$L_d = 1120 \text{ mm}$,$a = 244.5 \text{ mm}$,$a_{min} = 227.7 \text{ mm}$,$a_{max} = 278.1 \text{ mm}$。

(6) 小带轮包角 α_1:$\alpha_1 = 147.2° > 120°$,合适。

(7) 带的根数:$Z = 5$。

(8) 带的初拉力:$F_0 = 173.91 \text{ N}$。

(9) 轴上的力:$F_Q = 1668.53 \text{ N}$。

本例选用 A 型带和 B 型带均可,但综合考虑,比较其结构紧凑性、带的根数及压轴力,选用 B 型带更合适。

(10) 带轮结构设计(从略)。

9.5 V 带 传 动 的 张 紧、安 装 与 维 护

9.5.1 V 带传动的张紧

由于 V 带工作一段时间后会产生塑性变形而松弛,从而影响带传动的正常工作。为了保证带传动具有足够的工作能力,必须定期检查与重新张紧。带传动常用张紧装置及方法如表 9.10 所示。

表 9.10　带传动常用张紧装置及方法

张紧方法		示　意　图	说　明
用调节轴的位置张紧	定期张紧		用于垂直或接近垂直的传动； 旋转调整螺母,使机座绕转轴转动,将带轮调到合适位置,使带获得所需的张紧力,然后固定机座位置
	定期张紧		用于水平或接近水平的传动； 放松固定螺栓,旋转调节螺钉,可使带轮沿导轨移动,调节带的张紧力。当带轮调到合适位置,使带获得所需的张紧力,然后拧紧固定螺栓
	自动张紧		用于小功率传动； 利用自重自动张紧传动带
用张紧轮张紧	定期张紧		用于固定中心距传动； 张紧轮安装在带的松边。为了不使小带轮的包角减小过多,应将张紧轮尽量靠近大带轮
	自动张紧		用于中心距小、传动比大的场合,但寿命短,适宜平带传动； 张紧轮可安装在带松边的外侧,并尽量靠近小带轮处,这样可以增大小带轮上的包角

9.5.2 V带传动的安装与维护

(1) 安装 V 带时,先将中心距缩小后将带套入,然后慢慢调整中心距,直至张紧。

(2) 按规定的初拉力张紧,测定方法如图9.11所示。带的张紧程度以大拇指能将带按下 15 mm为宜。

(3) 安装 V 带时,两带轮轴线应相互平行,各带轮相对应的轮槽的对称平面应重合,其偏角误差不得超过 $20'$,如图 9.12 所示。

(4) 多根 V 带传动时,为避免受力不均,各带的配组公差应在同一档次。

(5) 新旧带不能同时混合使用,更换时,要求全部同时更换。

(6) 定期对 V 带进行检查,以便及时调整中心距或更换 V 带。

(7) 为了保证安全,带传动应加防护罩,同时应防止油、酸、碱等对 V 带的腐蚀。

(8) 带传动的工作温度不应超过 60°。

(9) 若带传动久置后再用,应将传动带放松。

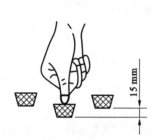

图 9.11　V带的张紧程度

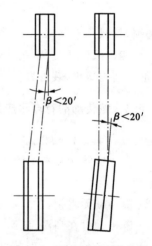

图 9.12　V带轮的安装位置

9.6 链 传 动

9.6.1 链传动的组成与类型

如图 9.13 所示,链传动由轴线平行的主动链轮 1、从动链轮 2、链条 3 以及机架组成,靠链轮齿和链的啮合来传递运动和动力。

按用途的不同,链传动分为传动链、起重链和牵引链。起重链和牵引链用于起重机械和运输机械,传动链主要用于一般机械传动。

在传动链中,又分为短节距精密滚子链(简称滚子链)、短节距精密套筒链(简称套筒链)、齿形链和成形链,如图 9.14(a)～图 9.14(d)所示。

套筒链比滚子链简单,也已标准化,但因套筒

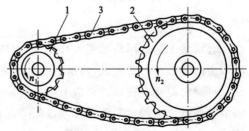

图 9.13　链传动的组成

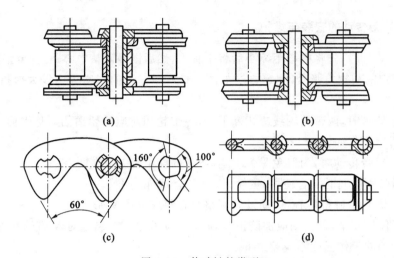

图 9.14　传动链的类型

(a) 滚子链;(b) 套筒链;(c) 齿形链;(d) 成形链

较易磨损,故只用于 $v<2$ m/s 的低速传动;齿形链传动平稳,振动与噪声较小,亦称为无声链,但因其结构比滚子链复杂,制造较难且成本高,故多用于高速或运动精度要求较高的传动装置中;成形链结构简单、装拆方便,常用于 $v<3$ m/s 的一般传动及农业机械中。

9.6.2　链传动的特点和应用

链传动与其他传动相比,主要有以下特点:

(1) 由于链传动是有中间挠性件的啮合传动,无弹性滑动和打滑现象,因而能保证平均传动比不变。

(2) 链传动无需初拉力,对轴的作用力较小。

(3) 链传动可在高温、低温、多尘、油污、潮湿、泥沙等恶劣环境下工作。

(4) 由于链传动的瞬时传动比不恒定,传动平稳性较差,有冲击和噪声,且磨损后易发生跳齿,因此不宜用于高速和急速反向传动的场合。

链传动适用于两轴线平行且距离较远、瞬时传动比无严格要求以及工作环境恶劣的场合,广泛用于农业、采矿、冶金、石油化工及运输等各种机械中。目前,链传动所能传递的功率可达 3600 kW,常用 100 kW 以下;链速 v 可达 30~40 m/s,常用 $v \leqslant 15$ m/s;传动比最大可达 15,一般 $i \leqslant 6$;效率 $\eta=0.91~0.97$。

9.6.3　滚子链的结构和标准

(1) 套筒滚子链的结构

套筒滚子链的结构如图9.15所示,由内链板 1、外链板 2、销轴 3、套筒 4 和滚子 5 组成。内链节由内链板与套筒组成,内链板与套筒之间为过盈配合联接,套筒与滚子之间为间隙配合,滚子可绕套筒自由转动。外链节由外链板和销轴组成,它们之间以过盈配合联接在一起。内链节和外链节之间用套筒和销轴以间隙配合相连,构成活动铰链。当链条弯曲时,套筒能够绕销轴自由转动,起着铰链的作用。

链条工作时,链条与链轮轮齿相啮合。由于滚子是活套在套筒上的,故滚子与轮齿为滚动摩擦,可减轻它们之间的磨损。链板均制成"∞"形,以减轻链条的质量,并使其横截面强度大致相同。

套筒滚子链上相邻两销轴中心的距离称为节距,用 p 表示,它是链传动最主要的参数。节距越大,链的各元件尺寸越大,链所能传递的功率也越大。当链轮齿数一定时,节距增大将使链轮直径增大。因此,在传递功率较大时,为使链传动的外廓尺寸不致过大,可采用小节距的双排链(图 9.16)或多排链。多排链由单排链组合而成,其承载能力与排数接近正比,但限于链的制造和装配精度,各排链受载大小难于一致,故排数不宜过多,四排以上的套筒滚子链目前很少应用。

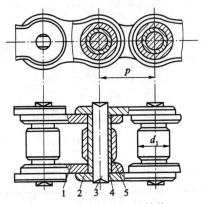

图 9.15 套筒滚子链结构

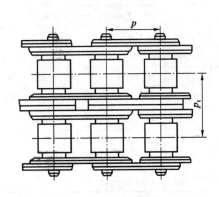

图 9.16 双排套筒滚子链

链条的长度以节数来表示。当链节数为偶数时,联接链节的形状与外链节相同,如图 9.17(a)、图 9.17(b)所示。为便于拆装,其中一侧的外链板与销轴为过渡配合,常用开口销[图 9.17(a)]或弹簧卡片[图 9.17(b)]来固定。当链节数为奇数时,必须把两个内链节相互直接联接,因此需要采用过渡链节,如图 9.17(c)所示。这种链节的链板工作时要受到附加的弯曲应力,强度较差,所以应尽量避免使用奇数链节。

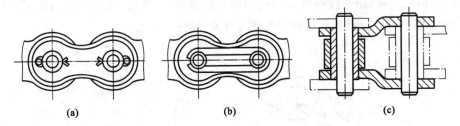

(a) (b) (c)

图 9.17 套筒滚子链的接头形式

(a) 开口销固定;(b) 弹簧卡片固定;(c) 过渡链节

(2)滚子链的标准

滚子链已有国家标准(GB 6076—1985),其主要尺寸如表 9.11 所示。

9.6.4 链轮

对链轮齿形的基本要求是:链条滚子能平稳、自由地进入啮合和退出啮合;啮合时滚子与齿面接触良好;允许链条节距有较大的增量;齿形应简单,便于加工。

表 9.11   传动用短节距精密滚子链的主要尺寸

链号	节距 p(mm)	排距 p_t(mm)	滚子外径 d_0(mm) (最大)	内链节内宽 b_1(mm) (最小)	销轴直径 d_2(mm) (最大)	内链节高度 h_2(mm) (最大)	极限拉伸载荷			单排质量 q (kg/m)
							单排 F_Q(N) (最小)	双排 F_Q(N) (最小)	三排 F_Q(N) (最小)	
05B	8.00	5.64	5.00	3.00	2.31	7.11	4400	7800	11100	0.18
06B	9.525	10.24	6.35	5.72	3.23	8.26	8900	16900	24900	0.40
08A	12.70	14.38	7.95	7.85	3.96	12.07	13800	27600	41400	0.60
08B	12.70	13.92	8.51	7.75	4.45	11.81	17800	31100	44500	0.70
10A	15.875	18.11	10.16	9.40	5.08	15.09	21800	43600	65400	1.00
12A	19.05	22.78	11.91	12.57	5.94	18.08	31100	62300	93400	1.50
16A	25.40	29.29	15.88	15.75	7.92	24.13	55600	111200	166800	2.60
20A	31.75	35.76	19.05	18.90	9.53	30.18	86700	173500	260200	3.80
24A	38.10	45.44	22.23	25.22	11.10	36.20	124600	249100	373700	5.60
28A	44.45	48.87	25.40	25.22	12.70	42.24	169000	338100	507100	7.50
32A	50.80	58.55	28.58	31.55	14.27	48.26	222400	444800	667200	10.10
40A	63.50	71.55	39.68	37.85	19.84	60.33	347000	693900	1040900	16.10
48A	76.20	87.83	47.63	47.35	23.80	72.39	500400	1000800	1501300	22.60

（1）端面齿形和轴面齿形

套筒滚子链链轮端面齿形如图 9.18(a)所示。国家标准仅规定了滚子链链轮齿槽的齿面圆弧半径 r_e、齿沟圆弧半径 r_i 和齿沟角 α 的最大和最小值。各种链轮的实际端面齿形均应在最大和最小齿槽形状之间。这样处理使链轮齿廓曲线设计有很大的灵活性，但齿形应保证链节能平稳自如地进入和退出啮合，并便于加工。最常用的链轮端面齿形是"三圆弧—直线"齿形，如图 9.18(b)所示，由三段圆弧 $\widehat{aa}$、$\widehat{ab}$、$\widehat{cd}$ 和一段直线 bc 组成。这种"三圆弧—直线"齿形基本符合上述齿槽形状范围，具有较好的啮合性能，且便于加工。

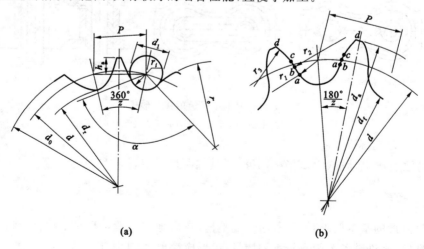

(a)   (b)

图 9.18   滚子链链轮端面齿形
(a) 套筒滚子链链轮端面齿形；(b) 三圆弧—直线齿形

套筒滚子链链轮轴向齿廓如图 9.19 所示,齿形两侧呈圆弧状,便于链节进入或退出啮合。

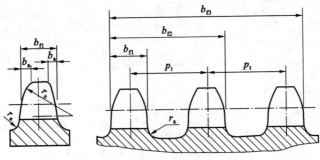

图 9.19 滚子链链轮轴向齿廓

(2) 链轮结构

链轮的具体结构形式由链轮直径大小而定。直径较小的链轮制成实心式[图 9.20(a)]或腹板式[图 9.20(b)];直径中等的链轮制成孔板式;直径较大的链轮制成组合式结构,通过焊接、螺栓联接[图 9.20(c)]、铆接等方式将轮缘和轮毂联成一体。

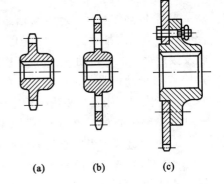

(a)   (b)   (c)

图 9.20 链轮结构

(a) 实心式;(b) 腹板式;(c) 组合式

9.6.5 链传动的安装、使用和维护

(1) 链传动的失效形式

链传动的失效多为链条失效,主要有 5 种情况。

① 链板疲劳破坏 链传动时,由于紧边和松边的拉力不同,故链条在运行中受变应力作用。经多次循环后,链板将发生疲劳断裂。在润滑条件良好时,疲劳强度是决定链传动能力的主要因素。

② 滚子和套筒的冲击破坏 链传动时反复起动、制动、反转产生较大的冲击,以及传动中的不平稳,以致滚子、套筒产生冲击疲劳破坏。

③ 铰链磨损与脱链 链传动时,由于销轴与套筒间的压力较大,做相对运动时,若润滑不良,将导致铰链磨损,链条节距增大,发生跳齿或脱链。这是开式传动常见的失效形式。

④ 在高速重载时,链节所受冲击载荷、振动较大,销轴与套筒接触面间难以形成连续油膜,导致摩擦严重而温度过高,产生胶合。

⑤ 链条的过载拉断 低速重载的链传动过载时,链条易因静强度不足被拉断。

(2) 链传动的布置

链传动的两轴线应平行,且两链轮的旋转平面应位于同一铅垂平面(图 9.21),否则将引起脱链或不正常的磨损。一般两链轮中心的连线多为水平布置[图 9.21(a)]、倾斜布置[图 9.21(b)]和垂直布置[图 9.21(c)],其中水平和倾斜布置的紧边均位于上方。

(3) 链传动的安装

安装链轮时应保证尽可能小的共面误差,因此要求:两轮的轴线应平行;应使两轮轮宽中心平面的轴向位移误差 $\Delta e \leqslant 0.002a$($a$ 为中心距),两轮旋转平面间的夹角 $\Delta \theta \leqslant 0.006$ rad。

安装链条时,对于小节距链条可把它的两个连接端都拉到链轮上,利用链轮齿槽来定位,

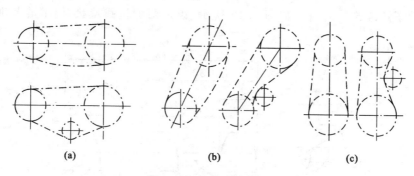

图 9.21 链传动的布置

(a) 水平布置；(b) 倾斜布置；(c) 垂直布置

再把连接链节销轴插入套筒孔中，装上弹性锁片。

(4)链传动的张紧

① 链传动的垂度 链传动松边的垂度可近似认为是两轮公切线至松边最远点的距离。合适的松边垂度推荐为 $f=(0.01\sim0.02)a$ mm。对于重载，经常制动、起动、反转的链传动，以及接近垂直的链传动，松边垂度应适当减小。

② 链传动的张紧 张紧的目的主要是为了避免链条垂度过大而引起啮合不良和链条的振动。链传动的张紧可采用下列方法：

a. 调整中心距 增大中心距使链张紧。对于滚子链传动，中心距的可调整量为 $2p$。

b. 缩短链长 当中心距不可调整而又无张紧装置时，对于因磨损而变长的链条，可拆去 1～2 个链节，使链缩短而张紧。缩短链长的方法为：对于奇数节链条，拆去过渡链节即可；对于偶数节链条，可拆去三个链节（一个外链节，两个内链节），换上一个复合链节（一个内链节与一个过渡链节装在一起）。

c. 采用张紧装置 如图 9.22(a)所示采用张紧轮。张紧轮一般置于松边靠近小链轮处外侧。图 9.22(b)所示采用托板，适宜于中心距较大的链传动。

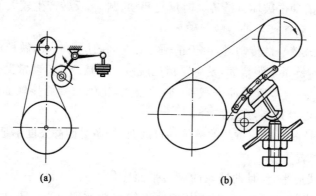

图 9.22 链传动的张紧

(a) 采用张紧轮张紧；(b) 采用托板张紧

(5) 链传动的润滑

① 润滑方式 链传动的润滑方式一般根据链速和链号确定。人工润滑时，用刷子或油壶定期在链条松边内外链板间隙处注油，每班(8 h)一次；滴油润滑时，利用油杯将油滴落在两铰接板之间。单排链每分钟滴油 5～20 滴，链速高时取大值；油浴润滑时，链条和链轮的一部分

浸入油中,浸油深度 6~12 mm;飞溅润滑时,在链轮侧边安装甩油盘,飞溅润滑。甩油盘浸油深度 12~25 mm,其圆周速度大于 3 m/s;喷油润滑用于链速 $v>8$ m/s 的场合,强制润滑并起冷却作用。

　　② 润滑油的选择　润滑油推荐用全损耗系统用油,牌号为 L-AN32、L-AN46、L-AN68。温度较低时用前者。对于开式及重载低速传动,可在润滑油中加入 MoS_2、WS_2 等添加剂。

实践与思考

　　9.1　分析汽车、拖拉机中的带传动类型和张紧装置。

　　9.2　试说明带传动设计中,如何确定下列参数:① 带轮直径 d;② 带速 v;③ 小带轮包角 α_1;④ 张紧力 F_Q;⑤ 带的根数 Z;⑥ 传动比 i。

　　9.3　每 4~6 人一组,在教师指导下,搭建一简易的带传动装置(可利用旧录音机、打印机中的电动机、传动带等零件)。要求:

　　① 安装带与调整带的松紧程度;

　　② 确定初拉力 F_0;

　　③ 增加工作载荷,观察是否出现打滑现象。

　　9.4　分析变速自行车的滚子链传动。要求:

　　① 试分析有几种传动比,并计算各级传动比大小;

　　② 确定链传动的松边和紧边,确定链的接头形式;

　　③ 观察当链条与不同齿数的从动轮啮合时,如何调整链条的松紧程度。

　　9.5　带传动产生弹性滑动和打滑的原因是什么? 对传动各有什么影响?

　　9.6　观察实验室模型,叙述套筒滚子链结构。

　　9.7　链传动的布置、安装、润滑与张紧有哪些要求?

习　　题

　　9.1　一普通 V 带传动,已知带的型号为 A 型,两 V 带轮的基准直径分别为 125 mm 和 250 mm,初定中心距 $a=450$ mm。求:

　　(1) 初步计算带的节线长度 L_0;

　　(2) 按照长度系列表选定带的基准长度 L_d;

　　(3) 确定实际中心距。

　　9.2　有一带式输送装置,其异步电动机与减速器之间用 V 带传动,电动机功率为 7.5 kW,转速 $n_1=960$ r/min,减速器输入轴的转速 $n_2=350$ r/min,允许误差为 $\pm5\%$;输送装置工作时有轻度冲击,为两班制工作。试设计此带传动。

　　9.3　某车床主轴箱与三相异步电动机之间用 V 带传动,已知电动机功率 $P=5.5$ kW,转速 $n_1=1440$ r/min,传动比 $i=2.1$,为两班工作制,中心距约为 600 mm。试设计此 V 带传动。

10 齿 轮 传 动

10.1 轮齿的失效形式和设计准则

10.1.1 轮齿的失效形式

常见的轮齿失效形式有轮齿折断和齿面损伤,后者又分为齿面点蚀、胶合、磨损和塑性变形等。

(1) 轮齿折断

齿轮工作时,若轮齿危险截面的弯曲应力超过极限值,轮齿将发生折断,轮齿折断一般发生在齿根部分。

轮齿折断有两种:一种是由于短时过载或冲击载荷而产生的过载折断;另一种是当齿根处的交变应力超过了材料的疲劳极限时,齿根圆角处会产生疲劳裂纹,裂纹不断扩展,最终导致齿根弯曲疲劳折断,如图 10.1(a)所示。斜齿圆柱齿轮和人字齿轮(接触线倾斜),其齿根裂纹往往沿倾斜方向扩展,发生轮齿的局部折断,如图 10.1(b)所示。

为防止过载折断,应当避免过载和冲击;为防止齿根弯曲疲劳折断,应对轮齿进行弯曲疲劳强度计算。

(2) 齿面点蚀

轮齿工作时,齿面接触应力是按脉动循环变化的。当这种交变接触应力重复次数超过一定限度后,轮齿表层或次表层就会产生不规则的细微的疲劳裂纹,疲劳裂纹蔓延扩展使金属脱落而在齿面形成麻点状凹坑,即为齿面点蚀,如图 10.2 所示。轮齿在啮合过程中,因为在节线处同时啮合齿对数少,接触应力大,且在节点处齿廓相对滑动速度小,油膜不易形成,摩擦力大,所以点蚀大多出现在靠近节线的齿根表面上。

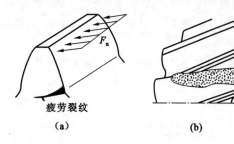

疲劳裂纹
(a)　　　　**(b)**

图 10.1 轮齿折断
(a) 疲劳折断;(b) 局部折断

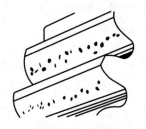

图 10.2 齿面点蚀

对于软齿面(齿面硬度≤350HBW)的闭式齿轮传动,常因齿面疲劳点蚀而失效。在开式齿轮传动中,因齿面磨损较快,点蚀还来不及出现或扩展就被磨掉,所以一般看不到点蚀现象。

限制接触应力、提高齿面硬度,均能提高齿面抗点蚀能力。

（3）齿面胶合

对于重载、高速齿轮传动，因啮合区产生很大的摩擦热，导致局部温度过高，使齿面油膜破裂，产生两接触齿面金属粘着。随着齿面的相对运动，金属从齿面上被撕落而引起严重的粘着磨损，这种现象称为齿面胶合，如图 10.3 所示。此外，在重载、低速齿轮传动中，由于局部齿面啮合处压力很高，且速度低，不易形成油膜，使接触表面油膜被刺破而粘着，也产生胶合破坏，称之为冷胶合。

通过采取提高齿面硬度，减小齿面的表面粗糙度，降低齿面间的相对滑动，采用抗胶合能力强的润滑油（如硫化钠）等措施，均可减缓或防止齿面胶合。

（4）齿面磨损

当轮齿工作面间落入灰尘、硬屑等磨料物质时，会引起齿面磨损。磨损后，正确的齿廓形状遭到破坏，从而引起冲击、振动和噪声，且齿厚减薄，最后导致轮齿因强度不足而折断。齿面磨损是开式齿轮传动的主要失效形式，如图10.4所示。

通过采取提高齿面硬度，改善密封和润滑条件，在油中加入减磨添加剂，保持油的清洁等措施，均能提高抗齿面磨损能力。

（5）齿面塑性变形

齿面较软的轮齿，载荷及摩擦力又很大时，轮齿在啮合过程中，齿面表层的材料就会沿着摩擦力的方向产生局部塑性变形，使齿廓失去正确的形状，导致失效，如图 10.5 所示。

图 10.3 齿面胶合

图 10.4 齿面磨损

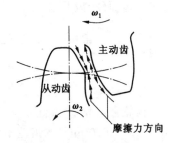
图 10.5 齿面塑性变形

通过采取提高齿面硬度，采用粘度较大的润滑油等措施，可减轻或防止齿面产生塑性变形。

10.1.2 设计准则

（1）齿轮传动的分类

按工作条件，齿轮传动分为闭式和开式两种。

① 闭式传动　将齿轮封闭在刚性的箱体内，润滑及维护等条件较好，重要的齿轮传动都采用闭式传动。

② 开式传动　齿轮外露，不能保证良好地润滑，且易于落入灰尘、异物，轮齿容易磨损，只适宜简易的机械及低速场合。

（2）齿轮传动的设计准则

轮齿的失效形式很多，它们虽不大，可能同时发生，却又相互联系、相互影响。例如，轮齿表面产生点蚀后，实际接触面积减少将导致磨损的加剧，而过大的磨损又会导致轮齿的折断。但在一定条件下，必有一种为其主要失效形式。

在进行齿轮传动的设计计算时，应分析具体的工作条件，判断可能发生的主要失效形式，以确定相应的设计准则。

　　① 对于软齿面(硬度≤350HBW)的闭式齿轮传动,齿面点蚀将是主要的失效形式,其次是轮齿折断。在设计计算时,通常按齿面接触疲劳强度进行设计,然后按齿根弯曲疲劳强度进行校核。

　　② 对于硬齿面(硬度＞350HBW)的闭式齿轮传动,齿根弯曲疲劳折断将是主要失效形式,其次是齿面点蚀。在设计计算时,通常按齿根弯曲疲劳强度进行设计,再按齿面接触疲劳强度进行校核。

　　③ 对于开式齿轮传动,其主要失效形式将是齿面磨损。但由于磨损的机理比较复杂,到目前为止尚无成熟的计算方法,通常只能按齿根弯曲疲劳强度进行设计,再考虑磨损,将所求得的模数增大 10%～20%。

　　齿轮的轮缘、轮辐、轮毂等部位的尺寸,通常只做结构设计,不进行强度计算。

10.2　齿轮的材料及热处理

10.2.1　齿轮对材料的要求

　　由轮齿的失效形式可知,设计齿轮传动时,应使轮齿的齿面具有较高的抗磨损、抗点蚀、抗胶合及抗塑性变形的能力,而齿根则要求有较高的抗折断能力。因此,对轮齿材料性能的基本要求为齿面硬、齿芯韧。

10.2.2　常用材料及热处理选择

　　常用的齿轮材料是钢、铸铁及非金属材料。

　　(1) 钢

　　齿轮常用钢材为优质碳素钢、合金钢和铸钢,一般多用锻件或轧制钢材。较大直径(d＞400～600 mm)的齿轮不宜锻造,需采用铸钢,如 ZG310-570、ZG340-640、ZG40Cr 等。因铸钢收缩率大,内应力也大,故加工前应进行正火或回火处理。齿轮按不同的热处理方法所获得的齿面硬度,分为软齿面和硬齿面两类。

　　① 软齿面齿轮　齿面硬度≤350HBW,热处理后切齿。常用材料有 45 钢、50 钢等正火处理或 45 钢、40Cr、35SiMn 等调质处理。热处理后切齿精度可达 8 级,精切时可达 7 级,这类齿轮常用于对强度与精度要求不高的传动中。

　　② 硬齿面齿轮　齿面硬度＞350HBW,一般用锻钢经正火或调质后切齿,再做表面硬化处理,最后进行磨齿等精加工,精度可达 5 级或 4 级。表面硬化的方法可采用表面淬火、渗碳淬火以及渗氮等。硬齿面齿轮常用的材料有 40Cr、20Cr、20CrMnTi、38CrMoAlA 等。这类齿轮由于齿面硬度高,承载能力高于软齿面齿轮,故常用于高速、重载、精密的传动中。

　　(2) 铸铁

　　铸铁的抗弯曲和耐冲击性能较差,但价格低廉、浇铸简单、加工方便,主要用于低速、工作平稳、传递功率不大和对尺寸与质量无严格要求的开式齿轮。常用材料有 HT300、HT350 和 QT500-7 等。

　　(3) 非金属材料

　　对高速、小功率、精度不高及要求低噪声的齿轮传动,常用非金属(如夹布胶木、尼龙等)做小齿轮,大齿轮仍用钢或铸铁制造。

齿轮常用材料列于表 10.1 中。

表 10.1 齿轮常用材料

材料	热处理方法	硬　度		应　　用
		HBW	HRC	
45	正火	156～217		低速轻载; 中、低速中载(如通用机械中的齿轮); 高速中载、无剧烈冲击(如机床变速箱中的齿轮)
	调质	197～286		
	表面淬火		40～50	
35SiMn 42SiMn	调质	190～286		可替代 40Cr
	表面淬火		45～55	
38CrMoAlA	渗氮	齿芯 229	>850HV	载荷平稳,润滑良好,无严重磨损的齿轮;难于磨削加工的齿轮(如内齿轮)
40Cr	调质	217～286		低速中载; 高速中载、无剧烈冲击
	表面淬火		45～55	
20Cr 20CrMnTi	渗碳、淬火、回火		56～62 (齿芯 28～33)	高速中、重载,承受冲击载荷的齿轮(如汽车、拖拉机中重要齿轮)
ZG310-570	正火	163～179		重型机械中的低速齿轮
ZG340-640		179～207		
ZG35SiMn		163～217		
	调质	197～248		
HT250		171～241		不受冲击的不重要齿轮,开式传动中的齿轮
HT300		187～255		
QT500-5		147～241		可代替铸钢
QT600-2		229～302		

10.2.3　齿面硬度差

热处理后的齿轮表面可分为软齿面(齿面硬度≤350HBW)和硬齿面(齿面硬度>350HBW)两种。调质和正火后的齿面一般为软齿面,表面淬火后的齿面为硬齿面。当大、小齿轮均为软齿面时,由于单位时间内小齿轮应力循环次数多,为了使大、小齿轮的寿命接近相等,推荐小齿轮的齿面硬度比大齿轮高 20～50HBW。传动比越大,齿面硬度差就应该越大。当大、小齿轮均为硬齿面时,硬度差宜小不宜大。

10.3　齿轮传动的精度

10.3.1　齿轮传动精度分类

渐开线圆柱齿轮和锥齿轮精度标准(GB 10095—88 和 GB 11365—89)中,分别对圆柱齿轮和圆锥齿轮规定了 12 个精度等级,其中 1 级最高,12 级最低,常用的是 6～9 级精度。齿轮副中两个齿轮的精度等级一般取成相同,也允许取成不同。按照误差特性及它们对传动性能的影响,将齿轮的各项公差分成三个组,分别反映下列三种精度:

(1)传动准确性精度

指传递运动的准确程度,要求齿轮在一转范围内最大转角误差不超过允许的限度,其相应公差定为第 I 组。

(2)传动平稳性精度

指齿轮传动的平稳程度、冲击、振动及噪声的大小,要求齿轮在一转内瞬时传动比的变化不超过工作要求的允许的范围,其相应公差定为第 II 组。

(3)载荷分布均匀性精度

指啮合齿面沿齿宽和齿高的实际接触程度,要求齿轮在啮合时齿面接触良好,以免引起载荷集中,造成齿面局部磨损,影响齿轮寿命,其相应公差定为第 III 组。

由于齿轮传动应用场合不同,对上述三方面的精度要求也有主次之分。例如,对于仪表及机床分度机构中的齿轮传动,主要要求传递运动的准确性;汽车、机床进给箱中的齿轮传动,主要要求传动的平稳性;而轧钢机、起重机中的低速、重载齿轮传动,则主要要求齿面载荷分布的均匀性。所要求的主要精度可选取比其他精度更高的精度等级。

10.3.2　圆柱齿轮传动精度等级选择

齿轮精度等级,应根据齿轮传动的用途、工作条件、传递功率和圆周速度的大小及其他技术要求等来选择。在传递功率大、圆周速度高、要求传动平稳和噪声低等场合,应选较高的精度等级;反之,为了降低制造成本,可选较低的精度等级。表 10.2 列出了精度等级适用的圆周速度范围及应用举例,可供设计时参考。

表 10.2　齿轮传动精度等级及其应用

精度等级	圆周速度 $v(\mathrm{m \cdot s^{-1}})$			应用举例
	直齿圆柱齿轮	斜齿圆柱齿轮	直齿锥齿轮	
6 (高精度)	≤15	≤30	≤9	在高速、重载下工作的齿轮传动,如机床、汽车和飞机中的重要齿轮、分度机构的齿轮、高速减速器的齿轮
7 (精密)	≤10	≤20	≤6	在高速、中载或中速、重载下工作的齿轮传动,如标准减速器的齿轮、机床和汽车变速器中的齿轮
8 (中等精度)	≤5	≤9	≤3	一般机械中的齿轮传动,如机床、汽车和拖拉机中一般的齿轮、起重机中的齿轮、农业机械中的重要齿轮
9 (低精度)	≤3	≤6	≤2.5	在低速、重载下工作的齿轮,粗糙工作机械中的齿轮

10.4 直齿圆柱齿轮传动的受力分析和计算载荷

10.4.1 轮齿受力分析

为了计算齿轮的强度以及设计轴和轴承,首先应分析轮齿上所受的力。如图 10.6 所示,当略去齿面间的摩擦力时,轮齿上的法向力 F_n 应沿啮合线方向且垂直于齿面。在分度圆上,F_n 可分解为两个互相垂直的分力,即切于分度圆上的圆周力 F_t 和沿半径方向的径向力 F_r。由图 10.6 可知主动轮各力的大小分别为

$$\left. \begin{array}{l} F_{t1} = \dfrac{2T_1}{d_1} \\[2mm] F_{r1} = F_{t1}\tan\alpha \\[2mm] F_{n1} = \dfrac{F_{t1}}{\cos\alpha} = \dfrac{2T_1}{d_1\cos\alpha} \end{array} \right\} \tag{10.1}$$

式中　T_1——主动齿轮传递的名义转矩(N·mm),$T_1 = 9.55\times10^6\dfrac{P_1}{n_1}$;

　　　P_1——主动齿轮传递的功率(kW);

　　　n_1——主动齿轮的转速(r/min);

　　　d_1——主动齿轮的分度圆直径(mm);

　　　α——分度圆压力角(°)。

作用在主动轮和从动轮上的各对分力等值反向。各分力的方向可用下列方法来判断:

(1) 圆周力 F_t

主动轮上的圆周力 F_{t1} 是阻力,其方向与主动轮回转方向相反;从动轮上的圆周力 F_{t2} 是驱动力,其方向与从动轮回转方向相同。

(2) 径向力 F_r

两轮的径向力 F_{r1} 和 F_{r2} 的方向分别指向各自的轮心。即

$$F_{t1} = -F_{t2} \qquad F_{r1} = -F_{r2}$$

式中负号表示作用力方向相反,如图 10.7 所示。

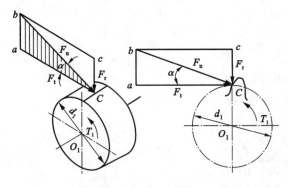

图 10.6 直齿圆柱齿轮受力分析

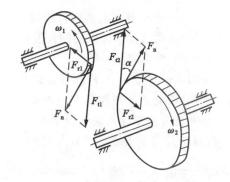

图 10.7 直齿圆柱齿轮各力的方向

10.4.2　计算载荷

按式(10.1)计算的 F_n、F_t、F_r 均是作用在轮齿上的名义载荷,在实际传动中会受到很多因素的影响,故应将名义载荷修正为计算载荷。进行齿轮的强度设计或核算时,应按计算载荷进行。与圆周力对应的计算载荷 F_c 为

$$F_c = KF_t \tag{10.2}$$

式中　K——载荷系数。

载荷系数 K 可由表 10.3 查取。

表 10.3　载荷系数 K

原　动　机	工作机械的载荷特性		
	平稳和比较平稳	中等冲击	大的冲击
电动机、汽轮机	1～1.2	1.2～1.6	1.6～1.8
多缸内燃机	1.2～1.6	1.6～1.8	1.9～2.1
单缸内燃机	1.6～1.8	1.8～2.0	2.2～2.4

注:斜齿、圆周速度低、精度高、齿宽系数小时取小值;直齿、圆周速度高、精度低、齿宽系数大时取大值。齿轮在两轴承之间并对称布置时取小值;齿轮在两轴承之间不对称布置及悬臂布置时取大值。

10.5　直齿圆柱齿轮传动强度计算

10.5.1　齿面接触疲劳强度计算

齿面接触疲劳强度计算是针对齿面点蚀失效进行的。

一对渐开线齿轮啮合时,其齿面接触状况可近似认为与两圆柱体的接触相当,故其齿面接触应力 σ_H 可近似地用赫兹公式计算,即

$$\sigma_H = 0.418 \sqrt{\frac{F_N E}{b\rho}} \tag{10.3}$$

式中　σ_H——最大接触应力或赫兹应力;

　　　E——两圆柱材料的弹性模量;

　　　b——两圆柱体接触线的长度;

　　　ρ——综合曲率半径。

轮齿在啮合过程中,齿廓接触线是不断变化的。实际情况表明,齿面点蚀往往先在节线附近的齿根表面出现,所以接触疲劳强度计算通常以节点为计算点。由图 10.8 可知,对于标准齿轮传动,节点处的齿廓曲率半径 $\rho_1 = CN_1 = \dfrac{d_1}{2}\sin\alpha$,$\rho_2 = CN_2 = \dfrac{d_2}{2}\sin\alpha$;齿数比 $\mu = \dfrac{z_2}{z_1} = \dfrac{d_2}{d_1}$;中心距 $a = \dfrac{1}{2}(d_1 \pm d_2)$,故 $d_1 = \dfrac{2a}{\mu \pm 1}$,得

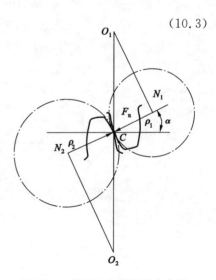

图 10.8　齿面上的接触应力分析

$$\rho = \frac{\rho_1 \rho_2}{\rho_2 \pm \rho_1} = \frac{d_2 d_1 \sin\alpha}{2(d_2 \pm d_1)} = \frac{\mu a \sin\alpha}{(\mu \pm 1)^2} \qquad (10.4)$$

将式(10.4)和式(10.1)中的 F_n 代入式(10.3)，并引入载荷系数 K，整理后得

$$\sigma_H = 0.59 \sqrt{\frac{(\mu \pm 1)^3 T_1 KE}{\mu b a^2 \sin 2\alpha}} \quad (\text{MPa}) \qquad (10.5)$$

对于一对钢制的标准齿轮，$E = 2.06 \times 10^5$，$\alpha = 20°$，$\sin 2\alpha = 0.64$，代入上式后可得齿面接触强度的验算公式

$$\sigma_H = 335 \sqrt{\frac{(\mu \pm 1)^3 T_1 K}{\mu b a^2}} \leqslant [\sigma_H] \quad (\text{MPa}) \qquad (10.6)$$

式中 $[\sigma_H]$——许用接触应力。

如取齿宽系数 $\phi_a = b/a$，由式(10.6)可导出齿面接触强度的设计公式

$$a \geqslant (\mu \pm 1) \sqrt[3]{\left(\frac{335}{[\sigma_H]}\right)^2 \frac{KT_1}{\phi_a \mu}} \quad (\text{MPa}) \qquad (10.7)$$

式中，"＋"号用于外啮合；"－"号用于内啮合。

参数选择和公式说明：

(1) 齿数比 μ

齿数比恒大于 1，对减速传动 $\mu = i$，对增速传动 $\mu = 1/i$；对于一般单级减速传动，$i \leqslant 8$，常用范围为 3～5，过大时，采用多级传动，以避免传动的外廓尺寸过大。

(2) 齿宽系数 ϕ_a

由公式(10.7)可知，增加齿宽系数，中心距减小，传动结构紧凑，但随着齿宽系数的增加，齿轮宽度增加，轮齿上载荷集中现象也更严重。实践中推荐：轻型减速器可取 $\phi_a = 0.2 \sim 0.4$；一般减速器可取 $\phi_a = 0.4$；中型、重型减速器可取 $\phi_a = 0.4 \sim 1.2$；$\phi_a > 0.4$ 时通常采用斜齿或人字齿；对于变速箱中的齿轮一般可取 0.1～0.2。

(3) 许用接触应力 $[\sigma_H]$

大小齿轮的许用接触应力 $[\sigma_H]_1$、$[\sigma_H]_2$ 可按下式计算

$$[\sigma_H] = \frac{\sigma_{Hlim}}{S_H} \qquad (10.8)$$

式中 σ_{Hlim}——实验齿轮的接触疲劳极限，该数值由实验获得，按图 10.9 查取；

S_H——接触疲劳强度的安全系数，按表 10.4 选取。

表 10.4 安全系数 S_H 和 S_F

安全系数	软齿面(≤350HBW)	硬齿面(>350HBW)	重要的传动、渗碳淬火齿轮或铸铁齿轮
S_H	1.0～1.1	1.1～1.2	1.3
S_F	1.3～1.4	1.4～1.6	1.6～2.2

(4) 一对齿轮相啮合时，齿面间的接触应力相等，即 $\sigma_{H1} = \sigma_{H2}$。由于大、小齿轮的材料有可能不同，因此接触应力 $[\sigma_H]_1$、$[\sigma_H]_2$ 也不一定相等。在计算时，应取二者较小的一个值代入式(10.7)计算。

10.5.2 齿根弯曲疲劳强度计算

齿根弯曲疲劳强度计算是针对齿根弯曲疲劳折断进行的。

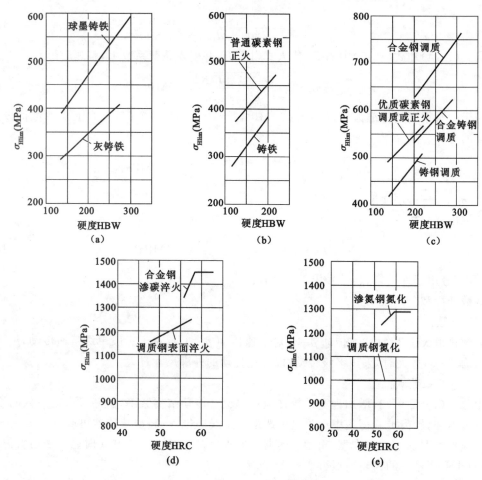

图 10.9 齿面接触疲劳极限 σ_{Hlim}

齿根弯曲疲劳折断,主要与齿根的弯曲应力大小有关。在分析齿根弯曲应力时,按轮齿在齿顶啮合进行,因此时弯曲力臂最大。从偏于安全考虑,假设法向力 F_n 全部作用在一个轮齿的齿顶上,并近似地将轮齿看做宽度为 b 的悬臂梁,如图 10.10 所示。将法向力 F_n 沿作用线移至轮齿对称线上,然后分解成互相垂直的两个分力 F_1、F_2(F_n 与 F_1 成 α_F 夹角),即

$$F_1 = F_n \cos\alpha_F \tag{10.9}$$

F_1 在齿根危险截面上引起弯曲应力和切应力,F_2 引起压应力。由于切应力与压应力仅为弯曲应力的百分之几,故可略去不计。危险截面的位置可用 30°切线法确定:作与轮齿对称线成 30°角并与齿根圆弧相切的两根直线,圆弧上所得两切点的连线所确定的截面即齿根危险截面。该处的齿厚为 s_F,其弯曲力矩为

$$M = K F_n h_F \cos\alpha_F$$

式中 K——载荷系数;

h_F——弯曲力臂。

危险截面的断面系数 $W = b s_F^2 / 6$,所以危险截面的弯曲应力为

$$\sigma_F = \frac{M}{W} = \frac{6 K F_n h_F \cos\alpha_F}{b s_F^2} = \frac{6 K F_t h_F \cos\alpha_F}{b s_F^2 \cos\alpha} = \frac{K F_t}{bm} \cdot \frac{6\left(\dfrac{h_F}{m}\right)\cos\alpha_F}{\left(\dfrac{s_F}{m}\right)^2 \cos\alpha} \tag{10.10}$$

$$Y_F = \frac{6\left(\dfrac{h_F}{m}\right)\cos\alpha_F}{\left(\dfrac{s_F}{m}\right)^2 \cos\alpha} \tag{10.11}$$

式中 Y_F——齿形系数。

反映齿形的尺寸比例与模数无关,而与齿数、压力角、变位系数等有关。Y_F 值根据齿数由图 10.11 查得。

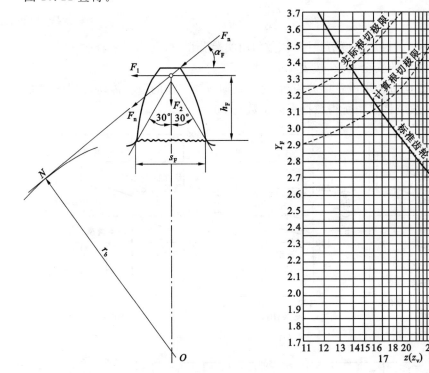

图 10.10 齿根危险截面的确定　　　　图 10.11 齿形系数 Y_F

由此得齿根弯曲疲劳强度的验算公式:

$$\sigma_F = \frac{KF_t Y_F}{bm} = \frac{2KT_1 Y_F}{bd_1 m} = \frac{2KT_1 Y_F}{bm^2 z_1} \leqslant [\sigma_F] \quad (\text{MPa}) \tag{10.12}$$

引入齿宽系数 $\phi_a = b/a$,$b = \phi_a a$,代入式(10.12)得齿根弯曲疲劳强度的设计公式

$$m \geqslant \sqrt[3]{\frac{4KT_1 Y_F}{\phi_a(\mu \pm 1)z_1^2[\sigma_F]}} \quad (\text{MPa}) \tag{10.13}$$

式中,"+"号用于外啮合,"-"号用于内啮合。m 计算后应按表 5.1 取标准值。

参数的选择和公式的说明:

(1)齿数 z_1

对于软齿面(≤350HBW)的闭式传动,容易产生齿面点蚀,在满足弯曲强度条件下,中心距不变,适当增加齿数,减小模数,能加大重合度,对传动的平稳有利,并减小了轮坯直径和齿高,减少加工工时和提高加工精度。一般推荐 $z_1 = 20 \sim 40$。

对于开式传动及硬齿面(>350HBW)或铸铁齿轮的闭式传动,容易发生轮齿折断,应适当减小齿宽,以增大模数。为了避免发生根切,对于标准齿轮一般不少于17齿。

（2）模数 m

设计求出的模数应圆整为标准值。模数影响轮齿的齿根弯曲疲劳强度，一般在满足轮齿抗弯疲劳强度的条件下，宜取较小的模数，以利增多齿数。对于传递动力的齿轮，模数不宜小于 $1.5\sim2$ mm。

（3）许用弯曲应力 $[\sigma_F]$

大、小齿轮的许用弯曲应力 $[\sigma_F]_1$、$[\sigma_F]_2$ 可按下式计算

$$[\sigma_F] = \frac{\sigma_{\text{Flim}}}{S_F} \tag{10.14}$$

式中 σ_{Flim}——实验齿轮的齿根弯曲疲劳极限，该数值由实验获得，按图 10.12 查取；

S_F——弯曲疲劳强度的安全系数，按表 10.4 选取。

图 10.12 所提供的数据适合于齿轮单向传动，对于长期双侧工作的齿轮传动，其齿根弯曲应力为对称循环变应力，故应将图中所得数据乘以系数 0.7。

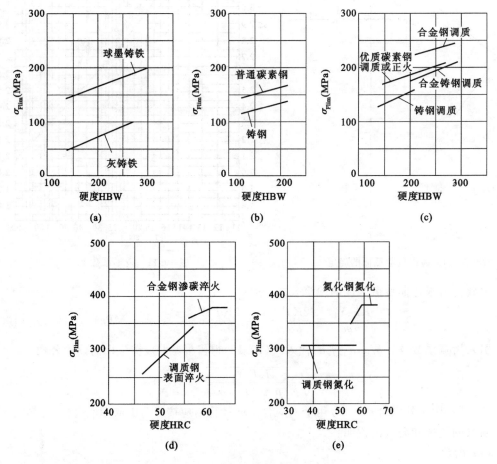

图 10.12   齿根弯曲疲劳极限 σ_{Flim}

（4）通常两齿轮的齿形系数 Y_{F1}、Y_{F2} 不等，两齿轮的许用弯曲应力 $[\sigma_F]_1$、$[\sigma_F]_2$ 也会不等，$Y_{F1}/[\sigma_F]_1$ 和 $Y_{F2}/[\sigma_F]_2$ 比值大者强度较弱。因此，计算时应将其比值较大者代入式(10.10)进行计算。

10.6 直齿圆柱齿轮传动设计

齿轮传动的设计主要内容包括:选择齿轮材料和热处理方式,确定主要参数、几何尺寸、结构形式、精度等级,最后绘出零件工作图。其设计步骤如下:

(1) 软齿面(硬度≤350HBW)闭式齿轮传动

① 选择齿轮材料、热处理方式及精度等级,确定许用应力;

② 选择参数(如 ϕ_a),按接触疲劳强度设计公式计算中心距;

③ 按中心距 $a=[m(z_1+z_2)]/2$ 确定齿轮基本参数和主要尺寸;

④ 验算所设计的齿轮传动的齿根弯曲疲劳强度;

⑤ 确定齿轮的结构尺寸;

⑥ 绘制齿轮的零件工作图。

(2) 硬齿面(硬度>350HBW)闭式齿轮传动

① 选择齿轮材料、热处理方式及精度等级,确定许用应力;

② 选择参数(如 z_1、ϕ_a 等),按弯曲疲劳强度设计公式计算模数,并取为标准值;

③ 确定基本参数 m、z_1、z_2,计算中心距 a、齿宽($b=\phi_a a$)及齿轮的主要尺寸;

④ 验算所设计的齿轮传动的齿面接触疲劳强度;

⑤ 确定齿轮的结构尺寸;

⑥ 绘制齿轮的零件工作图。

(3) 开式齿轮传动

① 选择齿轮材料、热处理方式及精度等级,确定许用应力;

② 选择参数(如 z_1、ϕ_a 等),按弯曲疲劳强度设计公式计算模数,并将其加大 10%～20%,再取成标准模数;

③ 确定基本参数 m、z_1、z_2,计算中心距 a、齿宽($b=\phi_a a$)及齿轮的主要尺寸;

④ 确定齿轮的结构尺寸;

⑤ 绘制齿轮的零件工作图。

【例 10.1】 设计单级标准直齿圆柱齿轮减速器的齿轮传动。已知传递的功率 $P=6$ kW,主动轮转速 $n_1=960$ r/min,齿数比 $\mu=2.5$,单向运转,载荷平稳,单班制工作,原动机为电动机。

【解】 (1) 选择齿轮材料、热处理方式及精度等级,确定许用应力

① 选择齿轮材料、热处理方式

该齿轮无特殊要求,可选用一般齿轮材料,由表 10.1 并考虑 $HBW_1=HBW_2+(20\sim50)$ 的要求,小齿轮材料选用 45 钢,进行调质处理,齿面硬度取 230HBW,大齿轮选用 45 钢,进行正火处理,齿面硬度取 190HBW。

② 确定精度等级

减速器为一般齿轮传动,估计圆周速度不大于 5 m/s,根据表 10.2,初选 8 级精度。

③ 确定许用应力

由图 10.9(c)、图 10.12(c)分别查得

$$\sigma_{Hlim1}=560 \text{ MPa} \qquad \sigma_{Hlim2}=530 \text{ MPa}$$

$$\sigma_{Flim1} = 195 \text{ MPa} \qquad \sigma_{Flim2} = 180 \text{ MPa}$$

由表 10.4 查得 $S_H = 1.1$ 和 $S_F = 1.4$，故

$$[\sigma_H]_1 = \frac{\sigma_{Hlim1}}{S_H} = \frac{560}{1.1} = 509.1 \text{ (MPa)}$$

$$[\sigma_H]_2 = \frac{\sigma_{Hlim2}}{S_H} = \frac{530}{1.1} = 481.8 \text{ (MPa)}$$

$$[\sigma_F]_1 = \frac{\sigma_{Flim1}}{S_F} = \frac{195}{1.4} = 139.3 \text{ (MPa)}$$

$$[\sigma_F]_2 = \frac{\sigma_{Flim2}}{S_F} = \frac{180}{1.4} = 128.6 \text{ (MPa)}$$

因齿面硬度小于 350HBW，属软齿面，所以按齿面接触疲劳强度进行设计。

（2）按齿面接触疲劳强度设计

由式（10.7）计算中心距

$$a \geqslant (\mu \pm 1) \sqrt[3]{\left(\frac{335}{[\sigma_H]}\right)^2 \frac{KT_1}{\phi_a \mu}}$$

① 取 $[\sigma_H] = [\sigma_H]_2 = 481.8$ MPa；

② 小齿轮转矩 $T_1 = 9.55 \times 10^6 \frac{P}{n_1} = 9.55 \times 10^6 \times \frac{6}{960} = 59687.5 \text{ (N·mm)}$；

③ 取齿宽系数 $\phi_a = 0.4, \mu = 2.5$；

④ 由于原动机为电动机，载荷平稳支承为对称布置，查表 10.4，选 $K = 1.15$。

将上述数据代入，得初算中心距 a_0

$$a_0 \geqslant (2.5 + 1) \times \sqrt[3]{\left(\frac{335}{481.8}\right)^2 \times \frac{1.15 \times 59687.5}{0.4 \times 2.5}} = 112.4 \text{ (mm)}$$

（3）确定基本参数计算齿轮的主要尺寸

① 选择齿数

取 $z_1 = 26$，则 $z_2 = iz_1 = 65$。

② 确定模数

$$m = \frac{2a_0}{z_1 + z_2} = \frac{2 \times 112.4}{26 + 65} = 2.47 \text{ (mm)}$$

由表 5.1，取 $m = 2.5$ mm。

③ 确定中心距

$$a = \frac{m(z_1 + z_2)}{2} = \frac{2.5 \times (26 + 65)}{2} = 113.75 \text{ (mm)}$$

④ 确定齿宽

$$b = \phi_a a = 0.4 \times 113.75 = 45.5 \text{(mm)}$$

为了补偿两轮轴向尺寸的误差，使小轮宽度略大于大轮，故取 $b_2 = 46$ mm, $b_1 = 50$ mm。

⑤ 分度圆直径

$$d_1 = mz_1 = 2.5 \times 26 = 65 \text{ (mm)}$$

$$d_2 = mz_2 = 2.5 \times 65 = 162.5 \text{ (mm)}$$

确定主要参数 $m、z$ 后，其余尺寸可按表 5.2 计算，此处从略。

（4）验算齿根弯曲疲劳强度

① 由式（10.12）验算齿根弯曲疲劳强度

$$\sigma_{F1} = \frac{2KT_1 Y_{F1}}{bm^2 z_1}$$

$$\sigma_{F2} = \frac{2KT_1 Y_{F2}}{bm^2 z_1} = \sigma_{F1} \frac{Y_{F2}}{Y_{F1}}$$

按 $z_1 = 26$，$z_2 = 65$，由图 10.11 查得 $Y_{F1} = 2.68$，$Y_{F2} = 2.27$，代入上式得

$$\sigma_{F1} = \frac{2 \times 1 \times 59687.5 \times 2.68}{46 \times 2.5^2 \times 26} = 42.8 \ (\text{MPa}) < [\sigma_F]_1 \quad \text{安全}$$

$$\sigma_{F2} = 42.8 \times \frac{2.27}{2.68} = 36.3 \ (\text{MPa}) < [\sigma_F]_2 \quad \text{安全}$$

② 验算圆周速度

$$v = \frac{\pi d_1 n_1}{60 \times 1000} = \frac{\pi \times 65 \times 960}{60 \times 1000} = 3.27 \ (\text{m/s})$$

由表 10.2 知，选 8 级精度合适。

（5）确定齿轮的结构尺寸及绘制齿轮的零件工作图（略）。

10.7 平行轴斜齿轮传动

斜齿圆柱齿轮传动的特点是传动平稳、噪声小、承载能力高，因此常用于速度较高的传力系统中。

10.7.1 轮齿受力分析

图 10.13(a)所示为斜齿圆柱齿轮在节点 C 处受力情况。若略去齿面间的摩擦力，作用在与齿面垂直的法向平面内的法向力 F_n 可分解为三个互相垂直的分力，即圆周力 F_t、径向力 F_r 和轴向力 F_a。由图 10.13 可知主动轮各力的大小为

$$\left. \begin{aligned} F_{t1} &= \frac{2T_1}{d_1} \\ F_{r1} &= \frac{F_{t1} \tan\alpha_n}{\cos\beta} \\ F_{a1} &= F_{t1} \tan\beta \end{aligned} \right\} \tag{10.15}$$

式中 α_n——法向压力角，对标准斜齿轮 $\alpha_n = 20°$；

β——分度圆柱上的螺旋角。

作用在主、从动轮上的各对分力大小相等。各分力的方向可用下列方法来判断：

（1）圆周力 F_t

主动轮上的圆周力 F_{t1} 是阻力，其方向与主动轮回转方向相反；从动轮上的圆周力 F_{t2} 是驱动力，其方向与从动轮回转方向相同。

（2）径向力 F_r

两轮的径向力 F_{r1} 和 F_{r2}，其方向分别指向各自的轮心（内齿轮为远离轮心方向）。

（3）轴向力 F_a

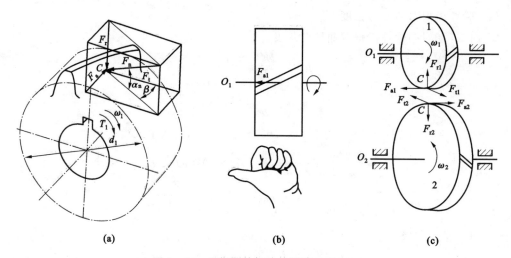

图 10.13　斜齿圆柱齿轮传动的受力分析

(a) 斜齿圆柱齿轮在节点 C 处受力的情况；(b) 主动轮"左、右手法则"判断轴向力 F_a；(c) F_{a1} 与 F_{a2} 方向相反

其方向决定于轮齿螺旋线方向和齿轮回转方向，可用"主动轮左、右手法则"来判断。如图 10.13(b)所示：左旋用左手，右旋用右手，握住主动轮轴线，以四指弯曲方向代表主动轮转向，拇指的指向即为主动轮的轴向力 F_{a1} 方向，从动轮轴向力 F_{a2} 方向与其相反。即

$$F_{t1} = -F_{t2} \qquad F_{r1} = -F_{r2} \qquad F_{a1} = -F_{a2}$$

式中负号表示作用力方向相反，如图 10.13(c)所示。

10.7.2　强度计算

由于在斜齿圆柱齿轮传动中，作用于齿面上的力仍垂直于齿面，因而斜齿圆柱齿轮的强度计算是按法向进行分析的。因此，可以通过其当量直齿轮来对斜齿圆柱齿轮进行强度分析和计算。

(1) 齿面接触疲劳强度计算

一对钢制标准斜齿圆柱齿轮传动的齿面接触强度验算公式为

$$\sigma_H = 305 \sqrt{\frac{(\mu \pm 1)^3 T_1 K}{\mu b a^2}} \leqslant [\sigma_H] \qquad (10.16)$$

将 $b = \phi_a a$ 代入上式，可导出齿面接触强度的设计公式

$$a \geqslant (\mu \pm 1) \sqrt[3]{\left(\frac{305}{[\sigma_H]}\right)^2 \frac{K T_1}{\phi_a \mu}} \qquad (10.17)$$

式中参数的意义同直齿圆柱齿轮。

(2) 齿根弯曲疲劳强度计算

斜齿圆柱齿轮齿根弯曲疲劳强度验算公式为

$$\sigma_F = \frac{1.6 K T_1 Y_F \cos\beta}{b m_n^2 z_1} \leqslant [\sigma_F] \qquad (10.18)$$

将 $b = \phi_a a$ 代入上式，可导出弯曲疲劳强度的设计公式

$$m_n \geqslant \sqrt[3]{\frac{3.2 K T_1 Y_F \cos^2\beta}{\phi_a (\mu \pm 1) z_1^2 [\sigma_F]}} \qquad (10.19)$$

式中 m_n——法向模数；

$\quad\quad Y_F$——齿形系数。

斜齿圆柱齿轮应根据当量齿数 $z_v = \dfrac{z}{\cos^3\beta}$ 由图 10.11 查取，其他参数的意义同直齿圆柱齿轮。

（3）参数的选择

① 齿数 斜齿轮不产生根切的最少齿数比直齿轮少，其计算公式为

$$z_{min} \geqslant 17\cos^3\beta \tag{10.20}$$

随着 β 角的增加，不产生根切的最少齿数将减小，取少齿数可得到较紧凑的传动结构。

② 螺旋角 β 增大螺旋角 β 可增加重叠系数，使运动平稳，提高齿轮承载能力。但螺旋角过大，会导致轴向力增加，使轴承及传动装置的尺寸也相应增大，同时使传动效率有所降低。一般可取 $\beta = 8°\sim20°$。对于人字齿轮或两对左右对称配置的斜齿圆柱齿轮，由于轴向力互相抵消，可取 $\beta = 25°\sim40°$。

10.7.3 斜齿圆柱齿轮传动设计

斜齿圆柱齿轮设计步骤同直齿圆柱齿轮。

【例 10.2】 设计一对闭式斜齿圆柱齿轮传动。已知：单缸内燃机驱动，传递的功率 $P = 11$ kW，主动轮转速 $n_1 = 350$ r/min，齿数比 $\mu = 3.2$，工作条件为双向传动，载荷平稳，齿轮在两轴承间对称布置，要求结构紧凑。

【解】 （1）选择齿轮材料、热处理方式、精度等级，确定许用应力

① 选择齿轮材料、热处理方式 因要求结构紧凑，故采用硬齿面。由表 10.1 两齿轮都选用 20CrMnTi，渗碳淬火，小齿轮硬度取 59HRC，大齿轮硬度为 56HRC。

② 确定精度等级 根据表 10.2，初选齿轮精度等级为 8 级精度。

③ 确定许用应力 由图 10.9(d)、图 10.12(d) 查得

$$\sigma_{Hlim1} = 1440 \text{ MPa} \quad\quad \sigma_{Hlim2} = 1360 \text{ MPa}$$

$$\sigma_{Flim1} = 370 \text{ MPa} \quad\quad \sigma_{Flim2} = 360 \text{ MPa}$$

由表 10.4 查得 $S_H = 1.3$，$S_F = 1.6$，故

$$[\sigma_H]_1 = \frac{\sigma_{Hlim1}}{S_H} = \frac{1440}{1.3} = 1107.7 \text{ (MPa)}$$

$$[\sigma_H]_2 = \frac{\sigma_{Hlim2}}{S_H} = \frac{1360}{1.3} = 1046 \text{ (MPa)}$$

$$[\sigma_F]_1 = \frac{0.7\sigma_{Flim1}}{S_F} = \frac{0.7 \times 370}{1.6} = 161.9 \text{ (MPa)}$$

$$[\sigma_F]_2 = \frac{0.7\sigma_{Flim2}}{S_F} = \frac{0.7 \times 360}{1.6} = 157.5 \text{ (MPa)}$$

因属硬齿面，故按齿根弯曲疲劳强度进行设计。

（2）按齿根弯曲疲劳强度设计

$$m_n \geqslant \sqrt[3]{\frac{3.2KT_1Y_F\cos^2\beta}{\phi_a(\mu \pm 1)z_1^2[\sigma_F]}}$$

① 小齿轮转矩

$$T_1 = 9.55 \times 10^6 \frac{P}{n_1} = 9.55 \times 10^6 \times \frac{11}{350} = 300142.9 \ (\text{N} \cdot \text{mm})$$

② 取齿宽系数 $\phi_a = 0.4$。

③ 由于原动机为单缸内燃机,载荷平稳支承为对称布置,查表 10.3 选 $K = 1.6$。

④ 初选螺旋角 $\beta = 15°$。

⑤ 取齿数 $z_1 = 20$,因减速传动 $i = \mu = 3.2$,$z_2 = \mu z_1 = 3.2 \times 20 = 64$。

⑥ 当量齿数

$$z_{v1} = \frac{z_1}{\cos^3\beta} = \frac{20}{\cos^3 15°} = 22.19$$

$$z_{v2} = \frac{z_2}{\cos^3\beta} = \frac{64}{\cos^3 15°} = 71.$$

由图 10.11 查得 $Y_{F1} = 2.80$,$Y_{F2} = 2.24$。

⑦ 比较 $Y_{F1}/[\sigma_F]_1$ 与 $Y_{F2}/[\sigma_F]_2$

$$\frac{Y_{F1}}{[\sigma_F]_1} = \frac{2.80}{161.9} = 0.0173$$

$$\frac{Y_{F2}}{[\sigma_F]_2} = \frac{2.24}{157.5} = 0.0142$$

$Y_{F1}/[\sigma_F]_1$ 的数值较大,将该值与上述各数值代入式中,得

$$m_n \geqslant \sqrt[3]{\frac{3.2 \times 1.6 \times 300142.9 \times 2.80 \times \cos^2 15°}{0.4 \times (3.2 + 1) \times 20^2 \times 161.9}} = 3.399 \ (\text{mm})$$

由表 5.1 取 $m_n = 3.5\text{mm}$。

(3) 确定基本参数计算齿轮的主要尺寸

① 初算中心距 a_0

$$a_0 = \frac{m_n(z_1 + z_2)}{2\cos\beta} = \frac{3.5 \times (20 + 64)}{2 \times \cos 15°}$$
$$= 152.2 \ (\text{mm})$$

取 $a = 155 \ \text{mm}$。

② 修正螺旋角 β

$$\beta = \arccos \frac{m_n(z_1 + z_2)}{2a} = \arccos \frac{3.5 \times (20 + 64)}{2 \times 155}$$
$$= 18°29'19''$$

③ 齿宽

$$b = \phi_a a = 0.4 \times 155 = 62(\text{mm})$$

取 $b_2 = 62 \ \text{mm}$,$b_1 = 65 \ \text{mm}$。

④ 分度圆直径

$$d_1 = \frac{mz_1}{\cos\beta} = \frac{3.5 \times 20}{\cos 18°29'19''} = 73.8(\text{mm})$$

$$d_2 = \frac{mz_2}{\cos\beta} = \frac{3.5 \times 64}{\cos 18°29'19''} = 236.2(\text{mm})$$

已确定主要参数 m_n、z 后,其余尺寸可按表 5.5 计算,此处从略。

（4）验算齿面接触疲劳强度

① 由式(10.16)验算齿面接触疲劳强度

$$\sigma_H = 305\sqrt{\frac{(\mu\pm1)^3 T_1 K}{\mu b a^2}}$$

$$= 305 \times \sqrt{\frac{(3.2+1)^3 \times 1.6 \times 300142.9}{3.2 \times 65 \times 155^2}}$$

$$= 813.8 \leqslant [\sigma_H]_2 \quad 安全$$

② 验算圆周速度

$$v = \frac{\pi d_1 n_1}{60 \times 1000} = \frac{\pi \times 73.8 \times 350}{60 \times 1000} = 1.35 \ (\text{m/s})$$

由表 10.2 知,选 8 级精度合适。

（5）确定齿轮的结构尺寸及绘制齿轮的零件工作图(略)。

10.8　齿轮结构与润滑

10.8.1　圆柱齿轮结构

通过齿轮强度计算和几何尺寸计算,已经确定了齿轮的主要参数和尺寸,但为了制造齿轮,还必须设计出全部的结构形状和尺寸。圆柱齿轮常用的结构形式有:

（1）齿轮轴

对于直径较小的钢制齿轮,其齿根圆直径与轴径相差很小,若齿根圆到键槽底部的径向距离 $y < 2.5m_n$ 时,可将齿轮和轴制成一体,称为齿轮轴,如图 10.14 所示。如果齿轮的直径比轴的直径大得多,则应把齿轮和轴分开制造。

（2）实心式齿轮

当齿顶圆直径 $d_a \leqslant 200$ mm 时,若齿根圆到键槽底部的径向距离 $y > 2.5m_n$,则可做成实心式结构的齿轮,如图 10.15 所示。单件或小批量生产而直径小于 100 mm 时,可用轧制圆钢制造齿轮毛坯。

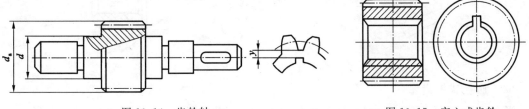

图 10.14　齿轮轴　　　　　　　　　　图 10.15　实心式齿轮

（3）腹板式齿轮

当 200 mm $< d_a \leqslant 500$ mm 时,为了减轻质量和节约材料,常做成腹板式结构,如图 10.16 所示。腹板上开孔的数目及孔的直径由结构尺寸的大小而定。

（4）轮辐式齿轮

当齿顶圆直径 $d_a > 500$ mm 时,齿轮的毛坯制造因受锻压设备的限制,往往改为铸铁或铸钢浇铸而成。铸造齿轮常做成轮辐式结构,如图 10.17 所示。

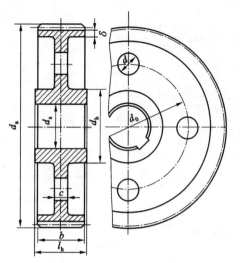

图 10.16　腹板式齿轮

$d_h = 1.6d_s$；$l_h = (1.2 \sim 1.5)d_s$，

并使 $l_h \geqslant b$；$c = 0.3b$；$\delta = (2.5 \sim 4)m_n$，但不小于 8 mm；

d_0 和 d 按结构取定，当 d 较小时可不开孔

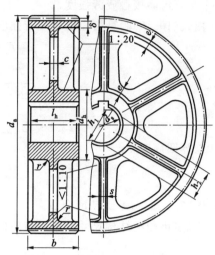

图 10.17　轮辐式齿轮

$d_h = 1.6d_s$（铸钢）；$d_h = 1.8d_s$（铸铁）；$l_h = (1.2 \sim 1.5)d_s$，

并使 $l_h \geqslant b$；$c = 0.2b$，但不小于 10 mm；

$\delta = (2.5 \sim 4)m_n$，但不小于 8 mm；$h_1 = 0.8d_s$；

$h_2 = 0.8h_1$；$s = 0.15h_1$，但不小于 10 mm；$e = 0.8\delta$

10.8.2　锥齿轮结构

（1）锥齿轮轴

当锥齿轮的小端根圆到键槽根部的距离 $x < 1.6$ mm 时，需将齿轮和轴做成一体，称为锥齿轮轴，如图 10.18 所示。

（2）实心式锥齿轮

当 $x \geqslant 1.6$ mm 时，应将齿轮与轴分开制造，常采用实心式结构，如图 10.19 所示。

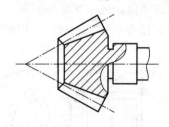

图 10.18　锥齿轮轴   图 10.19　实心式锥齿轮

（3）腹板式锥齿轮

当 200 mm $< d_a \leqslant 500$ mm 时，锻造锥齿轮可做成腹板式结构，如图 10.20(a)所示；当 $d_a >$ 500 mm 时，铸造锥齿轮可做成带加强肋的腹板式结构，如图 10.20(b)所示。

10.8.3　齿轮传动的润滑

（1）润滑方式

开式齿轮传动通常采用人工定期加油润滑，可采用润滑油或润滑脂，多用润滑脂。

一般闭式齿轮传动的润滑方式，可根据齿轮圆周速度的大小而定。当齿轮的圆周速度

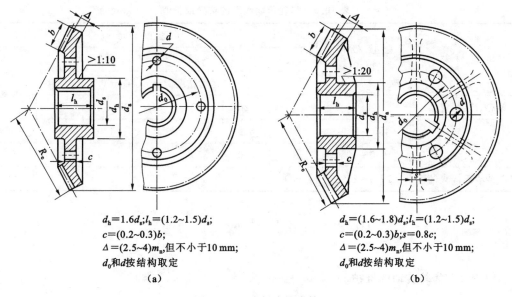

$d_h=1.6d_s; l_h=(1.2\sim1.5)d_s;$
$c=(0.2\sim0.3)b;$
$\Delta=(2.5\sim4)m_n,$但不小于10 mm;
d_0和d按结构取定

(a)

$d_h=(1.6\sim1.8)d_s; l_h=(1.2\sim1.5)d_s;$
$c=(0.2\sim0.3)b; s=0.8c;$
$\Delta=(2.5\sim4)m_n,$但不小于10 mm;
d_0和d按结构取定

(b)

图 10.20　腹板式锥齿轮

(a) 腹板式结构; (b) 带加强肋的腹板式结构

$v\leqslant10$ m/s时,通常采用浸油(或称油池、油浴)润滑,如图 10.21 所示。大齿轮浸入油池一定的深度,齿轮运转时把润滑油带到啮合区,同时也甩到箱壁上,借以散热。当 v 较大时,浸入深度约为一个齿高;当 v 较小时(0.5~0.8 m/s),可达到 1/6 的齿轮半径。

在多级齿轮传动中,当几个大齿轮直径不相等时,可借带油轮将油带到未浸入油池内的齿轮的齿面上,如图 10.22 所示。

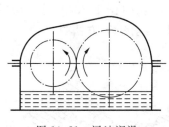

图 10.21　浸油润滑

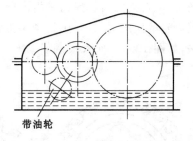

带油轮

图 10.22　用带油轮带油

当 $v>10$ m/s 时,应采用喷油润滑,如图 10.23 所示,即由液压泵以一定的压力借喷嘴将润滑油喷到轮齿的啮合面上。

(2) 润滑油的选择

齿轮传动可根据表 10.5 来选择润滑油的粘度。根据查得的粘度,即可由机械设计手册选定润滑油的牌号。

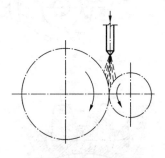

图 10.23　喷油润滑

表 10.5　齿轮传动润滑的粘度推荐值

齿轮材料	强度极限 σ_B(MPa)	圆周速度 v(m/s)						
		<0.5	0.5～1	1～2.5	2.5～5	5～10.5	10.5～25	>25
		运动粘度 ν(mm²/s)(40 ℃)						
塑料、铸铁、青铜	—	350	220	150	100	80	55	—
钢	450～1000	500	350	220	150	100	80	55
	1000～1050	500	500	350	220	150	100	80
渗碳或表面淬火的钢	1050～1580	900	500	500	350	220	150	100

10.9　齿轮传动的维护与修复

10.9.1　齿轮传动的维护

（1）使用齿轮传动时,在起动、加载、卸载及换挡的过程中应力求平稳,避免产生冲击载荷,以防引起断齿等故障。

（2）经常检查润滑系统的状况,如润滑油量、供油状况、润滑油质量等,按照使用规则定期更换或补充规定牌号的润滑油。

10.9.2　齿轮传动的修复

现场中,最常见的齿轮损伤是齿面磨损、点蚀和断齿,需要修理或更换。

根据齿轮的使用要求,通用机械中的齿轮可以采用堆焊法（图 10.24）、镶齿法（齿轮的换齿修理法,如图 10.25 所示）、翻转法（图 10.26）及变位切削法等方法进行修理,详见有关资料。

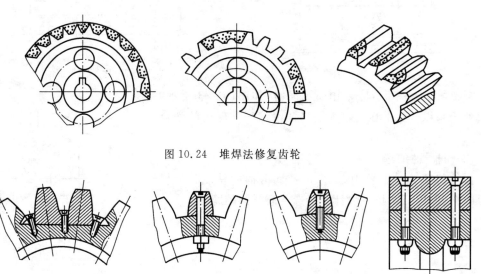

图 10.24　堆焊法修复齿轮

图 10.25　齿轮的换齿修理法

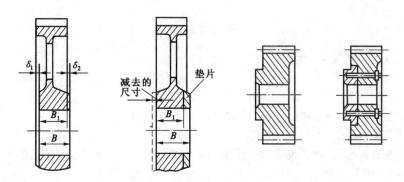

图 10.26 齿轮的翻转使用

装配修复或检修齿轮时,应特别注意是否能正确啮合,主要应使侧隙和齿面接触面积达到规定的要求。

侧隙的检验:对于精度不高的齿轮,一般用塞尺直接测量;对于精度较高的齿轮,可以用千分表测量,如图 10.27 所示;对于较重要的齿轮传动,可采用压铅法测量,如图 10.28 所示。

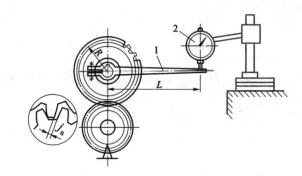

图 10.27 用千分表测量齿侧间隙

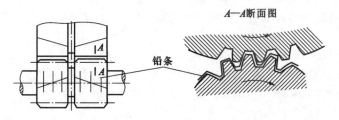

图 10.28 用压铅法测量齿侧间隙

齿面接触状况,可以根据齿面金属光亮度检验,也可以用涂色法检验。根据金属光亮状况或色迹的多少判断齿轮的接触情况,如图 10.29 所示。接触面积偏小或位置不正确时,通常可通过调整轴承座、齿轮轴线位置或修整齿形等加以矫正。

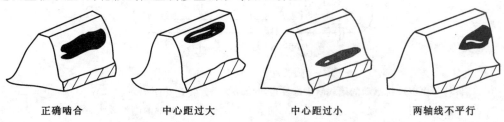

正确啮合　　　　中心距过大　　　　中心距过小　　　　两轴线不平行

图 10.29 齿面接触状态

实践与思考

10.1 每 3 人为一组,读齿轮工作图,总结齿轮工作图所包含的主要内容。

10.2 观察机械零件实训室收集的失效齿轮,归纳常见的齿轮失效形式;闭式和开式齿轮传动失效形式有哪些不同?

10.3 齿轮常用的材料有哪些? 为什么要求齿面要硬而齿芯要韧?

10.4 观察齿轮结构型式? 各用于什么场合?

10.5 一对铸铁齿轮(HT200)和一对钢制齿轮(45 调质)参数、尺寸相同,传递相同的载荷,试分析:

(1) 哪对齿轮的接触应力大? 为什么?

(2) 哪对齿轮的接触强度高? 为什么?

(3) 哪对齿轮的弯曲强度高? 为什么?

10.6 斜齿圆柱齿轮的齿数 z 与其当量齿数 z_v 有什么关系? 在下列几种情况下应分别采用哪种齿数?

(1) 计算齿轮传动比;

(2) 用仿形法切制斜齿轮时选盘形铣刀;

(3) 计算分度圆直径和中心距;

(4) 弯曲强度计算时查齿形系数。

习　　题

10.1 单级闭式直齿圆柱齿轮传动,已知小齿轮材料为 45 钢,进行调质处理;大齿轮材料为 45 钢,进行正火处理。已知传递功率 $P_1 = 4$ kW,$n_1 = 720$ r/min,$m = 4$ mm,$z_1 = 25$,$z_2 = 73$,$b_1 = 84$ mm,$b_2 = 78$ mm,双向运转,单班工作,齿轮在轴上对称布置,中等冲击,电动机驱动。试校核此齿轮传动的强度。

10.2 已知开式齿轮传动,传递功率 $P_1 = 3.2$ kW,$n_1 = 50$ r/min,$i = 4$,$z_1 = 21$,小齿轮材料为 45 钢,进行调质处理;大齿轮材料为 45 钢,进行正火处理,电动机驱动,单向运转,载荷均匀,单班工作。试设计此齿轮传动。

10.3 闭式直齿圆柱齿轮传动中,已知传递功率 $P_1 = 30$ kW,$n_1 = 730$ r/min,$i = 3.5$,单班制工作,对称布置,电动机驱动,长期双向运转,载荷有中等冲击,要求结构紧凑,$z_1 = 27$,大、小齿轮都用 40Cr,表面淬火。试设计此齿轮传动。

10.4 两级平行轴斜齿圆柱齿轮传动如图 10.30 所示。试问:

(1) 低速级斜齿轮旋向如何选择才能使中间轴上两齿轮轴向力的方向相反?

(2) 低速级齿轮取多大螺旋角 β 才能使中间轴的轴向力相互抵消?

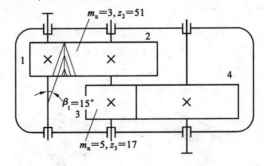

图 10.30 习题 10.4 图

10.5 设计一由电动机驱动的闭式斜齿圆柱齿轮传动。已知传递功率 $P_1 = 22$ kW,$n_1 = 730$ r/min,传动比 $i = 3.8$,齿轮精度等级为 8 级,齿轮在轴上相对轴承做不对称布置,但轴的刚性较大,载荷平稳,单向转动,两班制工作。

11 联　　接

联接是将两个或两个以上的零件组合成一体结构。联接的类型很多,主要有轴毂联接——键联接、花键联接和销联接,紧固联接——螺纹联接,轴间联接——联轴器与离合器,永久联接——焊接、铆接和胶接等。

按联接是否可拆分为:① 可拆联接——允许多次装拆,不会破坏或损伤联接中的任何一个零件,如键联接、螺纹联接和销联接等;② 不可拆联接——若不破坏或损伤联接中的零件就不能将联接拆开,如焊接、铆接、胶接等。

按被联接件之间是否可以有相对运动分为:① 动联接——铰链、轴和轴承等;② 静联接——键联接、螺纹联接等。

11.1　键　联　接

11.1.1　键联接的类型、特点及应用

键联接主要用于轴和轴上零件的周向固定并传递转矩,有的键也兼有轴向固定作用。其主要类型有平键联接、半圆键联接、楔键联接和切向键联接。

(1) 平键联接

平键联接的特点是:键的两侧面是工作面,靠键与键槽的侧面挤压来传递转矩。平键联接不能承受轴向力,因而对轴上的零件不能起到轴向固定作用。常用的平键有普通平键和导向平键。平键联接具有结构简单、装拆方便、对中良好等优点。

① 普通平键　普通平键主要用于静联接。普通平键按端部形状不同分为 A 型(圆头)、B型(平头)和 C 型(单圆头)三种形式,如图 11.1 所示。采用 A、C 型平键时,轴上的键槽用指状铣刀铣出,键在槽中固定良好,但当轴工作时,轴上键槽端部的应力集中较大。采用 B 型平键

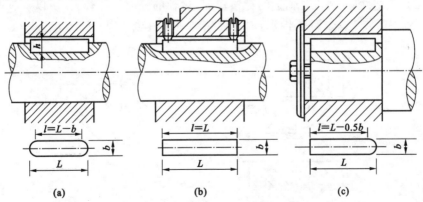

图 11.1　普通平键联接
(a) 圆头(A 型);(b) 平头(B 型);(c) 单圆头(C 型)

时,轴上的键槽用盘铣刀铣出,键槽两端的应力集中较小。C 型平键常用于轴端的联接。轮毂上的键槽一般用插刀或拉刀加工。

　　② 导向平键　导向平键用于动联接,如图 11.2 所示。按端部形状分为 A 型和 B 型两种形式,其特点是键较长,键与轮毂的键槽采用间隙配合,轮毂可以沿键作轴向滑动(如变速箱中滑移齿轮与轴的动联接)。为了防止键松动,需要用螺钉将键固定在轴上的键槽中。为了便于拆卸,键上制有起键螺孔。

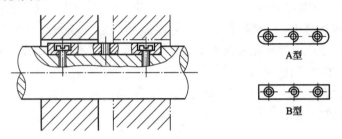

图 11.2　导向平键联接

　　③ 滑键　当零件需要滑移的距离较大时,因所需的导向平键长度过大,制造困难,故一般采用滑键,如图 11.3 所示。滑键固定在轮毂上,轮毂带动滑键在轴上的键槽中做轴向滑移。这样,只需要在轴上铣出较长的键槽,而键可以做得很短。

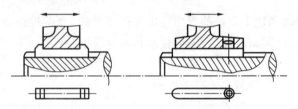

图 11.3　滑键联接

　　(2) 半圆键联接

　　半圆键联接如图 11.4 所示。轴上键槽用尺寸与半圆键相同的半圆键铣刀铣出,因而键在槽中能绕其几何中心摆动,以适应轮毂上键槽的倾斜度。半圆键用于静联接,其两侧面是工作面。其优点是工艺性好,缺点是轴上的键槽较深,对轴的强度影响较大,所以一般多用于轻载情况的锥形轴端联接。当装两个半圆键时,两键槽应布置在轴的同一母线上。

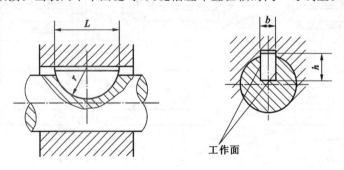

图 11.4　半圆键联接

　　(3) 楔键联接

　　楔键联接的特点是:键的上下两面是工作面,键的上表面和轮毂键槽底部各有 1:100 的斜度。装配时,通常是先将轮毂装好后,再把键放入并打紧,使键楔紧在轴与毂的键槽中。工作时,主要靠键、轴和毂之间的摩擦力传递转矩,同时还可以承受单向的轴向载荷,对轮毂起到单向轴向定位作用。其缺点是楔紧后,轴和轮毂的配合产生偏心与倾斜。因此主要用于定心精度要求不高和低速的场合。

楔键分为普通楔键和钩头楔键两种,如图 11.5 所示。普通楔键也有 A 型、B 型、C 型三种形式。钩头楔键的钩头供拆卸用,如果安装在外露的轴端时,应注意加装防护罩。

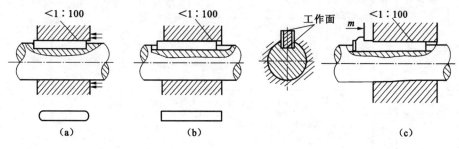

图 11.5 楔键联接

（4）切向键联接

切向键联接如图 11.6 所示,由一对斜度为 1∶100 的楔键组成。装配时,先将轮毂装好,然后将两楔键从轮毂两端装入键槽并打紧,使键楔紧在轴与毂的键槽中。切向键的上下两面为工作面,工作时,靠工作面上的挤压应力及轴与毂间的摩擦力来传递转矩。

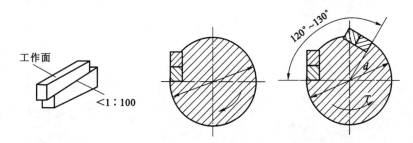

图 11.6 切向键联接

用一个切向键时只能传递单向转矩,当要传递双向转矩时,必须使用两个切向键,两个切向键之间的夹角为 120°～ 130°。

由于切向键的键槽对轴的削弱较大,因而只适用于直径大于 100 mm 的轴上。切向键联接能传递很大的扭矩,主要用于对中要求不高的重型机械中。

11.1.2 平键联接的选用及强度校核

（1）平键联接的选用

① 根据键联接的工作要求和使用特点,选择键联接的类型。

② 按照轴的公称直径 d,从国家标准（表 11.1）中选择平键的剖面尺寸 $b×h$。

③ 根据轮毂宽度 B 选择键的标准长度 L,静联接取 $L＝B-(5～10)$ mm,动联接还要计算移动距离。键的标准长度 L 应符合标准长度系列（表 11.1）。

表 11.1　普通平键、导向平键和键槽的截面尺寸及公差(摘自 GB/T 1096—2003)(mm)

轴 公称直径 d	键 键尺寸 $b \times h$	键槽 宽度 基本尺寸 b	较松联接 轴 H9	较松联接 毂 D10	正常联接 轴 N9	正常联接 毂 Js9	紧密联接 轴和毂 P9	深度 轴 t 公称尺寸	轴 t 极限偏差	毂 t_1 公称尺寸	毂 t_1 极限偏差	半径 最小	半径 最大
6～8	2×2	2	+0.025 0	+0.060 0.020	−0.004 −0.029	±0.0125	−0.006 −0.031	1.2	+0.1 0	1	+0.1 0	0.08	0.16
>8～10	3×3	3						1.8		1.4		0.08	0.16
>10～12	4×4	4	+0.030 0	+0.078 +0.030	0 −0.030	±0.015	−0.012 −0.042	2.5		1.8		0.16	0.25
>12～17	5×5	5						3.0		2.3			
>17～22	6×6	6						3.5		2.8		0.16	0.25
>22～30	8×7	8	+0.036 0	+0.098 0.040	0 −0.036	±0.018	−0.015 −0.051	4.0		3.3			
>30～38	10×8	10						5.0		3.3			
>38～44	12×8	12	+0.043 0	+0.120 +0.050	0 −0.043	±0.0215	−0.018 −0.061	5.0		3.3			
>44～50	14×9	14						5.5		3.8		0.25	0.40
>50～58	16×10	16						6.0	+0.2 0	4.3	+0.2 0		
>58～65	18×11	18						7.0		4.4			
>65～75	20×12	20	+0.052 0	+0.149 +0.065	0 −0.052	±0.026	−0.022 −0.074	7.5		4.9			
>75～85	22×14	22						9.0		5.4		0.40	0.60
>85～95	25×14	25						9.0		5.4			
>95～100	28×16	28						10.0		6.4			

键的长度系列	6，8，10，12，14，16，18，20，22，25，28，32，36，40，45，50，56，63，70，80，90，100，110，120，125，140，160，180，200，220，250，280，320，360

注:① 在工作图中,轴槽深用 t 或($d-t$)标注,但($d-t$)的偏差应取负号;毂槽深用 t_1 或($d+t_1$)标注;轴槽的长度公差用 H14。

② 较松键联接用于导向平键;一般键联接用于载荷不大的场合;较紧键联接用于载荷较大、有冲击和双向转矩的场合。

③ 轴槽对轴的轴线和轮毂槽对孔的轴线的对称度公差等级,一般取为 7～9 级。

(2) 平键联接的强度校核

键联接的主要失效形式是较弱工作面的压溃(静联接)或过度磨损(动联接),因此应按照挤压应力 σ_p 或压强 p 进行条件性的强度计算。

假定载荷在键的工作面上均匀分布。

普通平键联接的强度校核公式为

$$\sigma_p = \frac{4T}{dhl} \leqslant [\sigma_p] \tag{11.1}$$

导向平键联接的强度条件为

$$p = \frac{4T}{dhl} \leqslant [p] \tag{11.2}$$

式中　T——零件传递的转矩($N \cdot mm$)；

　　　d——轴径(mm)；

　　　h——键的高度(mm)；

　　　l——键的工作长度(mm)，A 型键 $l = L - b$，B 型键 $l = L$，C 型键 $l = L - 0.5 \times b$；

　　　$[\sigma_p]$——键联接中最弱材料的许用挤压应力(见表 11.2)(MPa)；

　　　$[p]$——键联接中最弱材料的许用压强(见表 11.2)(MPa)。

表 11.2　键联接材料的许用应力(压强)　　　　　　　　　　(单位：MPa)

项目	联接性质	键或轴、毂材料	载荷性质		
			静载荷	轻微冲击	冲击
$[\sigma_p]$	静联接	钢	120~150	100~120	60~90
		铸铁	70~80	50~60	30~45
$[p]$	动联接	钢	50	40	30

键的材料没有统一的规定，但是一般都采用抗拉强度不小于 600 MPa 的钢材，多为 45 钢。

在平键联接强度计算中，如强度不足时，可采用双键，并使双键相隔 180° 布置。但在强度计算中，考虑到键联接载荷分配的不均匀性，在强度校核中只按 1.5 个键计算。

(3) 选择并标注键联接的轴毂公差。(略)

【例 11.1】　图 11.7 所示某钢制输出轴与铸铁齿轮采用键联接，已知装齿轮处轴的直径 d = 45 mm，齿轮轮毂宽 B = 80 mm，该轴传递的转矩 T = 200000 $N \cdot mm$，载荷有轻微冲击。试选用该键联接。

【解】　(1) 选择键联接的类型

为保证齿轮传动啮合良好，要求轴毂对中性好，故选用 A 型普通平键联接。

(2) 选择键的主要尺寸

按轴径 d = 45 mm，由表 11.1 查得键宽 b = 14 mm，键高 h = 9 mm，键长 L = 80 mm - (5~10) mm = 75~70 mm，取 L = 70 mm。

(3) 校核键联接强度

由表 11.2 查铸铁材料 $[\sigma_p]$ = 50~60 MPa，由式(11.1)计算键联接的挤压强度

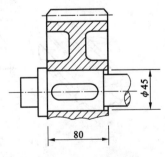

图 11.7　键联接

$$\sigma_p = \frac{4T}{dhl} = \frac{4 \times 200000}{45 \times 9 \times (70-14)} = 35.27 \; (\text{MPa}) < [\sigma_p]$$

所选键联接强度足够。

（4）标注键联接公差

轴、毂键槽公差的标注如图 11.8 所示。

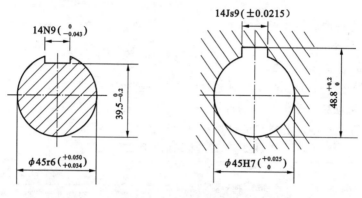

图 11.8 轴、毂键槽公差标注

11.2 花 键 联 接

在轴上加工出多个键齿称为花键轴，而在轮毂孔上加工出多个键齿称为花键孔，二者组成的联接称为花键联接，如图 11.9 所示。花键齿的两侧面为工作面，工作时靠轴与轮毂齿侧面的挤压传递转矩。由于花键联接是多齿传递载荷，所以与普通平键相比具有承载力高、轴和毂受力均匀、定心性和导向性好等优点。但加工需要专用设备和工具，成本较高。

花键联接可用于静联接或动联接。按其齿型的不同，可以分为矩形花键和渐开线花键两类。

（1）矩形花键

如图 11.10 所示为矩形花键，矩形花键的齿侧为直线，加工方便；标准中规定用热处理后磨削过的小径定心，定心精度高，稳定性好，因此应用广泛。

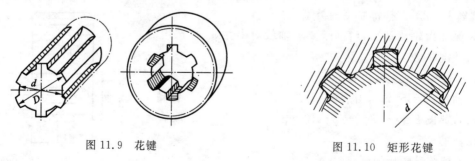

图 11.9 花键   图 11.10 矩形花键

（2）渐开线花键

如图 11.11 所示为渐开线花键，渐开线花键的两侧曲线为渐开线，其压力角分别为 30°和 45°等。渐开线花键具有以下特点：工艺性好，可利用加工齿轮的方法加工渐开线花键；联接强度高、寿命长，因为齿根较厚，齿根圆较大，应力集中较小；采用了渐开线齿侧自动定心，定心精度高。因此,它适用于载荷较大、定心精度要求高和尺寸较大的联接。

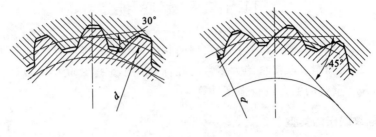

图 11.11 渐开线花键

11.3 销 联 接

销联接也是工程中常用的一种重要联接形式,主要用来固定零件之间的相对位置[定位销,图 11.12(a)],当载荷不大时也可以用做传递载荷[联接销,图 11.12(b)],同时可以作为安全装置中的过载剪断元件[安全销,图 11.12(c)]。

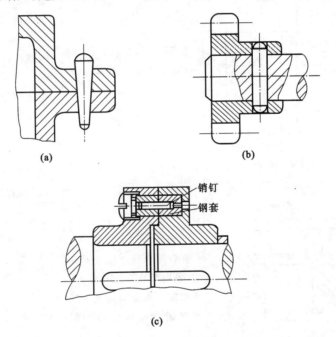

图 11.12 销联接

(a) 定位销;(b) 联接销;(c) 安全销

销的主要形式有圆柱销和圆锥销(1∶50 锥度)。联接销孔一般需要经过铰制,同时还有许多特殊的形式,如开口销、槽销等。

定位销通常不承受载荷,其结构尺寸可以按结构确定,数目不得少于两个。联接销在工作中通常受到挤压和剪切。设计时,可以根据联接结构的特点和工作要求来选择销的类型、材料和尺寸,必要时进行强度校核计算。

销的主要材料为 35、45 钢,许用剪切应力为 80 MPa,许用挤压应力可以查阅相关标准或教材表格数据。

11.4　螺　纹　联　接

　　螺纹联接是采用螺纹和螺纹联接件来实现的联接。螺纹联接具有结构简单、拆装方便、工作可靠等特点。螺纹和螺纹联接件绝大多数已经标准化了。螺纹联接的设计,其主要任务就是正确地选用,并在重要的场合进行强度计算。

11.4.1　螺纹联接的类型

　　螺纹联接的基本类型有螺栓联接、双头螺柱联接、螺钉联接和紧定螺钉联接等,如表11.3所示。

表 11.3　螺纹联接的基本类型、特点及应用

类　型	结　　　构	特点及应用	主要尺寸关系
螺栓联接	普通螺栓连接	结构简单、装拆方便,对通孔加工精度要求低,应用最广泛	(1)螺纹余留长度 l_1 普通螺纹联接 静载荷: 　　$l_1 \geqslant (0.3 \sim 0.5)d$ 变载荷: 　　$l_1 \geqslant 0.75d$ 冲击、弯曲载荷: 　　$l_1 \geqslant d$ 铰制孔时: 　　$l_1 \approx 0$ 铰制孔时 l_1 尽可能小 (2)螺纹伸出长度 l_2 　　$l_2 \approx (0.2 \sim 0.3)d$
	铰制孔用螺栓连接	孔与螺栓杆之间没有间隙,采用基孔制过渡配合。用螺栓杆承受横向载荷或者固定被联接件的相对位置	

类　型	结　　构	特点及应用	主要尺寸关系
双头螺柱联接		螺栓的一端旋紧在被联接件的螺纹孔中,另一端则穿过另一被联接件的孔,通常用于被联接件之一太厚不便穿孔、结构要求紧凑或者经常装拆的场合	(3) 螺栓轴线到联接件边缘的距离 e 　$e=d+(3\sim 6)\text{mm}$ (4) 螺纹旋入深度 l_3,当螺纹孔零件为: 钢或青铜 　$l_3\approx d$ 铸铁 　$l_3-(1.25\sim 1.5)d$ 铝合金 　$l_3=(1.5\sim 2.5)d$ (5) 螺纹孔的深度 l_4 　$l_4=l_3+(2\sim 2.5)p$ (6) 钻孔深度 l_5 　$l_5=l_3+(3\sim 3.5)p$ (7) 通孔直径 d_0 　$d_0\approx 1.1d$ (8) 紧定螺钉直径 d 　$d\approx(0.2\sim 0.3)d_{轴}$ 式中　p——轴距
螺钉联接		螺钉穿过较薄被联接件的通孔,直接旋入较厚被联接件的螺纹孔中,不用螺母,结构紧凑。适用于被联接件之一较厚,受力不大,且不经常装拆的场合	
紧定螺钉联接		螺钉的末端顶住零件的表面或者顶入该零件的凹坑中,将零件固定;可以传递不大的载荷	

11.4.2 标准螺纹联接件

螺纹联接件的结构形式和尺寸已经标准化,设计时查阅有关标准选用即可。常用螺纹联接件的类型、结构特点和应用如表 11.4 所示。

表 11.4　常用螺纹联接件的类型、结构特点和应用

类 型	图 例	结构特点及应用
六角头螺栓		应用最广,螺杆可制成全螺纹或者部分螺纹,螺距有粗牙和细牙。螺栓头部有六角头和小六角头两种。其中小六角头螺栓材料利用率高、机械性能好,但由于头部尺寸较小,不宜用于装拆频繁、被联接件强度低的场合
双头螺柱		两端均有螺纹,两端螺纹可以相同也可以不同,有 A 型和 B 型两种结构,也可制成全螺纹的螺柱。螺柱的一端常旋入铸铁或有色金属的螺纹孔中,旋入后不拆卸,另一端则用于安装螺母以固定其他零件
螺钉		头部形状有圆头、扁圆头、六角头、圆柱头和沉头等。头部的起子槽有一字槽、十字槽和内六角孔等形式。十字槽螺钉头部强度高、对中性好,便于自动装配。内六角孔螺钉可承受较大的扳手扭矩,可替代六角头螺栓,用于要求结构紧凑的场合
紧定螺钉		紧定螺钉常用的末端形状有锥端、平端和圆柱端。锥端适用于被紧定零件的表面硬度较低或不经常拆卸的场合;平端接触面积大,不会损伤零件表面,常用于顶紧硬度较大的平面或经常装拆的场合;圆柱端压入轴上的凹槽中,适用于紧定空心轴上的零件位置

类 型	图 例	结构特点及应用
自攻螺钉		螺钉头部形状有圆头、六角头、圆柱头、沉头等。头部的起子槽有一字槽、十字槽等形式,末端形状有锥端和平端两种。多用于联接金属薄板、轻合金或塑料零件,螺钉在联接时可以直接攻出螺纹
六角螺母		根据螺母厚度的不同,可分为标准型和薄型两种。薄螺母常用于受剪力的螺栓上或空间尺寸受限制的场合
圆螺母	圆螺母　止动片	圆螺母常与止退垫圈配用,装配时将垫圈内舌插入轴上的槽内,将垫圈的外舌嵌入圆螺母的槽内,即可锁紧螺母,起到防松作用。常用于滚动轴承的轴向固定
垫圈	平垫圈　斜垫圈	保护被联接件的表面不被擦伤,增大螺母与被联接件的接触面积。斜垫圈用于倾斜的支承面

在选用标准紧固件时,应该视具体情况并对联接结构进行分析比较后合理选择。另外,需要注意螺纹联接件一般分精制和粗制两种,在机械工业中主要选择使用精制螺纹。

11.4.3　螺纹联接的预紧和防松

（1）螺纹联接的预紧

当联接螺栓承受外在拉力时,将会伸长。如果在初始时仅将螺母拧上使各个接合面贴合,那么在受到外力作用时,接合面之间将会产生间隙。为了防止这种情况的出现,在零件未受工作载荷前需要将螺母拧紧,使组成联接的所有零件都产生一定的弹性变形（螺栓伸长、被联接件压缩）,从而可以有效地保证联接的可靠,这就是螺纹联接的预紧。

预紧的目的是增强联接的紧密性、可靠性,防止受载后被联接件之间出现间隙或发生相对滑移。选用适当的预紧力,对螺栓联接的可靠性及螺栓的疲劳强度都是有利的。但过大的预紧力会使紧固件在装配或偶尔过载时断裂。因此,对于重要的螺栓联接,在装配时需要控制预紧力。

拧紧力矩 $T(\text{N} \cdot \text{mm})$ 和螺栓轴向预紧力 F_0 之间的关系为

$$T \approx 0.2F_0 d \tag{11.3}$$

式中 d——螺纹大径(mm)。

通常拧紧力矩由操作者手感确定,不易控制,有时会将直径小的螺栓拧断,故承载螺栓的直径不宜小于 M12。对于重要的螺栓联接,在装配时,预紧力是借助于测力矩扳手或定力矩扳手控制的,如图 11.13 所示,通过控制拧紧力矩来间接保证预紧力。

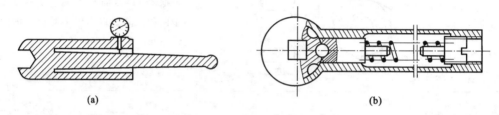

图 11.13 控制预紧力矩扳手
(a) 测力矩扳手;(b) 定力矩扳手

(2) 螺纹联接的防松

螺纹联接的防松是工程中必须考虑的问题之一。常用的防松方法有三种,包括摩擦防松、机械防松和永久防松。机械防松和摩擦防松称为可拆卸防松,而永久防松称为不可拆卸防松。

① 摩擦防松

a. 弹簧垫圈防松 弹簧垫圈材料为弹簧钢,装配后垫圈被压平,其反弹力能使螺纹间保持压紧力和摩擦力,从而实现防松,如图 11.14(a) 所示。

b. 对顶螺母防松 利用螺母对顶作用使螺栓中受到附加的拉力和摩擦力。由于多用一个螺母,并且工作不十分可靠,目前已经很少使用,如图 11.14(b) 所示。

c. 自锁螺母防松 螺母一端制成非圆形收口或开缝后径向收口。当螺母拧紧后,收口胀开,利用收口的弹力使旋合螺纹间压紧。这种防松结构简单、防松可靠,可多次拆装而不降低防松性能,如图 11.14(c) 所示。

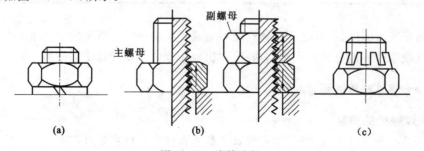

图 11.14 摩擦防松
(a) 弹簧垫圈;(b) 对顶螺母;(c) 自锁螺母

② 机械防松

a. 槽形螺母和开口销防松 槽形螺母拧紧后,用开口销穿过螺栓尾部小孔和螺母的槽,也可以用普通螺母拧紧后进行配钻销孔,如图11.15(a)所示。

b. 圆螺母和止动垫片防松　使垫圈内舌嵌入螺栓(轴)的槽内,拧紧螺母后将垫圈外舌之一褶嵌于螺母的一个槽内,如图11.15(b)所示。

c. 止动垫片防松　螺母拧紧后,将单耳或双耳止动垫片分别向螺母和被联接件的侧面折弯贴紧,实现防松。如果两个螺栓需要双联锁紧时,可采用双联止动垫片,如图11.15(c)所示。

d. 串联钢丝防松　用低碳钢钢丝穿入各螺钉头部的孔内,将各螺钉串联起来,使其相互制动。这种结构需要注意钢丝的穿入方向,如图11.15(d)所示。

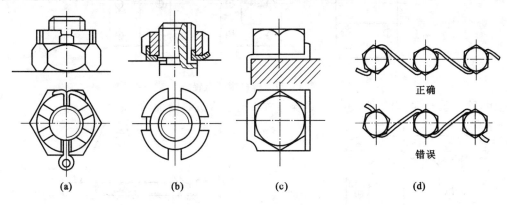

图 11.15　机械防松

(a) 槽形螺母和开口销;(b) 圆螺母和止动垫片;(c) 止动垫片;(d) 串联钢丝

③ 永久防松

方法如图11.16所示。

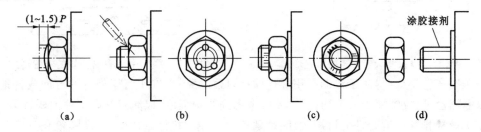

图 11.16　永久防松

(a) 端铆;(b) 冲点;(c) 焊接;(d) 胶接

11.4.4　螺栓组的结构设计

大多数情况下螺栓联接都是成组使用的。合理地布置同一组内螺栓的位置,以使各个螺栓受力尽可能均匀,这是螺栓组结构设计所要解决的主要问题。为了获得合理的结构,设计螺栓组结构时,应考虑以下几个问题:

(1) 所使用的螺栓数目 n、螺栓直径 d 及布置形式,一般应在已有设计的基础上采用类比的方法加以改进来确定。因为一般设计多属改进设计,即使是新型设计,也应对已有的设计经验有所继承和创新。

(2) 一组螺栓的布置应力求对称、均匀(图11.17),以使接合面上所受的力比较均匀。

(3) 为了减少螺栓承受的载荷,对承受旋转力矩(图11.18)和翻转力矩(图11.19)作用的

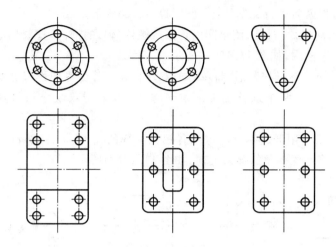

图 11.17 螺栓组的布置

螺栓组,除力求对称、均匀外,还应将螺栓布置得适当靠近接合面的边缘。

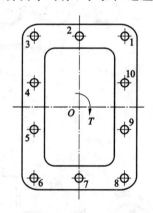

图 11.18 联接受旋转力矩的布置形式

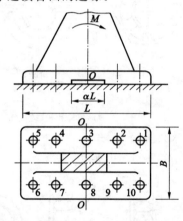

图 11.19 联接受翻转力矩的布置形式

（4）在布置螺栓时,对于铰制孔用螺栓联接,应注意不要在平行于外力的方向成排地布置8 个以上螺栓,以免螺栓受力不均;同时还应考虑到结构强度,以防对被联接件削弱过多。

（5）螺栓排列应有合理的钉距、边距。螺栓中心线与机体壁之间,以及螺栓相互之间的距离,应由扳手空间的大小来决定,扳手空间尺寸(图 11.20)可查有关手册。

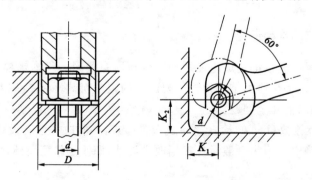

图 11.20 扳手空间

（6）在通用机械中,为了加工和装配方便,对于同一组螺栓,不论其受力大小,均应采用同样的材料及尺寸。

(7) 分布在同一圆周上的螺栓数,应取 3、4、6、8、12 等易于分度的数目,以利于画线钻孔。

(8) 对承受横向载荷较大的螺栓组,可采用卸载装置承受部分横向载荷,如图 11.21 所示。

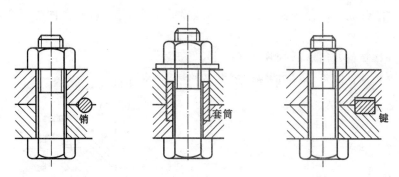

图 11.21 受横向载荷螺栓的减载装置

此外,联接结合面应设计成简单的轴对称几何形状,支撑面要平整,并且要求与螺栓轴线垂直,以免引起偏心载荷而削弱螺栓强度。为便于加工,经常将支承面做成凸台或沉头(鱼眼坑)。

11.4.5 提高螺栓联接强度的措施

大多数情况下,受拉螺栓联接的强度主要决定于螺栓的强度。影响螺栓强度的因素很多,如材料、结构、载荷、制造和装配工艺等。分析影响螺栓强度的因素,从而提出提高螺栓强度的措施,对提高联接承载能力有着重要的意义。下面就受拉螺栓作简要的说明。

(1) 改善螺纹牙间的载荷分配不均

普通结构的螺栓和螺母旋合传力时,螺栓螺纹受拉,螺母螺纹受压,变形不一,致使牙间载荷分布不均。螺母自支承面上第一圈受力占总载荷 1/3 以上,因而破坏概率最高,以后各圈递减,圈数越多,载荷分布的不均匀程度越显著。因此,采用圈数多的厚螺母并不能提高联接强度。为了改善各牙受力分布的不均,常采用的方法有:

① 悬置螺母,如图 11.22(a)所示,使螺母与螺杆均受拉,减小二者螺距变化差。

② 内斜螺母,如图 11.22(b)所示,螺母有 10°~15° 的内斜角,使螺母下面几圈螺纹牙更易受力变形,载荷向上转移,将使载荷分布不均得到改善。

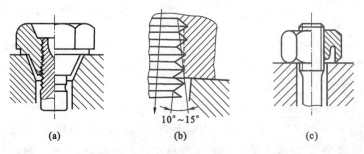

图 11.22 改善螺纹牙间载荷分布

(a)悬置螺母;(b)内斜螺母;(c)环槽螺母

③ 环槽螺母,如图 11.22(c)所示,使螺母的刚性降低,由受压改为受拉,使螺纹牙受力改善。

(2) 降低螺栓总拉力的变化幅度

如前所述,螺栓刚度过大,或被联接件刚度过小,均会使螺栓的总拉力的变化幅度过大,这对防止螺栓的疲劳破坏十分不利。为了减小螺栓的刚度,增加被联接件的刚度,可采用如下措施:

① 使用柔性螺栓,降低螺栓刚度,如图 11.23 所示。

② 螺母下装弹性元件,以降低螺栓刚度,如图 11.24 所示。

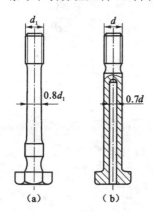

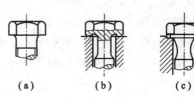

图 11.23　柔性螺栓　　　　　　　　图 11.24　螺母下装弹性元件

③ 增加被联接件的刚度,如图 11.25 所示。为了增加被联接件的刚度,且当被联接件间接合面需要密封时,可采用刚度较大的垫片[图 11.25(a)]或 O 形密封圈[图 11.25(b)]。

(3) 减小应力集中

如图 11.26 所示,增大过渡圆角[图 11.26(a)]、车制卸载槽[图 11.26(b)、(c)]都是减小应力集中、提高螺栓强度的方法。

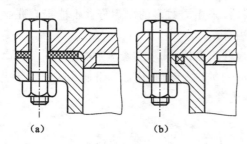

图 11.25　汽缸盖的密封
(a) 刚度较大的垫片;(b) O 形密封圈

图 11.26　减小螺栓应力集中
(a) 增大过渡圆角;(b)、(c) 车制卸载槽

(4) 避免附加应力

如图 11.27 所示,由于各种原因,如支承面不平[图 11.27(a)]、螺母孔不正[图 11.27(b)]、被联接件刚度小[图 11.27(c)]或使用钩头螺栓[图 11.27(d)]等,均会使螺栓承受偏心载荷,从而使螺栓除受拉力外,还要产生附加弯曲应力。当偏心 $e = d_1$ 时,可以计算出附加弯曲应力比拉伸应力高出 6 倍以上,使螺纹部分应力显著增大。

为了避免螺栓受偏心载荷,螺钉头与螺母的支承面应平整,并保证与螺母轴线相垂直。

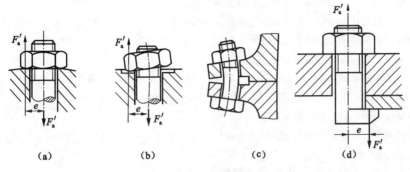

图 11.27　螺栓的附加应力

(a) 支承面不平；(b) 螺母孔不正；(c) 被联接件刚度小；(d) 钩头螺栓的使用

为此,常将被联接件的支承面做成凸台、鱼眼坑(图 11.28),或采用斜垫圈、球面垫圈(图 11.29)等。

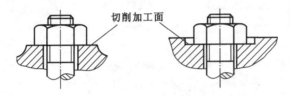

图 11.28　凸台、鱼眼坑

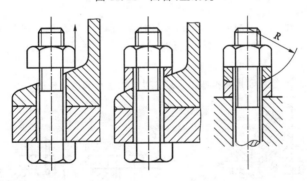

图 11.29　斜垫圈、球面垫圈

（5）采用合理的制造工艺

应用滚压螺纹工艺(不用车削)、表面渗氮以及液体碳氮共渗等。大型螺杆可用喷丸、碾压等表面硬化处理。

实践与思考

11.1　拆装汽车发动机气缸部件,要求：

(1) 分析气缸体、缸盖上采用何种螺纹联接类型? 为什么?

(2) 思考双头螺柱如何拧入缸体? 机体联接的拧入端采用粗牙还是细牙? 请动手拧入。

(3) 分析火花塞上的螺纹属于哪一种? 并用螺纹距测量,查手册确定相关尺寸。

(4) 观察连杆上所用的是什么形状的螺栓? 采用环腰状螺纹或柔性螺栓有何作用?

(5) 拧紧螺母时,在什么情况下用测力矩扳手拧紧? 拧紧螺母时主要克服哪些阻力矩? 在螺栓中产生哪种应力?

11.2   螺纹联接为什么要预紧？预紧力如何控制？

11.3   螺纹联接为什么要防松？常见的防松方法有哪些？

11.4   分析键联接的类型各有什么特点？

11.5   普通平键的截面尺寸和长度如何确定？

11.6   观察实验室机械，为什么采用两个平键时，一般布置在沿周向相隔180°的位置，采用两个切向键时，相隔120°～130°，而采用两个半圆键时，却布置在轴的同一母线上？

11.7   销联接有哪几种？各有什么特点？

11.8   已知图11.30所示的轴伸长度为85 mm。直径 $d=50$ mm，配合公差为 H7/k6，采用 A 型普通平键联接。

试确定图中其余结构尺寸、尺寸公差、表面粗糙度和形位公差。

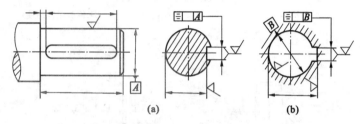

图 11.30   实践与思考 11.8 图

(a) 轴；(b) 毂孔

习   题

11.1   如图11.31所示，减速器的低速轴与凸缘联轴器及圆柱齿轮之间分别采用键联接，已知轴传递的转矩 $T=106$ N·mm，齿轮材料为 45 钢，联轴器材料为 HT200，工作时有轻微冲击。试选择凸缘联轴器及圆柱齿轮之间键的类型和尺寸，并校核联接强度。

11.2   分析图11.32中，螺纹联接有哪些不合理之处？画出正确的结构图。

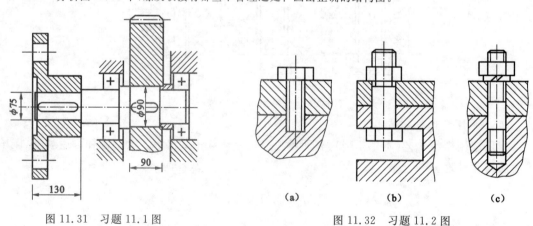

图 11.31   习题 11.1 图

图 11.32   习题 11.2 图

12 轴

轴是组成机器的重要零件之一,其主要功用是支承旋转零件(如齿轮、链轮、带轮等),传递运动和转矩。它的结构和尺寸是由被支承的零件和支承它的轴承的结构与尺寸决定的。

12.1 轴的类型、要求及设计步骤

12.1.1 轴的类型及应用

(1) 按轴的承载情况不同分类

① 转轴

工作中同时承受弯矩和转矩的轴称为转轴。在各类机械中最为常见,如图 12.1 所示。

② 心轴

只承受弯矩不传递转矩的轴称为心轴。心轴又分为固定心轴和转动心轴,如图 12.2 所示。

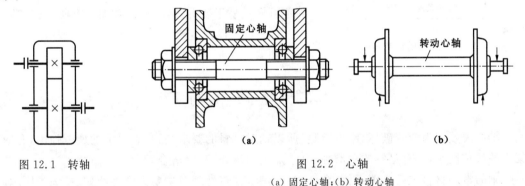

(a)   (b)

图 12.1 转轴　　　　　　　　　　图 12.2 心轴

(a) 固定心轴;(b) 转动心轴

③ 传动轴

只承受转矩不承受弯矩的轴称为传动轴,如图 12.3 所示。

(2) 按照轴的轴线形状分类

① 直轴

轴线为一直线的轴称为直轴,如图 12.1 所示。在轴

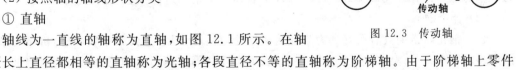

图 12.3 传动轴

的全长上直径都相等的直轴称为光轴;各段直径不等的直轴称为阶梯轴。由于阶梯轴上零件便于拆装和固定,又能节省材料和减轻重量,所以在机械中的应用最普遍。

② 曲轴

轴线不为直线的轴称为曲轴,如图 12.4 所示。它主要用在需要将回转运动和往复运动进行相互转换的机械之中,如内燃机、冲床等,是往复运动机械中的专业零件。

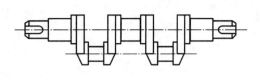

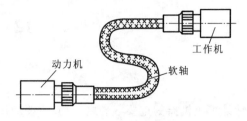

图 12.4 曲轴　　　　　　图 12.5 挠性轴

③ 挠性轴

还有一种可以把回转运动灵活地传到任何位置的钢丝软轴,也称为挠性轴,如图 12.5 所示。它是由多组钢丝分层卷绕而成的,其主要特点是具有良好的挠性,常用于医疗器械、汽车里程表和电动的手持小型机具(如铰孔机等)的传动等。

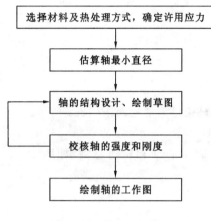

图 12.6 轴的设计步骤

12.1.2 轴设计的基本要求和设计步骤

(1) 轴设计的基本要求

① 具有足够的承载能力,即轴必须具有足够的强度和刚度,以保证轴能正常工作。

② 具有合理的形状,应使轴上的零件能定位正确、固定可靠且易于装拆,同时应使轴加工方便,成本降低。

(2) 轴的设计步骤

轴的设计步骤如图 12.6 所示。

12.2 轴 的 材 料

轴的失效多为疲劳破坏、刚度不足,所以轴对材料的要求是:具有足够的疲劳强度,对应力集中的敏感性小,具有足够的耐磨性,易于加工和热处理,价格合理。

轴的常用材料主要是碳素钢、合金钢和铸铁,其热处理及主要力学性能如表 12.1 所示。

(1) 碳素钢

在轴的材料中常用的有 30、35、40、45 和 50 等优质碳素钢,尤以 45 钢应用最为广泛。用优质碳素钢制造的轴,一般均应进行正火或调质处理,以改善材料的力学性能。不重要的或受力较小的轴,可用 Q235A、Q255A、Q275A 等普通碳素钢制造,一般不进行热处理。

(2) 合金钢

合金钢比碳素钢具有更好的力学性能和热处理性能,但对应力集中较敏感,价格也较贵,因此多用于重载、高温、要求尺寸小、重量轻、耐磨性好等特殊要求的场合。需要指出的是,合金钢和碳素钢的弹性模量相差很小,因此在形状和尺寸相同的情况下,用合金钢来替代碳素钢并不能提高轴的刚度。此外在设计合金钢轴时,必须注意从结构上减少应力集中现象和减小其表面粗糙度。

表 12.1　轴常用材料及其力学性能

材料及 热处理	毛坯直径 （mm）	硬度 （HBW）	强度极限 σ_b （MPa）	屈服点 σ_s （MPa）	弯曲疲劳极限 σ_{-1}（MPa）	应用说明
Q235A			440	240	200	用于不重要或载荷不 大的轴
35 正火	≤100	149～187	520	270	250	有好的塑性和适当的 强度，可做一般曲轴、转 轴等
45 正火	≤100	170～217	600	300	275	用于较重要的轴，应用 广泛
45 调质	≤200	217～255	650	360	300	
40Cr 调质	25		1000	800	500	用于载荷较大而无很 大冲击的重要的轴
	≤100	241～286	750	550	350	
	>100～300	241～266	700	550	340	
40MnB 调质	25		1000	800	485	性能接近 40Cr，用于重 要的轴
	≤100	241～286	750	500	335	
35CrMo 调质	≤100	207～269	750	550	390	用于重要载荷的轴
20Cr 渗碳 淬火回火	15	表面 HRC 56～62	850	550	375	用于要求强度、韧性及 耐磨性均较高的轴
	≤60		650	400	280	
球墨铸铁	QT400-18	156～197		250	145	
	QT600-3	197～269		370	215	

（3）铸铁

　　球墨铸铁和高强度铸铁适用于形状复杂的轴或大型转轴。其优点是不需要锻压设备，价廉，吸振性好，对应力集中不敏感；缺点是冲击韧性低，铸造质量不易控制。

　　选择材料时，应考虑载荷的大小和性质、轴的重要性、轴的结构和加工工艺等因素。

12.3　轴的结构设计

轴的结构设计就是要确定轴的外形和全部尺寸，其基本要求是：

① 轴和轴上的零件要有准确的工作位置（定位要求）；

② 各零件要可靠地相互联接（固定要求）；

③ 轴应便于加工，轴上零件要易于装拆（工艺要求）；

④ 尽量减少应力集中现象（疲劳强度要求）；

⑤ 轴各部分的直径和长度的尺寸要合理（尺寸要求）等。

　　图 12.7 所示为齿轮减速器的低速轴。轴上安装传动零件的部分称为轴头，轴被轴承所支承的部分称为轴颈，连接轴头和轴颈的部分称为轴身，用作轴上零件轴向定位的台阶部分称为轴肩，用作轴上零件轴向定位的环形部分称为轴环。

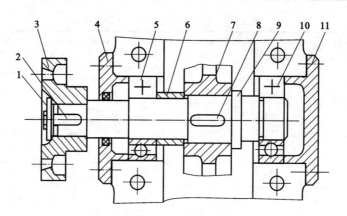

图 12.7　减速器低速轴

1—轴端挡板;2—键;3—半联轴器;4,11—轴承盖;5,10—滚动轴承;6—套筒;7—齿轮;8—键;9—轴

12.3.1　轴上零件的定位

轴肩或轴环对轴上零件起轴向定位作用。在图 12.7 中,联轴器、齿轮和右端轴承通过轴肩或轴环做轴向定位,左轴承依靠套筒定位,两端轴承盖将轴在箱体上定位。

12.3.2　轴上零件的固定

(1) 轴上零件的轴向固定

轴上零件轴向固定的目的是为了防止在轴向力作用下零件沿轴向窜动。常用方式有轴肩、轴环、套筒、螺母、轴端挡板等。

在图 12.7 中,齿轮能实现轴向双向固定。齿轮受轴向力,向右通过轴环,向左则通过套筒顶在滚动轴承的内圈上。当无法采用套筒或套筒太长时,可采用双圆螺母加以固定,如图 12.8 所示。联轴器靠轴肩及轴端挡板实现双向固定。图 12.9 所示是轴端挡板的两种形式。

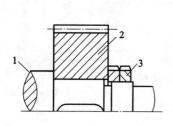

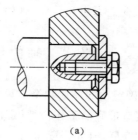
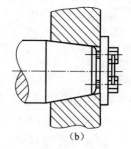

图 12.8　双圆螺母轴向固定

1—轴;2—齿轮;3—圆螺母

图 12.9　轴端挡板轴向固定

(a) 轴端挡圈固定;(b) 圆锥面与轴端挡圈固定

(a)　　　　　　　　　　(b)

采用套筒、螺母、轴端挡板作轴向固定时,应把装零件的轴段长度做得比零件轮毂宽度短 2~3 mm,以确保套筒、螺母或轴端挡板能靠紧零件端面。

为了保证轴上零件紧靠定位面,轴肩的圆角半径 R 必须小于相配零件的倒角 C_1 或圆角半径 R_1,轴肩高度 h 必须大于 C_1 或 R_1,如图 12.10 所示。轴环与轴肩尺寸 $h \approx (0.07d+3) \sim (0.1d+5)$mm,轴环宽度 $b \approx 1.4h$。零件倒角 C_1 或圆角半径 R_1 的数值参见表 12.2。

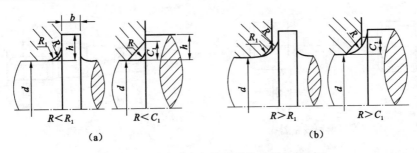

图 12.10 轴肩圆角与相配零件的倒角(圆角)

(a)正确;(b)错误

表 12.2 零件倒角 C_1 或圆角半径 R_1 （单位:mm）

轴 径 d	>10～18	>18～30	>30～50	>50～80	>80～100
R(轴)	0.8	1.0	1.6	2.0	2.5
C_1 或 R_1(孔)	1.6	2.0	3.0	4.0	5.0

轴向力较小时,零件在轴上的固定可采用弹性挡圈、紧定螺钉或销钉,如图 12.11 所示。

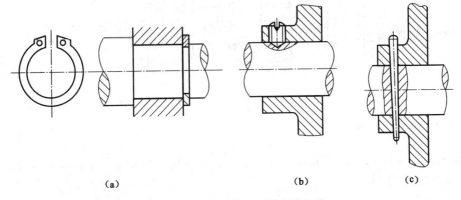

图 12.11 轴向力较小时的固定方法

(a)弹性挡圈;(b)紧定螺钉;(c)销钉

(2)轴上零件的周向固定

轴上零件的周向固定是为了防止零件与轴产生相对转动。常用的固定方式有键联接、花键联接和轴与零件的过盈联接等。在减速器中,齿轮与轴常同时采用普通平键联接和过盈联接作为周向固定,这样可传递更大的转矩。

当传递小转矩时,可采用图 12.11 所示的紧定螺钉或销钉,以同时实现轴向和周向固定。

12.3.3 轴的结构工艺性

轴的结构形状和尺寸应尽量满足加工、装配与维修的要求。为此,常采用以下措施:

(1)当某一轴段需车制螺纹或磨削加工时,应留有退刀槽[图 12.12(a)]或砂轮越程槽[图 12.12(b)]。

(2)轴上所有键槽应沿轴的同一母线布置,如图 12.13 所示。

(3)为了便于轴上零件的装配和去除毛刺,轴端及轴肩一般均应制出 45°的倒角。过盈配合轴段的装入端常加工出半锥角为 30°的导向锥面,如图 12.13 所示。

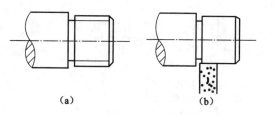

图 12.12　螺纹退刀槽和砂轮越程槽
(a) 退刀槽；(b) 砂轮越程槽

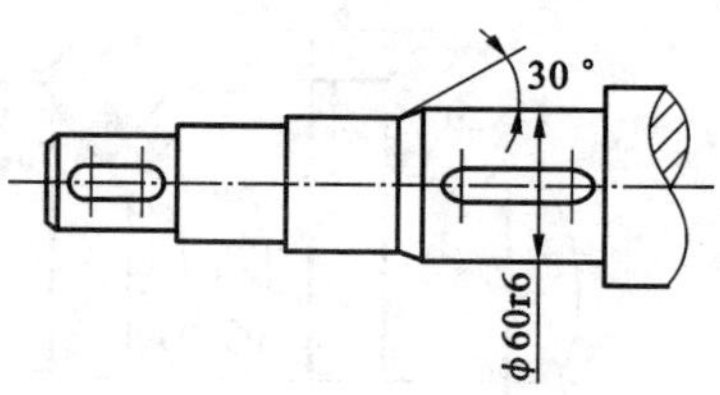

图 12.13　键槽沿轴的同一母线

（4）为便于加工，应使轴上直径相近处的圆角、倒角、键槽和越程槽等尺寸一致。

（5）为便于轴上零件的装拆和固定，常将轴设计成阶梯形。图 12.14 所示为阶梯轴上零件的装拆图。图中表明，可依次把齿轮、套筒、左端滚动轴承、轴承盖、带轮和轴端挡圈从轴的左端装入，由于轴的各段直径不同，当零件往轴上装配时，既不擦伤配合表面，又使装配方便。右端滚动轴承从轴的右端装入。为使左、右端滚动轴承易于拆卸，套筒厚度和轴肩高度均应小于滚动轴承内圈的厚度。

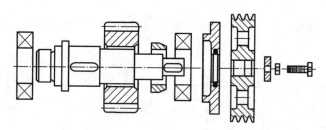

图 12.14　阶梯轴上零件的装拆图

12.3.4　提高轴的疲劳强度

轴大多在变应力下工作，结构设计时应尽量减少应力集中现象，以提高轴的疲劳强度。

（1）结构设计方面

零件截面发生突然变化的地方，都会产生应力集中的现象。因此，对阶梯轴来说，在截面尺寸变化处应采用圆角过渡，圆角半径不宜过小，并尽量避免在轴上（特别是应力大的部位）开横孔、切口和凹槽。必须开横孔时，孔边要倒圆角。在重要结构中，可采用卸荷槽 B［图 12.15 (a)与(d)］、中间环［图 12.15(b)］或凹切圆槽［图 12.15(c)］，增大轴肩圆角半径等措施，以减小局部应力。在轴与轴上零件的过盈配合处，在零件轮毂上开卸荷槽 B［图 12.15(d)］也能减小过盈配合处的局部应力。

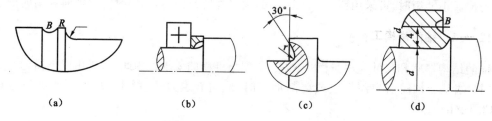

图 12.15　减少应力集中的措施
(a)、(d)卸荷槽 B；(b) 中间环；(c) 凹切圆槽

（2）改善轴的表面品质

轴的表面质量对轴的疲劳强度有很大影响，改善轴的表面品质可提高轴的疲劳强度。

① 降低轴的表面粗糙度，增大轴的表面状态系数，以发挥其抗疲劳的性能。

② 进行轴的表面强化处理，如表面渗碳、液体碳氮共渗以及渗氮等化学处理，碾压、喷丸等强化处理，使材质表层产生压应力，避免产生疲劳裂纹，提高轴的承载能力。

（3）合理受载

起同样作用的轴，采用不同的结构形式，其受载情况也不相同。应尽量从结构上考虑，使轴的受载合理。如图 12.16 所示，若把图 12.16（a）输入轮置于轴一端的结构，改为图 12.16（b）输入轮置于两输出轮之间的结构，则轴所受的最大转矩由 T_1+T_2 减小为 $T_1(T_1>T_2)$。

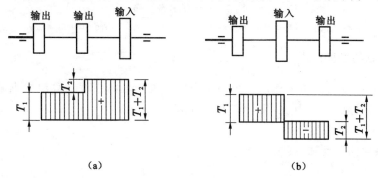

图 12.16　轴的两种布置方案

（a）输入轮置于轴端的结构；（b）输入轮置于两输出轮之间的结构

12.3.5　轴的直径和长度

（1）与滚动轴承配合的轴颈直径，必须符合滚动轴承内径的标准系列。

（2）轴上车制螺纹部分的直径，必须符合外螺纹大径的标准系列。

（3）安装联轴器的轴头直径应与联轴器的孔径范围相适应。

（4）与零件（如齿轮、带轮等）相配合的轴头直径，应采用按优先数系制定的标准尺寸。轴的标准直径见表 12.3。

表 12.3　轴的标准直径　　　　　　　　　　　　　　（单位：mm）

10	11	12	14	16	18	20	22	25	28	30	32	36
40	45	50	56	60	63	71	75	80	85	90	95	100

注：摘自 GB 2822—81。

12.4　轴的强度计算

12.4.1　轴的计算简图

在进行轴的强度和刚度计算时，为了便于分析和计算，需通过必要的简化，找出轴的合理简化力学模型，即轴的计算简图。通常将轴简化为一置于铰链支座上的梁，轴和轴上零件的自重可忽略不计，轴上分布载荷按图 12.17 所示方法简化。

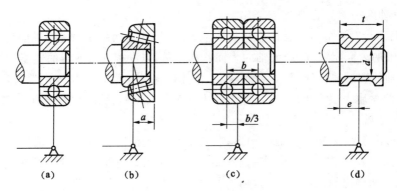

图 12.17　轴载荷分布

(a) 径向接触轴承;(b) 角接触向心轴承;(c) 双列向心轴承;(d) 滑动轴承

12.4.2　轴的强度计算

强度是保证轴能否正常工作的一个最基本的条件。轴的强度计算应根据轴的受载情况,采用相应的计算方法。常用的强度计算方法有两种。

(1) 轴的扭转强度计算

① 对圆截面的传动轴,其强度条件为

$$\tau = \frac{T}{W_T} = \frac{9.55 \times 10^6 \dfrac{P}{n}}{0.2 d^3} \leqslant [\tau] \tag{12.1}$$

式中　τ——轴的扭转切应力(MPa);

T——轴传递的转矩(N·mm);

W_T——抗扭截面系数(mm³);

P——轴传递的功率(kW);

n——轴的转速(r/min);

d——轴的直径(mm);

$[\tau]$——许用扭转切应力(MPa)。

② 对于转轴,也可按上式初步估算轴的直径。但必须把轴的许用扭转切应力$[\tau]$适当降低,以补偿弯矩对轴的影响。由式(12.1)可写出计算轴的直径的公式

$$d \geqslant \sqrt[3]{\frac{9.55 \times 10^6 P}{0.2 [\tau] n}} = C \sqrt[3]{\frac{P}{n}} \tag{12.2}$$

式中　C——由轴的材料和受载情况所决定的计算常数,如表 12.4 所示。

表 12.4　轴常用材料的$[\tau]$值和 C 值

轴的材料	Q235,20	35	45	40Cr,35SiMn
$[\tau]$(MPa)	12～20	20～30	30～40	40～52
C	160～135	135～118	118～106	107～97

注:当作用在轴上的弯矩比转矩小或只受转矩时,$[\tau]$取较大值,C取较小值;反之,$[\tau]$取较小值,C取较大值。

(2) 轴的弯扭合成强度计算步骤

① 画出轴的受力简图。

② 画出轴的垂直面受力图,计算垂直面内的约束反力和弯矩,并作出垂直面内的弯矩 M_V 图。

③ 画出轴的水平面受力图,计算水平面内的约束反力和弯矩,并作出水平面内的弯矩 M_H 图。

④ 计算合成弯矩 $M = \sqrt{M_H^2 + M_V^2}$,并作出合成弯矩 M 图。

⑤ 计算转矩并作出转矩 T 图。

⑥ 计算当量弯矩并作出当量弯矩 M_e 图。

对于一般钢制转轴,弯曲正应力与扭转切应力的合成,可按最大切应力理论求出,其当量弯矩为

$$M_e = \sqrt{M^2 + (\alpha T)^2}$$

上式中 α 是考虑弯曲正应力与扭转切应力循环特性的不同,将转矩 T 转化为当量弯矩时的校正系数。对于不变的转矩取 $\alpha \approx 0.3$;对于脉动循环的转矩取 $\alpha \approx 0.6$;对于对称循环的转矩取 $\alpha = 1$。若转矩的变化规律不清楚,一般也按脉动循环处理。

⑦ 按当量弯矩 M_e 用弯扭合成强度条件计算

$$\sigma_e = \frac{M_e}{W_t} = \frac{M_e}{0.1d^3} \leqslant [\sigma_{-1}] \tag{12.3}$$

由式(12.3)可推得轴的设计公式为

$$d \geqslant \sqrt[3]{\frac{M_e}{0.1[\sigma_{-1}]}} \tag{12.4}$$

对于有键槽的危险截面,单键时应将计算出的轴径加大 5%,双键时应将轴径加大 10%。计算出的轴径与结构设计中初步确定的轴径比较,若大于初步确定的轴径,说明强度不够,轴的结构要进行修改;若小于初步确定的轴径,除非相差很大,一般就以结构设计的轴径为准。

轴的许用弯曲应力见表 12.5。

表 12.5　轴的许用弯曲应力(MPa)

材　料	σ_b	$[\sigma_{+1}]$	$[\sigma_0]$	$[\sigma_{-1}]$
碳　钢	400	130	70	40
	500	170	75	45
	600	200	95	55
	700	230	110	65
合金钢	800	270	130	75
	900	300	140	80
	1000	330	150	90
铸　铁	400	100	50	30
	500	120	30	40

表中 $[\sigma_{+1}]$、$[\sigma_0]$、$[\sigma_{-1}]$ 分别为静应力、脉动循环及对称循环状态下材料的许用弯曲应力。

下面举例说明轴的设计过程。

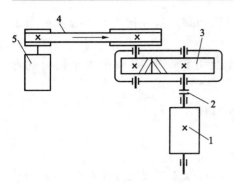

图 12.18　斜齿圆柱齿轮减速器

1—滚筒;2—联轴器;3—齿轮传动;
4—带传动;5—电动机

【例 12.1】　设计图 12.18 所示的斜齿圆柱齿轮减速器中的低速轴。已知轴的转速 $n = 150$ r/min,传递的功率 $P = 5$ kW,斜齿轮作用力: $F_t = 3589$ N, $F_r = 1332$ N, $F_a = 717$ N,齿轮分度圆直径 $d = 177.43$ mm,齿宽 $b = 70$ mm。

【解】　(1) 选择材料及热处理方式,确定许用应力
减速器功率不大,又无特殊要求,故选用 45 钢并做正火处理,由表 12.1 查得 $\sigma_b = 600$ MPa。再由表 12.5 查得 $[\sigma'_{-1}] = 55$ MPa。

(2) 估算轴最小直径

由表 12.4 取 $C = 118$,由式(12.2)估算轴最小直径

$$d \geqslant C \sqrt[3]{\frac{P}{n}} = 118 \times \sqrt[3]{\frac{5}{150}} = 37.89(\text{mm})$$

由图 12.18 可知计算所得的最小直径需安装联轴器,该轴段有键槽,应加大 5% 并与联轴器的孔径范围相适应,故取 $d = 40$ mm。

(3) 轴的结构设计、绘制草图

根据估算所得的直径、齿轮宽度及安装情况等条件,对轴的结构及尺寸进行草图设计,如图 12.19(a)所示。轴的输出端用 TL7 型弹性套柱联轴器,孔径 40 mm;孔长 84 mm,取轴肩高 4 mm,做定位用。齿轮两侧对称安装一对 7210C 轴承,其宽度为 20 mm。左轴承用套筒定位,根据轴承对安装尺寸的要求,轴肩高度取为 3.5 mm。轴与齿轮、轴与联轴器均选用普通平键联接。根据减速器的内壁到齿轮和轴承端面的距离以及轴承盖、联轴器装拆等需要,参考设计手册中的有关经验数据,将轴的结构尺寸初步选定图 12.19(a)中所示,这样轴承跨距为 130 mm,由此可进行轴和轴承等的计算。

(4) 校核轴的强度

① 齿轮所受转矩

$$T = 9.55 \times 10^6 \frac{P}{n} = 9.55 \times 10^6 \times \frac{5}{150} = 318333(\text{N} \cdot \text{mm})$$

② 画出轴的受力简图,轴受力的大小及方向如图 12.19(b)所示。

③ 画出轴的垂直面受力图,计算垂直面内的约束反力 R_{AV} 和 R_{BV},如图 12.19(c)所示,并作出垂直面内的弯矩 M_V 图,如图 12.19(d)所示。

$$R_{AV} = \frac{\frac{F_a d}{2} + 65 F_r}{130} = \frac{\frac{717 \times 177.43}{2} + 65 \times 1332}{130} = 1155(\text{N})$$

$$R_{BV} = F_r - R_{AV} = 1332 - 1155 = 177(\text{N})$$

$$M_{CV左} = 65 R_{AV} = 65 \times 1155 = 75075(\text{N} \cdot \text{mm})$$

$$M_{CV右} = 65 R_{BV} = 65 \times 177 = 11505(\text{N} \cdot \text{mm})$$

④ 画出轴的水平面受力图,计算水平面内的约束反力 R_{AH} 和 R_{BH},如图 12.19(e)所示,并作出水平面内的弯矩 M_H 图,如图 12.19(f)所示。

$$R_{AH} = R_{BH} = \frac{F_t}{2} = 1794.5(\text{N})$$

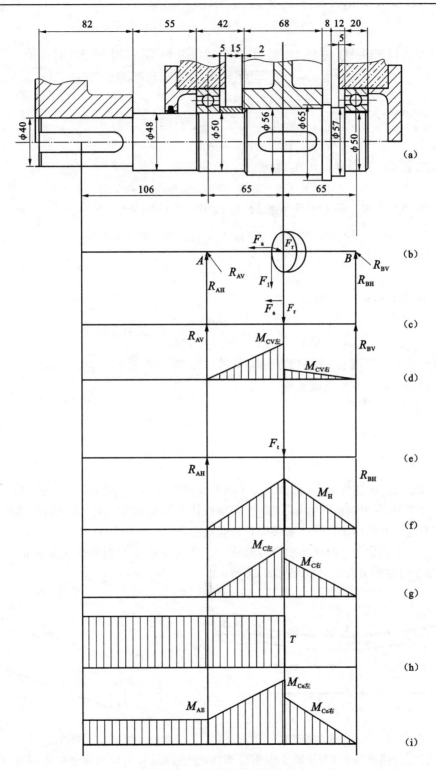

图 12.19 轴的结构及受力

(a) 结构图；(b) 受力图；(c) 垂直面受力图；(d) 垂直面弯矩图；

(e) 水平面受力图；(f) 水平面弯矩图；(g) 合成弯矩图；(h) 转矩图；(i) 当量弯矩图

$$M_{\text{H}} = 65R_{\text{AH}} = 65 \times 1794.5 = 116643(\text{N} \cdot \text{mm})$$

⑤ 计算合成弯矩 $M = \sqrt{M_{\text{H}}^2 + M_{\text{V}}^2}$，作出合成弯矩 M 图，如图 12.19(g)所示。

$$M_{\text{C左}} = \sqrt{M_{\text{H}}^2 + M_{\text{CV左}}^2} = \sqrt{116643^2 + 75075^2}$$
$$= 138715(\text{N} \cdot \text{mm})$$

$$M_{\text{C右}} = \sqrt{M_{\text{H}}^2 + M_{\text{CV右}}^2} = \sqrt{116643^2 + 11505^2}$$
$$= 117209(\text{N} \cdot \text{mm})$$

⑥ 计算转矩并作出转矩 T 图，如图 12.19(h)所示。

$$\alpha T = 0.6 \times 318333 = 191000(\text{N} \cdot \text{mm})$$

⑦ 计算当量弯矩并作出当量弯矩 M_{e} 图，如图 12.19(i)所示。

$$M_{\text{Ce左}} = \sqrt{M_{\text{C左}}^2 + (\alpha T)^2} = \sqrt{138715^2 + 191000^2}$$
$$= 236057(\text{N} \cdot \text{mm})$$

$$M_{\text{Ce右}} = M_{\text{C右}} = 117209(\text{N} \cdot \text{mm})$$

⑧ 校核轴危险截面 C 处的轴径

$$d \geqslant \sqrt[3]{\frac{M_{\text{Ce左}}}{0.1[\sigma_{-1}]}} = \sqrt{\frac{236057}{0.1 \times 55}} = 35.01(\text{mm})$$

因截面 C 处开有键槽，故将轴直径加大 5%，即 $35.01 \times 1.05 = 36.76$ mm，结构设计草图中，此处的直径为 56 mm，强度足够。

(5) 绘制轴的工作图(略)。

12.5　轴的刚度计算

轴受载后会产生弹性变形，机械中若轴的刚度不够，将会影响机器的正常工作。如机床的主轴变形太大时，将影响机床的加工精度；电动机转子轴变形太大时，将使转子和定子的间隙改变而影响电动机的性能。所以轴必须有足够的刚度。

轴的刚度主要是指弯曲刚度和扭转刚度。前者用挠度 y 和偏转角 θ 来度量，如图 12.20 所示；后者用扭转角 φ 来度量，如图 12.21 所示。

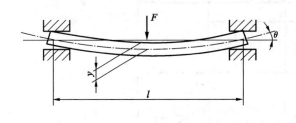

图 12.20　轴的挠度和偏转角

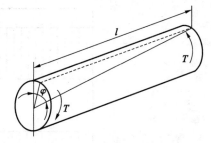

图 12.21　轴的扭转角

对于有刚度要求的轴，为使轴不因刚度不足而失效，设计时应根据轴的不同要求限制其变形量：$y \leqslant [y]$；$\theta \leqslant [\theta]$；$\varphi \leqslant [\varphi]$。$[y]$、$[\theta]$、$[\varphi]$ 分别为许用挠度、许用偏转角和许用扭转角。

(1) 弯曲变形的计算

对于两支点轴，可按双支点梁计算，它的挠度和偏转角计算公式见表 12.6。

表 12.6 轴的挠度及偏转角计算公式

轴的受力简图				

各截面处的扭转角 θ	θ_A	$\dfrac{Fab(l+b)}{6EIl}$	$-\dfrac{F_1cl}{6EI}$
	θ_B	$\dfrac{Fab(l+a)}{6EIl}$	$\dfrac{F_1cl}{3EI}$
	θ_C	θ_B	$\dfrac{F_1c(2l+3a)}{6EI}$
	θ_D	$\dfrac{Fb(l^2-b^2+3d^2)}{6EIl}$	$\dfrac{F_1c(3d^2-l^2)}{6EIl}$
	θ_H	$-\dfrac{Fa(l^2-a^2-3e^2)}{6EIl}$	—
	θ_G	$\dfrac{Fab(b-a)}{3EIl}$	—
各截面处的挠度 y	y_C	$\theta_B \cdot C$	$\dfrac{F_1c^2(l+c)}{3EI}$
	y_D	$\dfrac{Fbd(l^2-b^2-d^2)}{6EIl}$	$-\dfrac{F_1cd(l^2-d^2)}{6EIl}$
	y_H	$\dfrac{Fae(l^2-b^2-e^2)}{6EIl}$	—
	y_G	$\dfrac{Fa^2b^2}{3EIl}$	—

轴上同时作用着几个载荷时,可用叠加法求出轴的挠度和偏转角。如几个载荷不在同一平面内,则要将各载荷分解为水平力和垂直力,分别求出其在水平面和垂直面上的变形,然后再将它们合成。

（2）扭转变形的计算

① 对等直径的轴,其扭转角由下式确定

$$\varphi = \frac{Tl}{GI_P} \qquad (12.5)$$

式中　T——转矩（N・mm）；

　　　l——轴受转矩作用的长度（mm）；

　　　G——材料的切变模量（MPa）；

　　　I_P——轴截面极惯性矩（mm⁴）。

② 对于阶梯轴,其扭转角由下式确定

$$\varphi = \frac{1}{G}\sum_{i=1}^{n}\frac{T_il_i}{I_{Pi}} \qquad (12.6)$$

12.6 轴 的 修 复

　　轴颈和轴头是轴的重要工作部位,磨损的积累将影响其配合精度。对精度要求较高的轴,在磨损量较小时,可采用电镀(或刷镀)法在其配合表面镀上一层硬质合金层,并磨削至规定尺寸精度。对尺寸较大的轴颈和轴头,还可采用热喷涂(或喷焊)进行修复。

　　如图 12.22 所示,对尺寸较大的轴头,用过盈配合加配轴套的办法进行修复,为可靠地传递转矩,在配合处可对称增设若干卸载销。

　　轴上花键、键槽损伤,可以用气焊或堆焊修复,然后再铣出花键或键槽。也可采用如图 12.23所示方法,焊补后铣制新键槽。

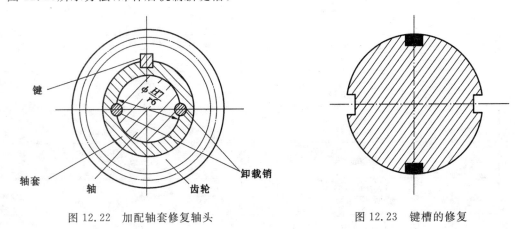

图 12.22 加配轴套修复轴头　　　　　　　　图 12.23 键槽的修复

实践与思考

　　12.1 组织参观典型轴类零件展室或收集失效零件,分析轴类零件的结构特点、轴上零件的装配、定位和固定;分析轴类零件的失效形式、承载原理及其设计准则。

　　12.2 考察轴类零件的加工过程,了解轴的精度要求及技术要求等。

　　12.3 观察生活中的自行车、轿车等,理解心轴、传动轴和转轴的区别。

　　12.4 观察自行车,分析其前轴、中轴和后轴是心轴还是转轴。

　　12.5 比较光轴和阶梯轴的优缺点。

　　12.6 轴的结构和尺寸与哪些因素有关?

　　12.7 轴结构设计的一般步骤是什么?

　　12.8 轴上零件的周向和轴向固定的常用方法有哪些?

习　　题

　　12.1 图 12.24所示为输出轴,指出 1~8 标注处的错误,并绘制一正确的结构图。

　　12.2 已知一单级直齿圆柱齿轮减速器,用电动机直接驱动,电动机功率 $P = 22$ kW,转速 $n_1 = 1470$ r/min,齿轮模数 $m = 4$ mm,齿数 $z_1 = 18$,齿数 $z_2 = 82$(齿轮位于跨距中央),轴的材料为 45 钢,进行调质处理。试校核输出轴危险截面的直径。

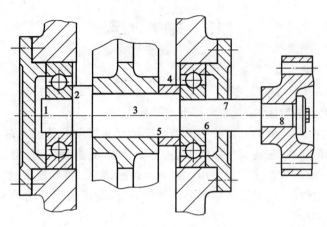

图 12.24　习题 12.1 图

13 轴 承

轴承的作用是支承轴及轴上零件,使其回转并保持一定的旋转精度。合理地选择和使用轴承,对提高机器的使用性能、延长寿命都起着重要作用。

根据摩擦性质的不同,轴承可以分为滑动摩擦轴承和滚动摩擦轴承两大类。滚动轴承是由专门工厂制造的标准件,它具有摩擦阻力小、启动灵敏、效率高,且类型较多,易于选购和互换等优点,故其在一般机器中被广泛使用。但对于高速、重载、高精度或较大冲击载荷的机器,滑动轴承有其优异的性能,且对于需要剖分结构的场合,必须采用滑动轴承,所以应了解这类轴承的特点并合理选用。

13.1 滑动轴承的主要类型

滑动轴承按轴承所承受载荷的方向不同,可分为向心滑动轴承和推力滑动轴承。向心滑动轴承只能承受径向载荷,轴承上的约束反力与轴的中心线垂直;推力滑动轴承只能承受轴向载荷,轴承上的约束反力与轴的中心线方向一致。

13.1.1 向心滑动轴承

(1) 整体式滑动轴承

整体式滑动轴承如图 13.1 所示。轴承座通常采用铸铁材料,轴套采用减摩材料制成并镶入轴承座中,轴套上开有油孔,可将润滑油输入至摩擦面上。这种轴承结构简单,但安装时要求轴或轴承做轴向移动,这在某些机器的结构上是不允许的。另外,整体式滑动轴承轴套磨损后轴承间隙难以调整,因此多用于间歇工作或低速轻载的简单机械中。

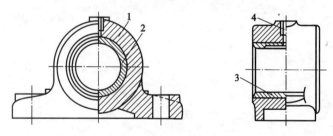

图 13.1 整体式滑动轴承
1—轴承座;2—轴瓦;3—轴套;4—油孔

整体式滑动轴承的结构比较简单,成本低,但无法调节轴颈和轴承孔间的间隙,当轴承磨损到一定程度后必须更换。此外在装拆轴时,必须做轴向移动,很不方便,故多用于轻载、低速、间歇工作而不需要经常装拆的场合。

(2) 剖分式滑动轴承

剖分式滑动轴承如图 13.2 所示。轴承盖与轴承座的剖分面上设置有阶梯形定位止口,这样在安装时容易对中,并可承受剖分面方向的径向分力,保证联接螺栓不受横向载荷。当载荷垂直向下或略有偏斜时,轴承的中分面常为水平面。若载荷方向有较大偏斜,则轴承的剖分面可斜着布置,使剖分面垂直或接近垂直于载荷,如图 13.3 所示。

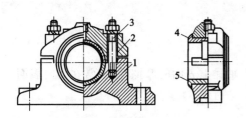

图 13.2　剖分式滑动轴承

1—轴承座;2—轴承盖;3—螺栓;4—上轴瓦;5—下轴瓦

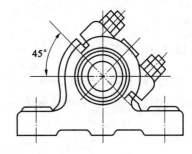

图 13.3　斜开式滑动轴承

　　剖分式滑动轴承装拆方便,并且轴瓦磨损后可通过适当减小剖分面处垫片的厚度来调整,故应用较为广泛。

　　(3) 调心式滑动轴承

　　当轴承宽度 B 较大时($B/d > 1.5\sim2$,d 为轴承的直径),由于轴的变形、装配或工艺原因,会引起轴颈的偏斜,使轴承两端边缘与轴颈局部接触,如图 13.4(a)所示,这将导致轴承两端边缘急剧磨损。因此在这种情况下,应采用调心式滑动轴承,如图 13.4(b)所示。轴承外支承表面呈球面,球面的中心恰好在轴线上,轴承可绕球形配合面自动调整位置。这种结构承载能力较大。

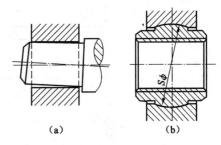

图 13.4　调心式滑动轴承

(a) 轴颈偏斜;(b) 调心式滑动轴承

13.1.2　推力滑动轴承

　　常见的推力滑动轴承如图 13.5 所示,有实心、空心、环形和多环等几种。由图可见,推力轴承的工作表面可以是轴的端面或轴上的环形平面。由于支承面上离中心越远处,其相对滑动速度越大,因而磨损也越严重。实心端面上的压力分布极不均匀,靠近中心处的压强极高,因此,一般推力轴承大多采用环状支承面。多环轴颈不仅能承受双向的轴向载荷,且承载能力较大。

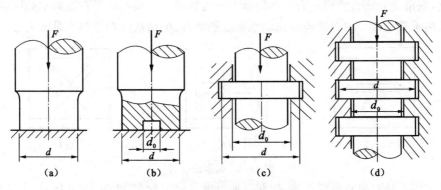

图 13.5　推力滑动轴承

(a) 实心;(b) 空心;(c) 环形;(d) 多环

13.2　轴瓦的结构和轴承材料

13.2.1　轴瓦的结构

剖分式轴瓦的结构如图 13.6 所示。为了改善轴瓦上表面的摩擦性质,常在其内表面上浇铸一层或两层减摩材料,通常称为轴承衬,如图 13.7 所示。

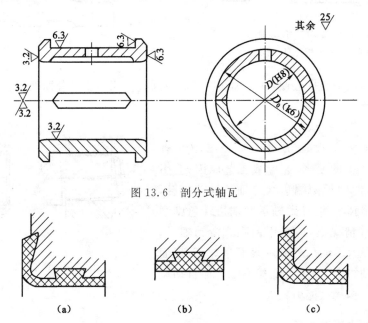

图 13.6　剖分式轴瓦

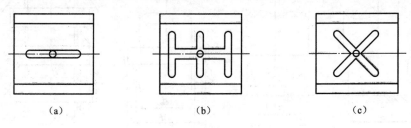

图 13.7　轴承衬

13.2.2　油孔、油沟和油室

油孔用来供应润滑油,油沟则用来输送和分布润滑油,图 13.8 所示是几种常见的油沟。轴向油沟也可以开在轴瓦剖分面上,如图 13.6 所示。油沟的形状和位置影响轴承中油膜压力分布情况,润滑油应该自油膜压力最小的地方输入轴承。油沟不应开在油膜承载区内,否则会降低油膜的承载能力。轴向油沟应比轴承宽度稍窄,以免油从油沟端部大量流失。

（a）　　　　　　　　　　（b）　　　　　　　　　　（c）

图 13.8　油沟的形式

油室的作用是贮油和稳定供油,使润滑油沿轴向均匀分布,如图 13.9 所示,主要用于液体动压轴承。

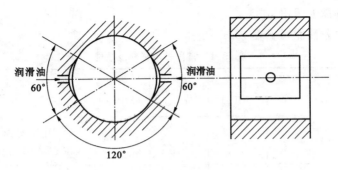

图 13.9　普通油室

13.2.3　轴承材料

(1) 对轴承材料的性能要求

轴承材料是指轴瓦和轴承衬的材料。轴承的主要失效形式是磨损,有时也因胶合及疲劳强度不够而损坏。因此,对轴承材料的性能要求是:

① 足够的强度(包括抗压、抗冲击、抗疲劳等强度),以保证有较大的承载能力;

② 良好的减摩性、耐磨性和磨合性,以提高轴承的效率及延长使用寿命;

③ 好的导热性、耐腐蚀性、工艺性以及价格低廉等。

能同时满足上述性能要求的材料很难找到,较常见的是用两层不同金属做成轴瓦,使其在性能上互补。

(2) 常用的轴承材料

常用的轴承材料有下列几种:

① 青铜　青铜主要是铜与锡、铅或铝的合金。其中,以铸锡青铜(ZCuSn10Pb)应用最普遍。青铜的摩擦系数小,耐磨性与导热性好,机械强度高,承载能力大,宜用于中速、中载或重载的场合。

② 轴承合金　轴承合金主要是锡(Sn)、铅(Pb)、锑(Sb)、铜(Cu)的合金。由于其耐磨性、塑性、磨合性能好,导热及吸附油的性能也好,故适用于高速、重载或中速、中载的情况。但此种合金价格较贵,机械强度很低,不能单独制作轴瓦,使用时必须浇铸在钢、铸铁或青铜轴瓦基体上作轴承衬使用。为使轴承衬在轴瓦基体上贴附可靠,基体上常开有燕尾槽或螺旋槽,如图 13.7所示。

③ 其他材料　用粉末冶金法(经制粉、成型、烧结等工艺)做成的轴承,具有多孔性组织,孔隙占体积的 $10\% \sim 35\%$,孔隙内可以贮存润滑油,常称为含油轴承。运转时,轴承温度升高,由于油的膨胀系数比金属大,因而自动进入摩擦表面间起到润滑作用。含油轴承使用前先把轴瓦在热油中浸渍数小时,使孔隙中充满润滑油,可以使用较长时间,常用于加油不方便的场合。

在不重要或低速、轻载的轴承中,也常采用灰铸铁或耐磨铸铁作为轴承材料。

橡胶轴承具有较大的弹性,能减轻振动,使运转平稳,可以用水润滑,常用于水轮机、潜水泵、砂石清洗机、钻机等有泥沙和在水中工作的场合。

塑料轴承具有摩擦因数低,可塑性、磨合性良好,耐磨、耐蚀,可以用水、油及化学溶液润滑等优点。但它的导热性差,膨胀系数较大,容易变形。为改善此缺陷,可将薄层塑料作为轴承衬材料附在金属轴承上使用。

常用轴承材料及性能列于表 13.1 中。

表 13.1 常用轴承材料及性能

材　　料	牌　　号	$[p]$ (MPa)	$[v]$ (m/s)	$[pv]$ (MPa·m/s)	备　　注
锡锑 轴承合金	ZSnSb11Cu6	25	80	20	用于高速、重载的重要轴承，变载荷下易疲劳,价高
铅锑 轴承合金	ZPbSb16Sn16Cu2	15	12	10	用于中速、中载轴承,不宜受显著冲击,可作为锡锑轴承合金的代用品
锡青铜	ZCuSn10Pb1	15	10	15	用于中速、重载及受变载荷的轴承
锡青铜	ZCuSn5Pb5Zn5	5	3	10	用于中速、中载轴承
铅青铜	ZCuPb30	25	12	30	用于高速、重载轴承,能承受变载荷和冲击载荷
铝青铜	ZCuAl10Fe3	15	4	12	最宜用于润滑充分的低速、重载轴承
黄铜	ZCuZn13Si4	12	2	10	用于低速、中载轴承
黄铜	ZCuZn38Mn2Pb2	10	1	10	用于低速、中载轴承
铝合金	20%铝锡合金	28～35	14		用于高速、中载轴承
铸铁	HT150、HT200、HT250	0.1～6	3～0.75	0.3～4.5	用于低速、轻载的不重要轴承,价廉

13.3 非液体摩擦滑动轴承的设计计算

13.3.1 设计步骤

设计的已知条件为轴颈的直径、转速、载荷情况和工作要求。

设计步骤如下：

（1）根据工作条件和工作要求,确定轴承结构类及轴瓦材料。

（2）根据轴颈尺寸确定轴承宽度。轴瓦宽度与轴颈直径之比 B/d 称为宽径比,它是向心滑动轴承中的重要参数之一。对于液体摩擦的滑动轴承,常取 $B/d=0.5\sim1$;对于非液体摩擦的滑动轴承,常取 $B/d=0.8\sim1.5$。

（3）校核轴承的工作能力。

（4）选择轴承的配合,如表 13.2 所示。

表 13.2 滑动轴承的常用配合

配合代号	应 用 举 例
H7/g6	磨床、车床及分度头主轴承
H7/f7	铣床、钻床及车床的轴承;汽车发动机曲轴的主轴承及连杆轴承;齿轮及蜗杆减速器轴承
H9/f9	电动机、离心泵、风扇及惰轮轴承;蒸汽机与内燃机曲轴的主轴承及连杆轴承
H11/d11	农业机械用轴承
H11/b11	农业机械用轴承

13.3.2 向心滑动轴承的校核计算

(1) 校核轴承平均压强

$$p = \frac{F_r}{Bd} \leqslant [p] \tag{13.1}$$

式中 F_r——轴承承受的径向载荷(N);

  B——轴承宽度(mm);

  d——轴径直径(mm);

  $[p]$——轴承材料的许用平均压强(MPa),见表 13.1。

校核轴承平均压强的目的,是为了保证轴承工作面上的润滑油不因压力过大而被挤出,防止轴承产生过度磨损。

(2) 校核轴承 pv 值

$$pv = \frac{F_r n}{19100B} \leqslant [pv] \tag{13.2}$$

式中 v——轴颈的圆周速度(m/s);

  n——轴的转速(r/min);

  $[pv]$——许用值(MPa・m/s),见表 13.1。

校核轴承值的目的是为了防止轴承工作时产生过高的热量而导致胶合。

当以上校核结果不能满足时,可以改变轴瓦的材料或适当增大轴承的宽度。低速或间歇工作的轴承,只需进行压强的校核。

13.3.3 推力滑动轴承的校核计算

(1) 校核轴承平均压强

受力情况参见图 13.5(c)所示,得

$$p = \frac{F_a}{z \frac{\pi}{4}(d^2 - d_0^2)K} \leqslant [p] \tag{13.3}$$

式中 F_a——轴承承受的轴向载荷(N);

  d_0、d—— 轴颈的内、外直径(mm);

  z——轴环数;

  K——支承面减小系数,有油沟时 $K=0.8\sim0.9$,无油沟时 $K=1.0$;

[p]——许用压强(MPa),见表 13.1。

(2) 校核轴承 pv_m 值

$$pv_m \leqslant [pv] \tag{13.4}$$

式中　v_m——轴径平均直径处的圆周速度(m/s);

　　　[pv]——许用值(MPa·m/s),见表 13.3。

表 13.3　推力轴承的[p]值和[pv]值

轴承材料	未　淬　火　钢			淬　火　钢		
轴瓦材料	铸　铁	青　铜	轴承合金	青　铜	轴承合金	淬火钢
[p](MPa)	2～2.5	4～5	5～6	7.5～8	8～9	12～13
[pv](MPa·m/s)	1～2.5					

注:多环推力轴承的许用压强[p]取表中值的一半。

13.4　液体摩擦滑动轴承简介

液体摩擦是滑动轴承的理想摩擦状态。根据轴承获得液体润滑原理的不同,液体摩擦滑动轴承可分为液体动压滑动轴承和液体静压滑动轴承。

13.4.1　液体动压滑动轴承

图 13.10(a)所示为轴颈处于静止状态,在外载荷 F 作用下,轴颈与轴孔在 A 点接触,并形成楔形间隙。图 13.10(b)为轴颈开始转动,由于摩擦阻力的作用,使轴颈沿轴承孔壁运动,并在 B 点接触。随着转速的升高,润滑油由于粘性和吸附作用而被带入楔形间隙,使油受挤而产生压力。轴颈的转速越高,带进的油量越多,油的压力越大。图 13.10(c)为轴颈达到工作转速时,油压力在垂直方向的合力与外载荷 F 平衡,润滑油把轴颈拖起,隔开摩擦表面而形成液体润滑。这种轴承的油压是靠轴颈的运动而产生的,故称为液体动压滑动轴承。必须指出,液体动压轴承的轴颈与轴承孔是不同心的。

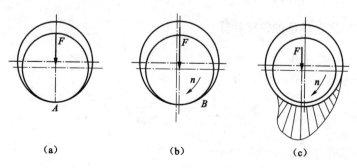

图 13.10　液体动压滑动轴承工作原理
(a) 轴颈处于静止状态;(b) 轴颈开始转动;(c) 轴颈达到工作转速

13.4.2 液体静压滑动轴承

液体静压滑动轴承是利用液压泵向轴承供给具有一定压力的润滑油,强制轴颈与轴承孔表面隔开而获得液体润滑。如图 13.11 所示,压力油经节流器同时进入几个对称油腔,然后经轴承间隙流到轴承两端和油槽井,最后流回油箱。当轴承载荷为零时,各油腔压力相等,轴颈与轴承孔同心。当轴承受到外载荷作用时,油腔压力发生变化,这时依靠节流器的自动调节使各油腔压力与外载荷保持平衡,轴承仍然处于液体摩擦状态。但轴颈与轴承孔有少许这种轴承内的油压靠液压泵维持,且与轴是否转动无关,故称为液体静压滑动轴承。

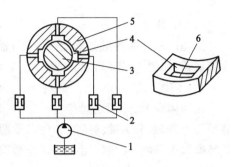

图 13.11 液体静压滑动轴承工作原理
1—液压泵;2—节流器;3—轴颈;
4—油腔;5—静压轴承;6—进油孔图

13.5 滚动轴承的结构、主要类型和特性

13.5.1 滚动轴承的结构

滚动轴承的基本结构形式如图 13.12(a)所示,滚动轴承主要由外圈、内圈、滚动体和保持架等组成。滚动体位于内外圈的滚道之间,是滚动轴承中必不可少的基本元件。内圈用来和轴颈装配,外圈用来和轴承座装配。当内外圈相对转动时,滚动体即在内外圈滚道间滚动。保持架的主要作用是均匀地隔开滚动体。常见滚动体的形状如图 13.12(b)所示。

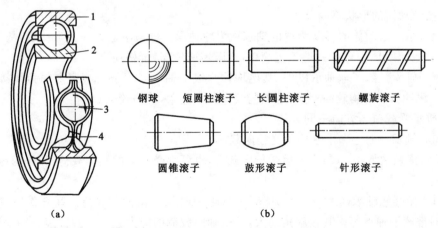

（a）　　　　　　　　　　　　（b）

图 13.12 滚动轴承的基本构造及常用滚动体
（a）基本结构形式；（b）常见滚动体的形状
1—外圈；2—内圈；3—滚动体；4—保持架

13.5.2　滚动轴承的结构特性

（1）接触角

滚动体和外圈接触处的法线 nn 与轴承径向平面（垂直于轴承轴心线的平面）的夹角 α 称为接触角，如图 13.13 所示。α 越大，轴承承受轴向载荷的能力越大。

（2）游隙

滚动体和内、外圈之间存在一定的间隙，因此内、外圈之间可以产生相对位移。其最大位移量称为游隙，分为轴向游隙和径向游隙，如图 13.14 所示。游隙的大小对轴承寿命、噪声、温升等有很大影响，应按使用要求进行游隙的选择或调整。

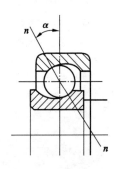

图 13.13　接触角

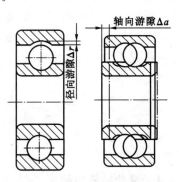

图 13.14　轴承的游隙

（3）偏移角

轴承内、外圈轴线相对倾斜时所夹的锐角称为偏移角。能自动适应角偏移的轴承称为调心轴承。

13.5.3　常用滚动轴承的类型

（1）按滚动体的形状不同分类

① 球轴承　滚动体的形状为球的轴承称为球轴承。球与滚道之间为点接触，故其承载能力、耐冲击能力较低；但球的制造工艺简单，极限转速较高，价格便宜。

② 滚子轴承　除了球轴承以外，其他均称为滚子轴承。滚子与滚道之间为线接触，故其承载能力、耐冲击能力均较高；但制造工艺较球轴承复杂，价格较高。

（2）按承受载荷的方向不同分类

① 向心轴承　向心轴承主要承受径向载荷。

a. 径向接触轴承（$\alpha=0°$）主要承受径向载荷，也可承受较小的轴向载荷，如深沟球轴承、调心轴承等。

b. 向心角接触轴承（$0°<\alpha<45°$）能同时承受径向载荷和轴向载荷的联合作用，如角接触球轴承、圆锥滚子轴承等。其接触角越大，承受轴向载荷的能力越强。圆锥滚子轴承能同时承受较大的径向和单向轴向载荷，内、外圈沿轴向可以分离，装拆方便，间隙可调。

也有的向心轴承不能承受轴向载荷，只能承受径向载荷，如圆柱滚子轴承 N、滚针轴承 NA 等。

② 推力轴承　推力轴承只能或主要承受轴向载荷。

a. 轴向推力轴承（$\alpha=90°$）只能承受轴向载荷，如单、双向推力球轴承、推力滚子轴承等。

推力球轴承的两个套圈的内孔直径不同:直径较小的套圈紧配在轴颈上,称为轴圈;直径较大的套圈安放在机座上,称为座圈。由于套圈上滚道深度浅,当转速较高时,滚动体的离心力大,轴承对滚动体的约束力不够,故允许的转速较低。

b. 推力角接触轴承($45° < \alpha < 90°$)主要承受轴向载荷,如推力调心球面滚子轴承等。

常用滚动轴承类型及主要性能如表 13.4 所示。

表 13.4 常用滚动轴承的类型、主要特性及应用

轴承类型	结构简图及承载方向	类型代号	特 性
调心球轴承		1	主要承受径向载荷,也可承受不大的任一方向的轴向载荷。但承受轴向载荷会形成单列滚动体受载而显著影响轴承寿命,所以应尽量避免承受轴向载荷。能自动调心,允许内、外圈轴线相对偏斜 2°~3°。该类轴承有圆柱孔(1000 型)和圆锥孔(1000K 型,锥度 1:12)两种形式
		(1)	
		1	
		(1)	
调心滚子轴承		2	承受径向载荷能力较大,同时也可承受一定的轴向载荷。能自动调心,允许内、外圈轴线相对偏斜 2°~3°
圆锥滚子轴承		3	能同时承受较大的径向、轴向联合载荷,因是线接触,承载能力大于"7"类轴承。接触角有普通(30000 型)和加大(30000B 型)两种。内、外圈可分离,装拆方便,成对使用,可以装于两个支点或一个支点上
推力球轴承	单向	5	只能承受轴向载荷,且作用线必须与轴线相重合,不允许有角偏差。有单列—承受单向推力(51000 型)、双列—承受双向推力(52000 型)等类型。高速时,因滚动体离心力大,球与保持架摩擦发热严重,寿命较短。可用于轴向载荷大、转速不高之处
	双向		

续表 13.4

深沟球轴承	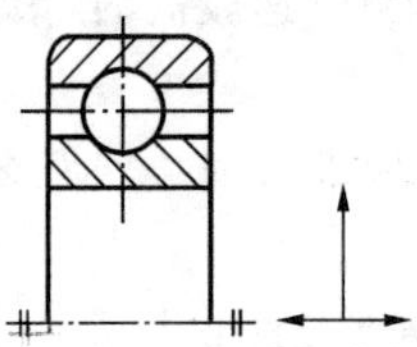	6 6 6	结构简单,应用最广。主要用于承受径向载荷,也可承受不大的、任一方向的轴向载荷,承受冲击载荷能力差。高速时可代替推力轴承承受纯轴向载荷。允许内、外圈轴线相对偏斜 $2'\sim10'$
角接触球轴承	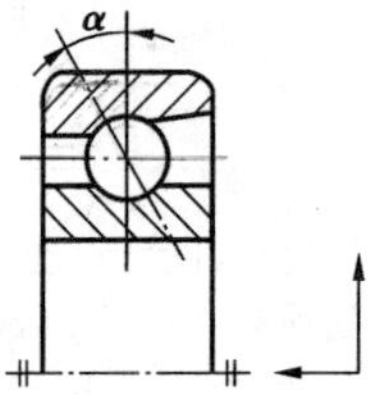	7	能同时承受径向、轴向联合载荷,接触角 α 越大,轴向承载能力也越大。公称接触角有 $15°$(7000C 型)、$25°$(7000AC 型)、$40°$(7000B 型)三种,通常成对使用,可以分装于两个支点或同装于一个支点上
圆柱滚子轴承	外圈无挡边	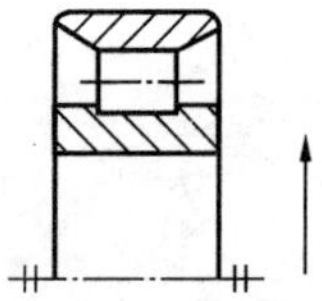	N	用于承受径向载荷,外圈可分开安装。对轴的变形敏感,允许的内、外圈轴线相对偏斜仅为 $2'\sim10'$
	内圈无挡边	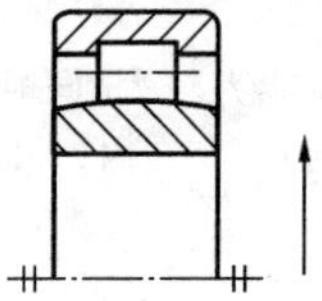	NU	
滚针轴承	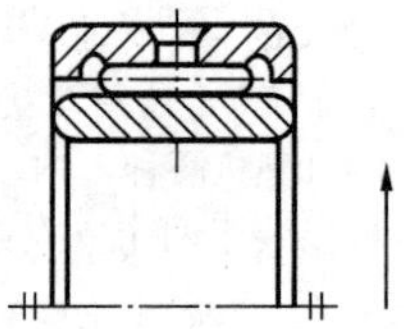	NA 结构简图与左图不同时,其代号另有规定,详见轴承手册	只能承受径向载荷,承载能力大,径向尺寸特小,一般无保持架,因而滚针间有摩擦,极限转速低。对内、外圈轴线偏斜敏感

13.6　滚动轴承的代号

　　滚动轴承用量极大,类型繁多。为了便于组织生产和选用轴承,GB/T 272—93 规定了滚动轴承代号。

　　滚动轴承代号由基本代号、前置代号和后置代号构成。基本代号表示轴承的类型、结构和尺寸,是轴承代号的基础。前、后置代号是轴承在结构形状、尺寸、公差、技术要求等有改变时,在基本代号前、后添加的补充代号,其排列格式如下:

```
┌────────┐    ┌────────┐    ┌────────┐
│ 前置代号 │    │ 基本代号 │    │ 后置代号 │
└────────┘    └────────┘    └────────┘
```

13.6.1　基本代号

基本代号用来表示轴承的基本类型、尺寸系列和内径。国家标准规定,滚动轴承的基本代号表示方法如图 13.15 所示。

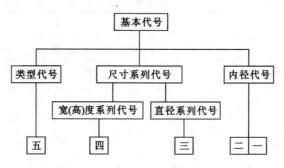

图 13.15　基本代号

图中类型代号用数字或大写拉丁字母表示,尺寸系列代号和内径代号用数字表示,小方框内的数字表示位数。

(1) 内径代号

基本代号中右起第一、二位数字表示内径代号,表示方法如表 13.5 所示。

表 13.5　常用滚动轴承内径代号

内径代号	00	01	02	03	04～96
轴承内径(mm)	10	12	13	17	代号数×5

内径为 22 mm、28 mm、32 mm 的轴承,需直接用内径值表示,但应用"/"与前面的尺寸系列代号分开。

(2) 尺寸系列代号

基本代号中右起第三、四位数字为尺寸系列代号。其中右起第三位数字为直径系列代号,右起第四位数字为宽度(对推力轴承为高度)系列代号。

直径系列代号用以区分相同内径的轴承有不同的滚动体和外径。对向心轴承,标准中规定,该代号按 7、8、9、0、1、2、3、4 顺序表示轴承外径的依次递增。图 13.16 所示为深沟球轴承部分直径系列代号及外径递增的示例。推力轴承的直径系列代号按 0、1、2、3、4、5 的顺序表示轴承外径依次递增。

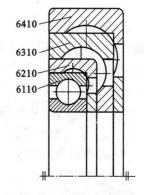

图 13.16　直径系列对比

宽度(或高度)系列代号表示内、外径尺寸都相同的轴承配以不同的宽度(或高度)。对向心轴承,该代号按 8、0、1、2、3、4、5、6 的顺序表示轴承宽度依次递增;对推力轴承,按 7、9、1、2 的顺序表示轴承高度依次递增。

当宽度系列为 0 系列(正常系列)时,对多数轴承在代号中可不标出,但对调心滚子轴承和圆锥滚子轴承,其宽度系列代号为 0 时也应标出。

表 13.6 为向心轴承和推力轴承的常用尺寸系列代号。

表 13.6　向心轴承和推力轴承的常用尺寸系列代号

直径系列代号		向心轴承			推力轴承	
		宽度系列代号			高度系列代号	
		(0)	1	2	1	2
		窄	正常	宽	正常	
		尺寸系列代号				
0 1	特轻	(0)0 (0)1	10 11	20 21	10 11	— —
2	轻	(0)2	12	22	12	22
3	中	(0)3	13	23	13	23
4	重	(0)4	—	24	14	24

注：① 宽度系列代号为零时,不标注。

　　② 在 GB/T 272—93 规定的个别类型中,宽度系列代号"1"和"2"可以省略。

　　③ 特轻、轻、中、重为旧标准相应直径系列的名称;窄、正常、宽为旧标准相应宽(高)度系列的名称。

（3）类型代号

轴承类型代号用数字或字母表示,见表 13.4。

13.6.2　前置代号

前置代号用字母表示成套轴承的分部件,如用 L 表示可分离轴承的可分离套圈、K 表示轴承的滚动体与保持架组件等。前置代号及其含义可参阅 GB/T 272—93。

13.6.3　后置代号

后置代号用字母和数字表示轴承在结构、公差和材料等方面的特殊要求。它置于基本代号的右边,并与基本代号空半个汉字距或用符号"—"、"/"分隔。后置代号内容较多,下面介绍几个常用代号。

（1）内部结构代号

内部结构代号表示同一类型轴承的不同内部结构,用字母紧跟着基本代号表示。如接触角为 $15°$、$25°$、$40°$ 的角接触轴承,分别用 C、AC 和 B 表示结构的不同。

（2）轴承的公差等级

轴承的公差等级共分为 0 级、6x 级、6 级、5 级、4 级和 2 级等 6 个级别,并依次由低级到高级,其代号分别为/P0、/P6x、/P6、/P5、/P4 和/P2。公差等级中 6x 级仅适用于圆锥滚子轴承;0 级为普通级,在轴承代号中不标出。

（3）常用轴承的径向游隙

常用轴承的径向游隙共分为 1 组、2 组、0 组、3 组、4 组和 5 组等 6 个组别,并依次由小到大。其中,0 组游隙是常用游隙组别,在轴承代号中不标出,其余的游隙组别在轴承代号中分别用/C1、/C2、/C3、/C4 和/C5 表示。

【例 13.1】 试说明滚动轴承代号 7210AC 和 NU2208/P6 的含义。

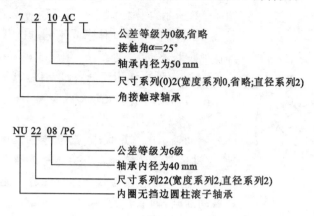

13.7　滚动轴承的类型选择

选择滚动轴承的类型时,应根据轴承的工作载荷(大小、方向、性质)、转速、轴的刚度以及其他特殊要求,在对各类轴承的性能和结构充分了解的基础上,参考以下建议选择。

(1) 载荷条件

以径向载荷为主时可选用深沟球轴承;轴向载荷比径向载荷大很多时,可采用推力轴承和向心轴承的组合结构,以便分别承受轴向载荷和径向载荷;径向载荷和轴向载荷都较大时,可选用角接触球轴承或圆锥滚子轴承。

(2) 转速条件

转速较高、载荷较小、要求旋转精度高时选用球轴承;转速较低、载荷较大并有冲击载荷时选用滚子轴承。

(3) 调心性能

各类轴承内、外圈轴线的相对偏移角度是有限制的,超过限制角度,会使轴承寿命降低。当支点跨距大、轴的弯曲变形大,以及多支点轴时,可选用调心性能好的调心轴承。

(4) 安装和调整性能

安装和调整也是选择轴承时应考虑的因素。例如,由于安装尺寸的限制,必须要减小轴承径向尺寸时,宜选用轻系列、特轻系列轴承或滚针轴承;当轴向尺寸受到限制时,宜选用窄系列轴承;在轴承座没有剖分面而必须沿轴向安装和拆卸轴承部件时,应优先选用内外圈可分离轴承。

(5) 选择轴承时还应考虑经济性、允许空间、噪声与振动方面的要求。

13.8　滚动轴承的失效形式、寿命计算和静强度计算

13.8.1　滚动轴承的主要失效形式

滚动轴承在通过轴心线的轴向载荷(中心轴向载荷)F_a 作用下,可认为各滚动体所承受

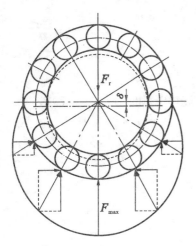

图 13.17　滚动轴承载荷分布

的载荷是相等的。当轴承受纯径向载荷 F_r 作用时,如图 13.17 所示,内圈沿 F_r 方向下移一距离 δ,上半圈滚动体不承载,而下半圈各滚动体承受不同的载荷(由于各接触点上的弹性变形量不同)。处于 F_r 作用线最下位置的滚动体承载最大(F_{max}),而远离作用线的各滚动体,其承载就逐渐减小。

滚动轴承的主要失效形式有以下几种:

(1) 疲劳点蚀

滚动轴承工作过程中,滚动体和内圈(或外圈)不断地转动,滚动体与滚道接触表面受交变接触应力作用,因此在工作一段时间后,接触表面就会产生疲劳点蚀。点蚀发生后,噪声和振动加剧,轴承失效。

(2) 塑性变形

在过大的静载荷和冲击载荷作用下,滚动体与套圈滚道表面上将出现不均匀的塑性变形凹坑。塑性变形发生后,增加了轴承的摩擦力矩、振动和噪声,降低了旋转精度。

(3) 磨损

滚动轴承如润滑不良,或密封不可靠,相互运动的表面会产生磨损,磨损后使游隙增大,精度降低。

此外,轴承还可能因套圈断裂、保持架损坏而报废。

13.8.2　滚动轴承的计算准则

(1) 对于一般转速的轴承,为防止疲劳点蚀发生,以疲劳强度计算为依据,称为轴承的寿命计算。

(2) 对于不转动、转速很低($n \leqslant 10$ r/min)或间歇摆动的轴承,为防止发生塑性变形,以静强度计算为依据,称为轴承的静强度计算。

13.8.3　滚动轴承的寿命计算

(1) 基本概念

① 轴承寿命　轴承寿命是指轴承中任一元件出现疲劳点蚀前所经历的总转数,或在一定转速下总的工作小时数。

② 基本额定寿命　一批同样型号、同样材料的轴承,即使在完全相同的条件下工作,由于材料的不均匀程度、工艺及精度等差异,它的寿命也是不相同的,相差可达几倍、几十倍。目前规定:将一组同一型号的轴承在相同的常规条件下运转,以 10% 的轴承发生点蚀破坏而 90% 的轴承不发生点蚀破坏前的总转数(以 10^6 r 为单位)或工作小时数作为轴承寿命,并称为轴承的基本额定寿命,用 L 或 L_h 表示。

③ 基本额定动载荷　基本额定动载荷是指基本额定寿命恰好为 10^6 r 时,轴承所能承受的载荷,用 C 表示。图 13.18 为 6208 轴承 P-L 疲劳曲线,该曲线说明载荷越大,轴承寿命越短。

④ 额定静载荷　轴承工作时,受载最大的滚动体和内、外圈滚道接触处的接触应力达到

一定值时的静载荷,称为额定静载荷,用 C_0 表示。

⑤ 当量动载荷 轴承的基本额定动载荷 C 是在一定的试验条件下确定的,而作用在轴承上的实际载荷一般与上述条件不同,必须将实际载荷换算为与试验条件相同的载荷后,才能和基本额定动载荷相互比较进行计算。换算后的载荷是一个假想的载荷,称为当量动载荷,用 P 表示。

(2) 滚动轴承的寿命计算

在实际应用中,额定寿命常用给定转速下运转的小时数 L_h 表示。考虑到机器振动和冲击的影响,引入载荷系数 f_P,如表 13.7 所示。考虑到工作温度的影响,引入了温度系数 f_T,如表 13.8 所示。实用的寿命计算公式为

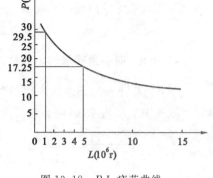

图 13.18 *P-L* 疲劳曲线

$$L_h = \frac{10^6}{60n}\left(\frac{f_T C_r}{f_P P}\right)^{\varepsilon} \tag{13.5}$$

表 13.7 载荷系数

载荷性质	无冲击或轻微冲击	中等冲击	强烈冲击
f_P	1.0~1.2	1.2~1.8	1.8~3.0

表 13.8 温度系数

轴承工作温度(℃)	100	125	130	200	250	300
f_T	1	0.95	0.90	0.80	0.70	0.60

若当量动载荷 P 与转速 n 均已知,预期寿命 L_h',可根据下式选择轴承型号

$$C' = \frac{f_P P}{f_T}\sqrt[\varepsilon]{\frac{60nL_h'}{10^6}} \leqslant C_r \tag{13.6}$$

式中 C'——计算额定动载荷(kN);

C_r——基本额定动载荷(kN),可查轴承手册;

ε——寿命系数,球轴承 $\varepsilon=3$,滚子轴承 $\varepsilon=10/3$。

13.8.4 滚动轴承当量动载荷的计算

当量动载荷是一假想载荷,在该载荷作用下,轴承的寿命与实际载荷作用下的寿命相同。当量动载荷 P 的计算式为

$$P = XF_r + YF_a \tag{13.7}$$

式中 X——径向载荷系数,见表 13.9;

Y——轴向载荷系数,见表 13.9;

F_r——轴承承受的径向载荷;

F_a——轴承承受的轴向载荷。

对于只承受径向载荷的轴承,当量动载荷为轴承的径向载荷 F_r,即

$$P = F_{\mathrm{r}} \tag{13.8}$$

对于只承受轴向载荷的轴承,当量动载荷为轴承的轴向载荷 F_{a},即

$$P = F_{\mathrm{a}} \tag{13.9}$$

13.8.5　向心角接触轴承实际的轴向载荷的计算

(1) 向心角接触轴承的内部轴向力

轴承由于结构原因,向心角接触轴承接触角 $\alpha \neq 0°$,当承受纯径向载荷 F_{r} 时,作用在承载

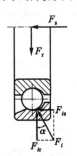

图 13.19　向心角接触轴承内部轴向力

区内第 i 个滚动体上的法向力 F_i,可分解为径向分力 F_{ir} 和轴向分力 F_{is},如图 13.19 所示。各滚动体上所受轴向分力总和即为轴承的内部轴向力,用 F_{s} 表示。其数值的近似计算公式见表 13.10。

(2) 向心角接触轴承的实际的轴向载荷

在实际使用中,为了使角接触轴承的内部轴向力得到平衡,通常这种轴承都要成对使用。其安装方式有两种:图 13.20(a) 所示为两外圈窄边相对,称为正装;图 13.20(b) 所示为两外圈宽边相对,称为反装。图中 F_{a} 为轴向外载荷。计算向心角接触轴承的轴向载荷 F_{a} 时,还需将由径向载荷产生的内部轴向力 F_{s} 考虑进去。

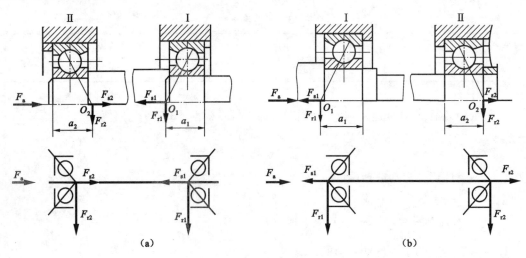

图 13.20　轴向载荷分析

(a) 两外圈窄边相对安装;(b) 两外圈宽边相对安装

图中 O_1、O_2 分别为轴承 I 和轴承 II 的压力中心,即约束反力的作用点。为了简化计算,通常可认为轴承宽度中点即为约束反力作用位置。O_1、O_2 与轴承端面的距离 a_1、a_2,可由轴承手册或样本查得。F_{s1}、F_{s2} 分别为轴承 I(一般取内部轴向力方向与外载荷方向相反的一端轴承为 I)和轴承 II 的内部轴向力。若把轴和内圈视为一体,并以它为分离体,根据轴系的轴向力平衡条件,当达到轴的平衡时,有如下两种情况:

① 若 $F_{\mathrm{a}} + F_{s2} > F_{s1}$,则轴有右移趋势,轴承 I 被压紧,轴承 I(压紧端)承受的轴向载荷 $F_{a1} = F_{\mathrm{a}} + F_{s2}$。轴承 II(放松端)承受的轴向载荷 F_{a2} 仅为其内部轴向力,即 $F_{a2} = F_{s2}$。

② 若 $F_a+F_{s2}<F_{s1}$,则轴有向左移动趋势,轴承 Ⅱ 被压紧,此时轴承 Ⅱ(压紧端)承受的轴向载荷为 $F_{a2}=F_{s1}-F_a$。轴承 Ⅰ(放松端)所受的轴向载荷 F_{a1} 仅为其内部轴向力,即 $F_{a1}=F_{s1}$。

由上述分析,可将向心角接触轴承轴向载荷的计算方法归纳如下:

① 计算分析轴上全部轴向力(包括外载荷和轴承内部轴向力)的合力指向,判断"压紧端"和"放松端"轴承;

② "压紧端"轴承的轴向力等于除本身的内部轴向力外其余各轴向力的代数和;

③ "放松端"轴承的轴向力等于它本身的内部轴向力。

【例 13.2】 齿轮减速器中的 6210 轴承的轴向力 $F_a=800$ N,径向力 $F_r=2000$ N,载荷系数 $f_P=1.2$,工作温度系数 $f_T=1$,工作转速 $n=700$ r/min。求该轴承寿命 L_h。

【解】 (1)由附表 13.1 查得 6210 轴承 $C=35000$ N,$C_0=23200$ N。

(2)确定径向载荷系数 X、轴向载荷系数 Y。查表 13.9,由 $\dfrac{F_a}{C_0}=0.034$,插值法取 $e=0.23$;由 $\dfrac{F_a}{F_r}=0.4>e=0.23$ 查得 $X=0.56,Y=1.93$。

表 13.9 径向载荷系数 X 和轴向载荷系数 Y

轴承类型		$\dfrac{F_a}{C_0}$	判别值 e	$F_a/F_r \leqslant e$		$F_a/F_r > e$	
				X	Y	X	Y
深沟球轴承		0.014	0.19				2.30
		0.028	0.22				1.99
		0.056	0.26				1.71
		0.084	0.28				1.55
		0.11	0.30	1	0	0.56	1.45
		0.17	0.34				1.31
		0.28	0.38				1.15
		0.42	0.42				1.04
		0.56	0.44				1.00
角接触球轴承	$\alpha=15°$	0.015	0.38				1.47
		0.029	0.40				1.40
		0.058	0.43				1.30
		0.087	0.46				1.23
		0.12	0.47	1	0	0.44	1.19
		0.17	0.50				1.12
		0.29	0.55				1.02
		0.44	0.56				1.00
		0.58	0.56				1.00
	$\alpha=25°$		0.68	1	0	0.41	0.87
	$\alpha=40°$	—	1.14	1	0	0.35	0.57
圆锥滚子轴承		—	查轴承手册	1	0	0.40	查轴承手册

（3）由式(13.7)得当量动载荷为

$$P = XF_r + YF_a = 0.56 \times 2000 + 1.93 \times 800 = 2664 \text{ (N)}$$

（4）计算轴承寿命 L_h。由式(13.5)得

$$L_h = \frac{10^6}{60n}\left(\frac{f_T C}{f_P P}\right)^\varepsilon = \frac{10^6}{60 \times 700} \times \left(\frac{1 \times 35000}{1.2 \times 2664}\right)^3 = 31677.8 \text{ (h)}$$

表 13.10　向心角接触轴承的内部轴向力

轴承类型	角接触球轴承			圆锥滚子轴承
	7000C $\alpha = 15°$	7000AC $\alpha = 25°$	7000B $\alpha = 40°$	
F_s	$\approx 0.4 F_r$	$0.68 F_r$	$1.14 F_r$	$F_r / 2Y$ （Y 是 $F_a/F_r > e$ 时的轴向载荷系数）

【例 13.3】 某机械传动中的轴,其轴径 $d = 40$ mm。根据工作条件拟采用一对角接触球轴承,如图 13.21 所示。已知轴承载荷 $F_{r1} = 1000$ N,$F_{r2} = 2060$ N,转向外载荷 $F_a = 880$ N,转速 $n = 5000$ r/min,运转中受中等冲击,预期寿命 $L_h' = 2000$ h。试选择轴承型号。

【解】 （1）计算轴承 Ⅰ、Ⅱ 的轴向力 F_{a1}、F_{a2}

要计算 F_{a1}、F_{a2},须先求出内部轴向力 F_{s1}、F_{s2},但轴承型号未选出之前,暂不知其接触角,故用试算法,暂定 $\alpha = 25°$。由表 13.10 查得 $\alpha = 25°$ 的角接触球轴承的内部轴向力为

$$F_{s1} = 0.68 F_{r1} = 0.68 \times 1000 = 680 \text{ (N)}$$

$$F_{s2} = 0.68 F_{r2} = 0.68 \times 2060 = 1400 \text{ (N)}$$

方向如图 13.21 所示。

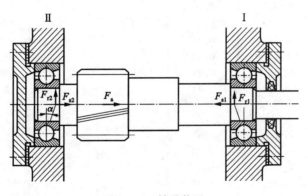

图 13.21　轴承装置

又因 $F_a + F_{s2} = 880 + 1400 = 2280 > F_{s1}$,故

轴承 Ⅰ 为压紧端

$$F_{a1} = F_a + F_{s2} = 2280 \text{N}$$

轴承 Ⅱ 为放松端

$$F_{a2} = F_{s2} = 1400 \text{ N}$$

（2）计算轴承 Ⅰ、Ⅱ 当量动载荷

$\dfrac{F_{a1}}{F_{r1}} = \dfrac{2280}{1000} = 2.28 > e$,由表 13.9 查得 $X_1 = 0.41, Y_1 = 0.87$;

$$\frac{F_{a2}}{F_{r2}} = \frac{1400}{2060} = 0.68 = e,$$由表 13.9 查得 $X_2 = 1, Y_2 = 0$。

因此，轴承 I、II 的当量动载荷为

$$P_1 = 0.41F_{r1} + 0.87F_{a1} = 0.41 \times 1000 + 0.87 \times 2280 = 2394 \text{ (N)}$$

$$P_2 = 1 \times F_{r2} + 0 \times F_{a2} = 1 \times 2060 + 0 \times 1400 = 2060 \text{ (N)}$$

(3) 计算所需轴承的额定动载荷 C'

由于轴的结构要求两端选用同样型号的轴承，故以受载最大的 P_1 一端作为计算依据。因有中等冲击，查表 13.7 取 $f_P = 1.5$；工作温度正常，查表 13.8 得 $f_T = 1$，由式(13.6)得

$$C' = \frac{f_P P}{f_T} \sqrt[\varepsilon]{\frac{60nL_h'}{10^6}} = \frac{1.5 \times 2394}{1} \sqrt[3]{\frac{60 \times 5000}{10^6} \times 2000} = 30288 \text{ (N)}$$

(4) 确定轴承型号

根据轴的直径 $d = 40$ mm 及所求得的 C' 值，由机械设计手册选轴承型号为 7208AC，$C = 35200$ N > 30288 N，故适用。

13.8.6　滚动轴承的静强度计算

静强度计算的目的是防止轴承产生过大的塑性变形。轴承受载后，使承受最大载荷的滚动体与滚道接触处产生的塑性变形量之和为滚动体直径的万分之一时的载荷，称为额定静载荷，用 C_0 表示。各种轴承的 C_0 值可查轴承手册。

按静载荷选择和验算轴承的公式为

$$C_0 \geqslant S_0 P_0 \tag{13.10}$$

式中　C_0——额定静载荷；

　　　S_0——安全系数；

　　　P_0——当量静载荷。

当量静载荷是一个假想的静载荷，在该载荷的作用下，承载最大的滚动体与内圈或外圈滚道接触处的总的塑性变形量，与实际复合载荷作用下所产生的塑性变形量相等。当量静载荷的计算公式为

$$P_0 = X_0 F_r + Y_0 F_a \tag{13.11}$$

式中　X_0——静径向载荷系数；

　　　Y_0——静轴向载荷系数。

S_0、X_0、Y_0 之值可查有关机械设计手册。

13.9　滚动轴承的组合结构设计

为了保证滚动轴承在机器中正常工作，除应正确地选用轴承的类型和尺寸外，还必须合理地解决轴承的布置、固定、装拆、间隙调整、润滑、密封和配合等问题。

13.9.1　滚动轴承内、外圈的轴向固定

为了防止轴承在承受轴向载荷时，相对于轴和轴承座孔产生轴向移动，轴承内圈与轴、外圈与座孔必须进行轴向固定。

（1）轴承内圈常用的轴向固定方法

如图 13.22 所示,图 13.22(a)为利用轴肩做单向固定,它能承受大的单向的轴向力;图 13.22(b)为利用轴肩和轴用弹性挡圈做双向固定,挡圈能承受的轴向力不大;图 13.22(c)为利用轴肩和轴端挡板作双向固定,挡板能承受中等的轴向力;图 13.22(d)为利用轴肩和圆螺母、止动垫圈做双向固定,能承受大的轴向力。

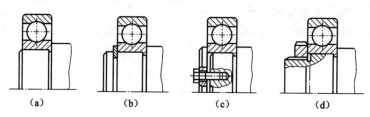

图 13.22　轴承内圈常用的轴向固定方法

(a) 轴肩单向固定;(b) 轴肩与轴用弹性挡圈双向固定;

(c) 轴肩和轴端挡板双向固定;(d) 轴肩和圆螺母、止动垫圈双向固定

（2）轴承外圈常用的轴向固定方法

如图 13.23 所示,图 13.23(a)为利用轴承盖做单向固定,能承受大的轴向力;图 13.23(b)为利用孔内凸肩和孔用弹性挡圈做双向固定,挡圈能承受的轴向力不大;图 13.23(c)为利用孔内凸肩和轴承盖做双向固定,能承受大的轴向力。

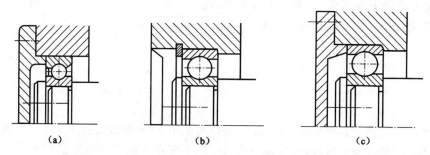

图 13.23　轴承外圈常用的轴向固定方法

(a) 轴承盖单向固定;(b) 孔内凸肩和孔用弹性挡圈双向固定;(c) 孔内凸肩和轴承盖双向固定

13.9.2　滚动轴承组合的轴向固定

轴承组合的轴向固定的目的是防止轴工作时发生轴向窜动,保证轴上零件有确定的工作位置。

（1）双支点单向固定

如图 13.24 所示,轴的两个支点分别限制轴在不同方向的单向移动,两个支点合起来便可限制轴的双向移动,它适用于工作温度变化不大的短轴。考虑到轴因受热伸长,对于深沟球轴承,可在轴承盖与外圈端面之间留出补偿间隙 c,c 一般取 $0.2\sim0.3$ mm;对于角接触球轴承,在装配时将补偿间隙留在轴承内部。

（2）单支点双向固定

当轴较长或工作温度较高时,其热膨胀量大,应采用一端双向固定、一端游动的结构,如图 13.25所示。只有左端支点限制轴的双向移动,为固定端。右端为游动支点,其外圈和机座孔之间为动配合,以保证轴伸长或缩短时能在座孔内自由移动。

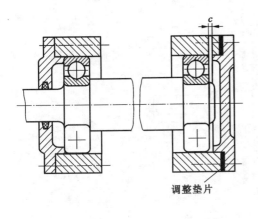

图 13.24　双支点单向固定

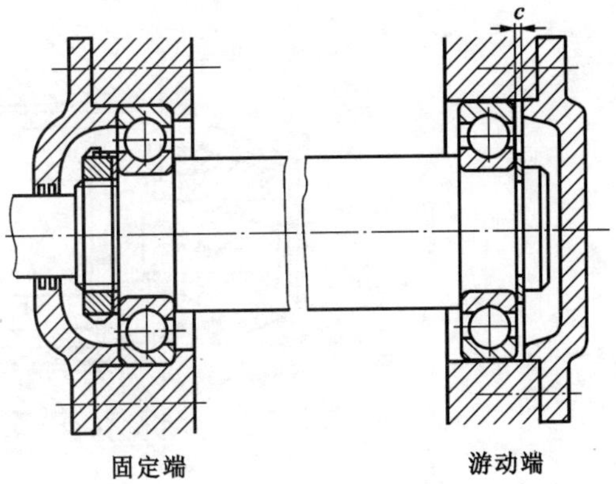

图 13.25　单支点双向固定

固定端　　　　游动端

13.9.3　滚动轴承组合的调整

（1）轴承游隙的调整

轴承在装配时一般要留有适当的间隙，以利轴承的正常运转。常用的调整方法有：

① 靠加减轴承盖与机座之间的垫片厚度进行调整，如图 13.24（右轴承盖）所示。

② 利用螺钉通过轴承外圈压盖移动外圈位置进行调整，如图 13.26 所示。调整后，用螺母锁紧防松。

（2）轴承的预紧

轴承预紧的目的是为了提高轴承的精度和刚度，以满足机器的要求。在安装时要加一定的轴向压力（预紧力）以消除内部原始游隙，并使滚动体和内、外圈接触处产生弹性预变形。其常用方法为：

① 在一对轴承内圈之间加用金属垫片，如图 13.27（a）所示。

② 磨窄套圈，如图 13.27（b）所示。

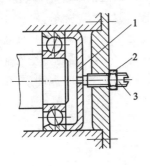

图 13.26　轴承间隙调整

1—轴承外圈压盖；2—螺母；3—螺钉

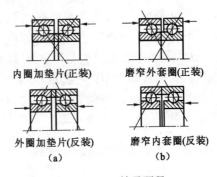

内圈加垫片(正装)　　磨窄外套圈(正装)

外圈加垫片(反装)　　磨窄内套圈(反装)

（a）　　　　　（b）

图 13.27　轴承预紧

（a）在轴承内圈之间加金属垫片；（b）磨窄套圈

（3）轴承组合位置的调整

轴承组合位置调整的目的是使轴上零件（如齿轮、蜗轮等）具有准确的工作位置。如圆锥齿轮传动，要求两个节锥顶点要重合，才能保证正确啮合；蜗杆传动，要求蜗轮的中间平面通过蜗杆的轴线等。图 13.28 所示为圆锥齿轮组合位置的调整，垫片 2 用来调整圆锥齿轮轴的轴向位置，垫片 1 则用来调整轴承游隙。

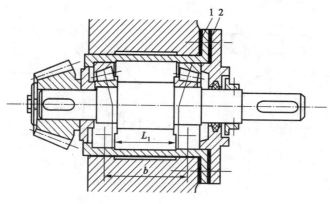

图 13.28　轴承组合位置的调整
1,2—垫片

13.9.4　滚动轴承的配合与装拆

（1）滚动轴承的配合

滚动轴承是标准件,轴承内孔与轴的配合采用基孔制,轴承外圈与轴承座孔的配合采用基轴制。

选择轴承的配合时,应考虑载荷大小、方向和性质,以及轴承的类型、转速和使用条件等因素。当外载荷方向不变时,转动套圈应比固定套圈的配合紧一些。一般情况下内圈随轴一起转动,外圈固定不动时,内圈常取有过盈量的过度配合。

轴常用 n6、m6、k6、js6 公差带,孔常用 J7、J6、H7、G7 公差带。

（2）滚动轴承的装拆

在进行轴承的组合设计时,应考虑轴承便于装拆,以便在拆卸过程中不致损坏轴承和其他零件。

装拆力直接对称或均匀地施加在被装拆的套圈端面,不得通过滚动体来传递装拆力。

对大尺寸的轴承,可用压力机在内圈上加压装配,如图 13.29（a）所示;对中小尺寸的轴承,可借助套筒用手锤加力进行装配,如图 13.29（b）所示;对于批量安装或大尺寸的轴承还可采用热套的方法,即先将轴承在油中加热（油温不超过 80～90 ℃）,然后迅速套在轴颈上。

轴承内圈的拆卸常用拆卸器进行,如图13.30所示。对于轴承外圈的拆卸,要借助外圈露出的端面和必要的拆卸空间,如图 13.31（a）、图 13.31（b）所示;或利用螺钉孔将其取出,如图 13.31（c）所示。

13.9.5　滚动轴承的润滑和密封

（1）滚动轴承的润滑

润滑对于滚动轴承具有重要意义,不仅可以减少摩擦和磨损、提高效率、延长轴承使用寿命,还起着散热、减小接触应力、吸收振动和防止锈蚀等作用。

① 润滑剂的选择　滚动轴承常用润滑剂有润滑油和润滑脂两种。轴承 dn 值在 $(2\sim3)\times10^5$ mm·r/min 范围以内时,轴承采用脂润滑。润滑脂不易流失,便于密封,不易污染,使用周期长。润滑脂填充量不得超过轴承空隙的 1/3～1/2,过多会引起轴承发热。润滑脂的选择如表 13.11 所示。

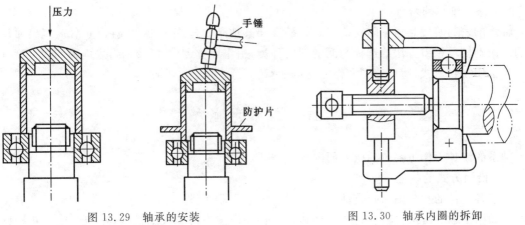

图 13.29 轴承的安装

(a) 加压装配；(b) 手锤加力装配

图 13.30 轴承内圈的拆卸

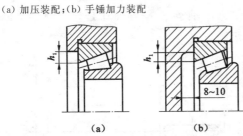

图 13.31 轴承外圈的拆卸

(a)、(b) 借助外圈露出的端面和必要的拆卸空间；(c) 利用螺钉孔

表 13.11 滚动轴承润滑脂选择

轴承工作温度(℃)	dn(mm·r/min)	使 用 环 境	
		干 燥	潮 湿
0~40	>80000	2号钙基脂、2号钠基脂	2号钙基脂
0~40	<80000	3号钙基脂、3号钠基脂	3号钙基脂
40~80	>80000	2号钠基脂	3号钡基脂、3号锂基脂
40~80	<80000	3号钠基脂	3号钡基脂、3号锂基脂

对轴承 dn 值过高或具备润滑油源的装置(如变速器、减速器)，可采用油润滑。具体方法可查有关手册。

② 润滑方式的选择　润滑方式可按轴承类型与 dn 选取，如表 13.12 所示。

表 13.12 滚动轴承润滑方式的选择

轴承类型	dn(mm·r/min)				
	脂润滑	浸油、飞溅润滑	滴油润滑	喷油润滑	油雾润滑
深沟球轴承 角接触球轴承	≤(2~3)×10⁵	2.5×10⁵	4×10⁵	6×10⁵	>6×10⁵
圆锥滚子轴承		1.6×10⁵	2.3×10⁵	3×10⁵	—
力轴承		0.6×10⁵	1.2×10⁵	1.5×10⁵	—

（2）滚动轴承的密封

轴承的密封装置是为了防止灰尘、水、酸气和其他杂物进入轴承，并阻止润滑剂流失而设置的。滚动轴承密封方法的选择与润滑剂的种类、工作环境、温度以及密封表面的圆周速度有关。其常用密封形式、适用范围和性能见第 8 章。

13.10　轴系的维护

轴系的维护工作主要包括四方面内容：

（1）恰当方式的装配与拆卸

由于各零件的孔与轴的配合性质及精度要求不同，因此要用恰当的手段装拆，以保证安装精度。如图 13.32 所示，齿轮 7 在轴上的安装，必须将键先行装入轴槽内，然后对准毂孔键槽推入；套筒 5 与轴为间隙配合，装拆方便。但轴承 4、8 与轴却是过盈配合，安装时应参照 13.9.4 节内容（滚动轴承的配合与装拆）进行。

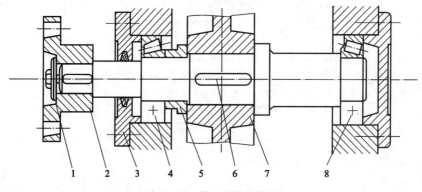

1　　2　　3　　4　　5　　6　　7　　　　8

图 13.32　轴系零件的装配

（2）机器的定期维修和调整

对机器要定期维修，认真检查轴承的完好程度，及时维修与更换。安装基本完成后，轴上各零件不一定处于最佳工作位置，需要调整轴系的位置及轴承的游隙。

（3）润滑条件的维持

轴系上应重点保证润滑的零件是传动零件（如齿轮、蜗杆与蜗轮等）和轴承。必须根据季节和地点，按规定选用润滑剂，并定期加注。要对润滑系统的润滑油数量和质量进行及时检查、补充和更换。

（4）轴承的修复

普通精度的滑动轴承，当误差较小时（如滑动轴承外圆柱面与箱体孔接触率低于 70%），允许用刮研法修理，但修后必须保证内孔尚有刮研调整余量，否则应予更换。大尺寸的轴瓦还可采用热喷涂（青铜）进行修复。

附表 13.1 **深沟球轴承**（摘自 GB/T 276—93）

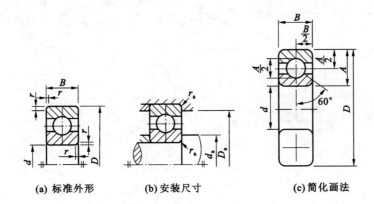

(a) 标准外形　　　　**(b) 安装尺寸**　　　　**(c)简化画法**

轴承代号	基本尺寸(mm)				安装尺寸(mm)			基本额定动载荷 C (kN)	基本额定静载荷 C_0 (kN)
	d	D	B	r_s (min)	d_a (min)	D_a (max)	r_a (max)		
6004	20	42	12	0.6	25	37	0.6	9.38	5.02
6204		47	14	1.0	26	41	1.0	12.80	6.65
6304		52	15	1.1	27	45	1.0	13.80	7.88
6404		72	19	1.1	27	65	1.0	31.00	13.20
6005	25	47	12	0.6	30	42	0.6	10.00	5.85
6205		52	13	1.0	31	·46	1.0	14.00	7.88
6305		62	17	1.1	32	55	1.0	22.20	11.50
6405		80	21	1.5	34	71	1.5	38.20	19.20
6006	30	55	13	1.0	36	49	1.0	13.20	8.30
6206		62	13	1.0	36	56	1.0	19.50	11.50
6306		72	19	1.1	37	65	1.0	27.00	13.20
6406		90	23	1.5	39	81	1.5	47.50	24.50
6007	35	62	14	1.0	41	56	1.0	13.20	10.50
6207		72	17	1.1	42	65	1.0	25.50	13.20
6307		80	21	1.5	44	71	1.5	33.20	19.20
6407		100	25	1.5	44	91	1.5	56.80	29.50
6008	40	68	13	1.0	46	62	1.0	17.00	11.80
6208		80	18	1.1	47	73	1.0	29.50	18.00
6308		90	23	1.5	49	81	1.5	40.80	24.00
6408		110	27	2.0	50	100	2.0	65.50	37.50

续附表 13.1

轴承代号	基本尺寸(mm)				安装尺寸(mm)			基本额定动载荷 C (kN)	基本额定静载荷 C_0 (kN)
	d	D	B	r_s (min)	d_a (min)	D_a (max)	r_a (max)		
6009	45	75	13	1.0	51	69	1.0	21.10	14.80
6209		85	19	1.1	52	78	1	31.50	20.50
6309		100	25	1.5	54	91	1.5	52.80	31.80
6409		120	29	2.0	55	110	2.0	77.50	45.50
6010	50	80	13	1.0	56	74	1.0	22.00	13.20
6210		90	20	1.1	57	83	1.0	35.00	23.20
6310		110	27	2.0	60	100	2.0	61.80	38.00
6410		130	31	2.1	62	118	2.1	92.20	55.20
6011	55	90	18	1.1	62	83	1.0	30.20	21.80
6211		100	21	1.5	64	91	1.5	43.20	29.20
6311		120	29	2.0	65	110	2.0	71.50	44.80
6411		140	33	2.1	67	128	2.1	100.00	62.50
6012	60	95	18	1.1	67	88	1.0	31.50	24.20
6212		110	22	1.5	69	101	1.5	47.80	32.80
6312		130	31	2.1	72	118	2.1	81.80	51.80
6412		130	35	2.1	72	138	2.1	108.00	70.00

实践与思考

13.1 在汽车修理厂,实地考察汽车发动机曲轴轴承、连杆轴承的结构,分析轴承油孔、油槽的位置及轴承的结构尺寸,并绘出草图;了解轴承的润滑剂和润滑方式。

13.2 到学校附近的加油站了解各种燃料油和润滑油的粘度指标,93 号、97 号汽油是什么含义?

13.3 滑动轴承材料应具备哪些性能?是否存在能同时满足这些性能的材料?

13.4 动手清洗自行车前、后轴及中轴,了解此三轴系结构采用的滚动轴承类型,轴承的布置和安装固定方式、实测主要尺寸,并确定其代号及游隙的调整方法,以及失效形式和选用原则。

13.5 滚动轴承作为标准件与非标准件在设计计算思路、设计步骤上有何异同点?将学过的机械零件按标准件与非标准件分类,并分析归纳这两类机械零件的设计计算步骤,以框图绘出。

13.6 为什么角接触球轴承和圆锥滚子轴承要成对使用?并用简图标出这两种轴承的内部轴向力方向和载荷中心。

13.7 说明轴承代号 6201、6410、7207C、30209/P5、62/22 的含义。

13.8 选择滚动轴承时,应考虑哪些因素?

13.9 滚动轴承的组合设计包括哪些方面?

13.10 为什么要调整滚动轴承的间隙?如何调整?

13.11 选择滚动轴承配合的一般原则是什么?

13.12 装、拆滚动轴承时,应注意哪些问题?

习　题

13.1 试校核起重机卷筒上的非液体摩擦滑动轴承。已知:轴的转速 $n=40$ r/min,轴径 $d=100$ mm,轴承宽度 $B=120$ mm,径向载荷 $F_x=50000$ N,轴瓦材料为 ZQSn6-6-3。

13.2 某水泵的轴颈 $d=30$ mm,转速 $n=1450$ r/min,径向载荷 $F_r=1320$ N,轴向载荷 $F_a=600$ N,要求寿命 $L_h'=5000$ h,载荷平稳。试选择轴承型号。

13.3 根据工作条件,决定在轴的两端选用 $\alpha=25°$ 的两个角接触球轴承,两轴承外圈窄边相对(正装),轴径 $d=35$ mm,工作中有中等冲击,转速 $n=1800$ r/min。已知两轴承的径向载荷分别为 $F_{r1}=3400$ N,$F_{r2}=1050$ N,轴向载荷 $F_A=900$ N,作用方向由右向左指向左端轴承。试确定其工作寿命。

14 联轴器、离合器、制动器及弹簧

联轴器和离合器是机械传动中常用的部件。它们用来联接两轴使之一同回转,以传递运动和转矩。两者的不同点是,用联轴器联接的两根轴,只有在机器停车后用拆卸的方法才能把两轴分离;而用离合器时,可在机器运转过程中随时使两轴分离或接合。制动器的主要功用是降低机械的运转速度或迫使机械停止转动。

由于各种联轴器多已标准化或规格化,设计时主要是根据机器的工作特点及要求,并结合联轴器的性能选定合适的类型。

14.1 联 轴 器

联轴器分刚性联轴器和弹性联轴器两大类。刚性联轴器由刚性传力件组成,可分为固定式和可移式两类:固定式刚性联轴器不能补偿两轴的相对位移,可移式刚性联轴器能补偿两轴的相对位移;弹性联轴器包含弹性元件,能补偿两轴的相对位移,并具有吸收振动与缓和冲击的能力。

14.1.1 轴的相对位移

联轴器所联接的两轴,由于制造和安装的误差,很难使它们的轴精确对中。运转时,由于载荷的作用和温度的变化还会使轴产生变形,再加上由其他原因造成的机座变形和下沉,将使被联接的两轴常产生图 14.1 所示的四种偏移情况。

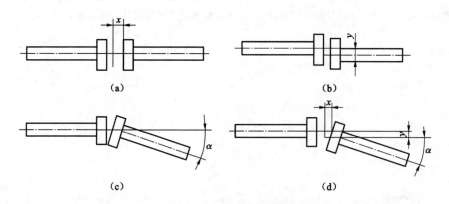

图 14.1 两轴偏移形式

(a) 轴向偏移量 x;(b) 径向偏移量 y;(c) 角偏移量 α;(d) 综合偏移量 x、y、α

14.1.2 固定式刚性联轴器

固定式刚性联轴器多用于两轴必须严格对中,并在工作中不发生相对位移的场合。固定式刚性联轴器各组件是刚性地固联在一起的,联轴器零件间不能有相对运动,因此没有补偿两轴相对位移的能力。要求两轴有较大刚度和准确的安装,否则安装后或工作中的变形将使轴系产生附加载荷。

(1) 套筒联轴器

如图 14.2 所示,套筒联轴器由套筒和键(销)组成。套筒用平键(或花键)联接时,可传递较大的转矩,但必须考虑轴向固定。当套筒和轴用圆柱销联接时,传递的转矩较小。

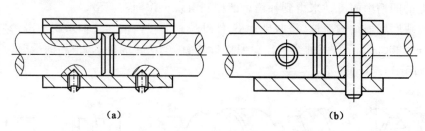

图 14.2 套筒联轴器

(a) 紧定螺钉做轴向固定;(b) 圆锥销做轴向固定

套筒联轴器结构简单,制造容易,径向尺寸小。但两轴线要求严格对中,装拆时必须做轴向移动。它适用于工作平稳、无冲击载荷的低速、轻载、小尺寸轴,在金属切削机床中应用较多。

(2) 凸缘联轴器

如图 14.3 所示,凸缘联轴器由两个半联轴器(凸缘盘)、联接螺栓和键组成。图 14.3(a)为普通凸缘联轴器,通常靠铰制孔用螺栓联接来实现两轴对中。图 14.3(b)是有对中榫的联轴器,靠凸肩和凹槽相配合来实现两轴对中。

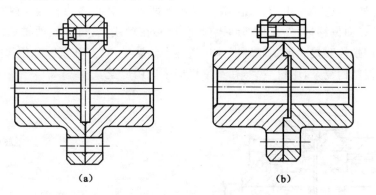

图 14.3 凸缘联轴器

(a) 普通凸缘联轴器;(b) 有对中榫的联轴器

制造凸缘联轴器时,应准确保持半联轴器的凸缘端面与孔的轴线垂直,安装时应使两轴精确对中。

半联轴器的材料通常为铸铁,当受重载或圆周速度 $v \geq 30$ m/s 时,可采用铸钢或锻钢。

凸缘联轴器结构简单,使用方便,能传递较大的转矩。但没有弹性,不能吸振缓冲,安装时必须严格对中,否则会产生附加载荷,通常用于载荷较平稳的两轴联接。

14.1.3 可移式刚性联轴器

可移式联轴器的组成零件间构成的动联接,具有某一方向或几个方向的自由度,因此能补偿两轴的相对位移。常用的可移式联轴器有以下几种：

（1）十字滑块联轴器

如图 14.4（a）所示，十字滑块联轴器由两个端面开有径向凹槽的半联轴器 1、3 和两端各具凸榫的中间滑块 2 所组成。滑块两端凸榫的中线相互垂直，并分别嵌在两半联轴器的凹槽中，构成移动副。运转时，若两轴线有相对径向偏移，则可借中间滑块两端面上的凸榫在其两侧半联轴器的凹槽中的滑动来得到补偿。凹槽和滑块工作面需润滑。

十字滑块联轴器结构简单，径向尺寸小，能补偿轴的径向偏移。但不耐冲击，容易磨损，适用于低速（$n<300$ r/min）、两轴线的径向偏移量 $y\leqslant 0.04d$（d 为轴的直径）的情况，并能补偿角偏移量 α，如图 14.4（b）所示。

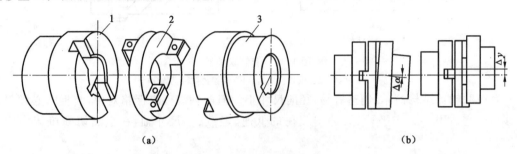

图 14.4　十字滑块联轴器

(a) 十字滑块联轴器；(b) 径向偏移

半联轴器的材料一般为铸钢，中间滑块用材料 45 钢。

（2）齿式联轴器

如图 14.5 所示，它是利用内、外齿啮合以实现两轴相对偏移的补偿。内、外齿径向有间隙，可补偿两轴径向偏移量；外齿顶部制成球面，球心在轴线上，可补偿两轴之间的角偏移量。两内齿凸缘利用螺栓联接。齿式联轴器能传递很大的转矩，具有补偿综合位移的能力，安装精度要求不高。但结构复杂，质量较大，在重型机械中应用广泛。

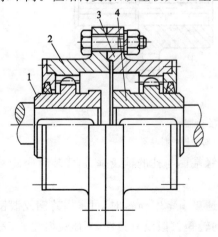

图 14.5　齿式联轴器

1,4—内齿；2,3—外齿

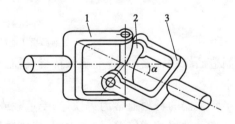

图 14.6　万向联轴器

1,3—叉形接头；2—十字销轴

（3）万向联轴器

如图 14.6 所示，万向联轴器由两个叉形接头和一个十字销轴组成。十字销分别与固定在两根轴上的叉形接头用铰链联接,从而形成一个可动的联接。这种联轴器可允许两轴间有较大的夹角,而且在运转过程中,夹角发生变化仍可正常工作。但当夹角 α 过大时,传动效率明显降低,故夹角 α 最大可取35°～45°。

若用单个万向联轴器联接轴线相交的两轴,当主动轴以等角速度 ω_1 回转时,从动轴的角速度 ω_2 并不是常数,而是在一定的范围内($\omega_1 \cos\alpha \leqslant \omega_2 \leqslant \omega_1/\cos\alpha$)变化,因而在传动过程中将产生附加的动载荷。为了改善这种状况,常将万向联轴器成对使用,组成双万向联轴器。但安装时应保证主、从动轴与中间轴间的夹角相等,且中间轴的两端叉形接头应在同一平面内,如图 14.7 所示,这样便可使主、从动轴的角速度相等。

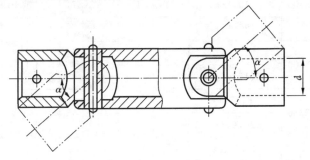

图 14.7　双万向联轴器的安装

万向联轴器的结构紧凑,维修方便,能补偿较大的位移,因而在汽车、拖拉机和金属车削机床中获得广泛应用。

14.1.4　弹性联轴器

(1)弹性套柱销联轴器

如图 14.8 所示,弹性套柱销联轴器与凸缘联轴器很相似,只是两半联轴器的联接不是用螺栓,而是用套有弹性圈的柱销联接。弹性圈一般用橡胶和皮革制成。利用套圈的弹性,可以补偿两轴偏移、吸振和缓冲。多用于双向运转、启动频繁、转速较高、转矩不大的场合。

弹性套柱销联轴器的标准如表 14.1 所示。

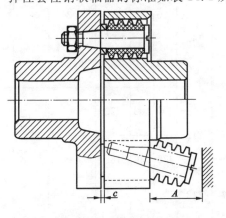

图 14.8　弹性套柱销联轴器

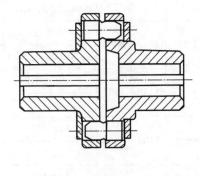

图 14.9　弹性柱销联轴器

(2)弹性柱销联轴器

如图 14.9 所示,其结构与弹性套柱销联轴器相似,主要差别在于用尼龙柱销代替了橡胶圈柱销。为防止柱销滑出,两端设有挡圈。这种联轴器结构简单,更换柱销也很方便,有一定吸振能力,但补偿偏移量不大。一般用于轻载、启动频繁、经常双向运转、转速较高的场合。

表14.1　弹性柱销联轴器(GB 4323—84)

型号	公称转矩 T_n (N·m)	许用转速 [n] (r/min) 铁	许用转速 [n] (r/min) 钢	轴孔直径 d_1,d_2,d_z	轴孔长度 Y型 L	轴孔长度 J、J₁、Z型 L₁	轴孔长度 J、J₁、Z型 L	D	A	质量 m (kg)	转动惯量 I (kg·m²)	许用补偿量 径向 ΔY	许用补偿量 角向 Δα
TL1	6.3	6600	8800	9	20	14				1.16	0.0004		
				10,11	25	17	—	71					
				12,(14)	32	20			18				
TL2	16	5500	7600	12,14			42			1.64	0.001		
				16(18),(19)	42	30		80				0.2	
TL3	31.5	4700	6300	16,18,19			52	95		1.9	0.002		1°30′
				20,(22)	52	38			35				
TL4	63	4200	5700	20,22,24			62	106		2.3	0.004		
				(25),(28)	62	44							
TL5	125	3600	4600	25,28			82	130		8.36	0.011		
				30,32,(35)	82	60							
TL6	250	3300	3800	32,35,38			82	160	45	10.36	0.026	0.3	
				40,(42)									
TL7	500	2800	3600	40,42,45,(48)	112	84	112	190		15.6	0.06		
TL8	710	2400	3000	45,48,50,55,(56)				224		25.4	0.13		
				(60),(63)	142	107	142		65				1°
TL9	1000	2100	2850	50,55,56	112	84	112	250		30.9	0.20	0.4	
				60,63,(65),(70),(71)	142	107	142						
TL10	2000	1700	2300	63,65,70,71,75				315	80	65.9	0.64		
				80,85,(90),(95)	172	132	172						
TL11	4000	1350	1800	80,85,90,95				400	100	122.6	2.06		
				100,110	212	167	212					0.5	
TL12	8000	1100	1450	100,110,120,125				475	130	218.4	5.00		0°30′
				(130)	252	225	252						
TL13	16000	800	1150	120,125	212	167	212			425.8	16.00		
				130,140,150	252	202	252	600	180			0.6	
				160,(170)	302	242	302						

(3) 轮胎式联轴器

如图 14.10 所示,利用轮胎状橡胶元件用螺栓 2 与两个半联轴器联接,轮胎环 3 中的橡胶件与低碳钢制成的骨架硫化粘结在一起,骨架上的螺纹孔处焊有螺母,装配时用螺栓与两个半联轴器 1、4 的凸缘联接,依靠拧紧螺栓在轮胎环与凸缘端面之间产生的摩擦力来传递转矩。这种联轴器的结构简单,装拆、维修方便,弹性强,补偿能力大,具有良好的阻尼且不需润滑,但承载能力不高,外形尺寸较大。

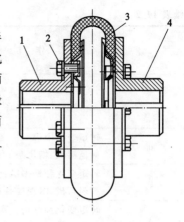

图 14.10 轮胎式联轴器

1,4—半联轴器;2—螺栓;3—轮胎环

14.1.5 联轴器的选择

(1) 联轴器类型的选择

确定联轴器的类型,应考虑的主要因素有:被联接两轴的对中性、载荷大小及特性、工作转速、工作转矩等。一般对低速、刚度大、能严格对中的轴,可选用固定式刚性联轴器。对低速、刚度小、对中性差的轴,可选用对轴的偏移具有补偿能力的可移式刚性联轴器或弹性联轴器。对传递转矩较大的轴,可选用齿式联轴器;对高速有振动的轴,应选用弹性联轴器;对轴线相交的轴,应选用万向联轴器。当工作环境温度较高(大于60 ℃)时,一般不宜选用具有橡胶或尼龙弹性元件的联轴器。

(2) 联轴器的型号选择

联轴器的型号是根据轴所传递的转矩、轴的直径和转速从联轴器标准中选用的。选择型号时应满足如下条件:

① 联轴器的计算转矩 T_c 应不大于所选联轴器的公称转矩 T_n,即

$$T_c \leqslant T_n \tag{14.1}$$

② 轴的转速 n 应不大于所选联轴器的许用转速 $[n]$,即

$$n \leqslant [n] \tag{14.2}$$

③ 轴的直径 d 应在所选联轴器的孔径范围之内。

联轴器的计算转矩按下式计算

$$T_c = KT \tag{14.3}$$

式中 K——工作情况系数,如表 14.2 所示。

表 14.2 工作情况系数 K

工作 机		K			
		原 动 机			
分 类	工作情况及举例	电动机、汽轮机	四缸和四缸以上内燃机	双缸内燃机	单缸内燃机
I	转矩变化很小 如发电机、小型通风机、小型离心泵	1.3	1.5	1.8	2.2
II	转矩变化很小 如透平压缩机、木工机车、运输机	1.5	1.7	2.0	2.4

续表 14.2

工 作 机		K			
		原 动 机			
分　类	工 作 情 况 及 举 例	电动机、汽轮机	四缸和四缸以上内燃机	双缸内燃机	单缸内燃机
Ⅲ	转矩变化中等 如搅拌机、增压泵、有飞轮压缩机、冲床	1.7	1.9	2.2	2.6
Ⅳ	转矩变化和冲击载荷中等 如织布机、水泥搅拌机、拖拉机	1.9	2.1	2.4	2.8
Ⅴ	转矩变化和冲击载荷大 如造纸机、挖掘机、起重机、碎石机	2.3	2.5	3.6	3.2

（3）联轴器轴孔和键槽

联轴器的孔有：① 长圆柱孔形（Y 型）；② 沉孔短圆柱形（J 型）；③ 无沉孔的短圆柱形（J$_1$型）；④ 有沉孔的圆锥形（Z 型）。键槽有平键单键槽（A 型），120°,180°布置的平键双键槽（B、B$_1$型）和圆锥形孔平键单键槽（C 型）。各种型号适应各种被联接轴的端部结构和强度要求。

【例 14.1】 某车间起重机由电动机驱动。已知电动机的功率 $P = 11$ kW，转速 $n = 970$ r/min，电动机外伸轴直径 $d_1 = 42$ mm，长度 $L_1 = 110$ mm，起重机外伸轴直径 $d_2 = 40$ mm，长度 $L_2 = 82$ mm。试选择该联轴器的类型，并确定型号，写出标记。

【解】 （1）类型的选择。为了隔离振动、缓冲和安装方便，拟选用弹性联轴器。

（2）确定型号。由表 14.2 查得联轴器的工作情况系数 $K = 2.3$，由式（14.3）知

$$T_C = KT = 2.3 \times 9550 \times \frac{P}{n} = 2.3 \times 9550 \times \frac{11}{970} = 249 \text{（N · m）}$$

（3）选择型号尺寸。由表 14.1 弹性联轴器国家标准，选 TL6 型联轴器。该联轴器公称转矩 $T_n = 250$ N · m$> T_C$，许用转速 $[n] = 3800$ r/min$> n$。与电动机相联的主动端为 Y 型轴孔、A 型键槽，与起重机相联的从动端为 J$_1$ 型轴孔、A 型键槽。

（4）写出标记。TL6 联轴器 $\dfrac{\text{YA}42 \times 112}{\text{J}_1\text{A}40 \times 84}$ GB 4323—84。

14.2　离 合 器

离合器要求接合平稳，分离迅速彻底；操纵省力，调节和维修方便；结构简单，尺寸小、重量轻，转动惯量小；接合元件耐磨和易于散热等。离合器的操纵方式除机械操纵外，有电磁、液压、气动操纵，已成为自动化机械中的重要组成部分。下面介绍几种常见的离合器。

14.2.1　牙嵌离合器

如图 14.11(a)所示，牙嵌离合器由两个端面有齿的半离合器组成。其中一个半离合器 1 由平键固定在主动轴上，另一半离合器 2 用导键与从动轴联接，并可由操纵机构移动滑环 4 使两半离合器端面上的牙接合或分离，从而实现离合器的接合或分离。为了对中，在半离合器 1

中装有对中环 3,从动轴在其中自由转动。

牙嵌离合器牙形如图 14.11(b)所示。梯形牙接合容易,可补偿磨损后的牙间隙,应用较广。

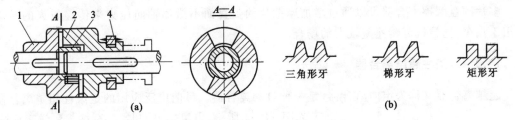

图 14.11 牙嵌离合器

(a) 牙嵌离合器;(b) 牙嵌离合器的牙形

1,2—半离合器;3—对中环;4—移动滑环

牙嵌离合器结构简单,外廓尺寸小,两轴间没有相对滑动,不能在转速差较大时结合。

14.2.2 单片圆盘摩擦离合器

图 14.12 所示为单片圆盘摩擦离合器,主动盘 1 用平键与主动轴相联接,从动盘 2 与从动轴通过导向平键联接。工作时操纵滑环 3 可使从动轴上的摩擦盘做轴向移动,实现两轴的接合和分离。这种摩擦离合器传递的转矩较小。

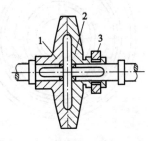

图 14.12 单片圆盘摩擦离合器

1—主动盘;2—从动盘;3—滑环

14.2.3 多片圆盘摩擦离合器

要求传递的转矩大时,可采用图 14.13 所示的多片圆盘摩擦离合器。图中一组外摩擦片

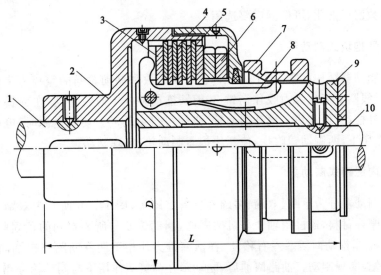

图 14.13 多片圆盘摩擦离合器

1—主动轴;2—外套筒;3—压板;4—外摩擦片;

5—内摩擦片;6—螺母;7—滑环;8—压杆;9—内套筒;10—从动轴

4 与外套筒 2 用花键相连,另一组内摩擦片 5 和内套筒 9 也用花键相连。内、外套筒分别用于键与主动轴 1 和从动轴 10 相固定。当滑环 7 左移时,压下曲臂压杆 8,使内、外摩擦片相互压紧,离合器接合。当滑环右移时,曲臂压杆被弹簧抬起,内、外摩擦片松开,使离合器分离。

多片圆盘摩擦离合器可以通过增加摩擦片的数目而不增加轴向压力来传递较大的转矩,常用于汽车、拖拉机等转速差较大的场合。

14.2.4　滚柱超越离合器

超越离合器又称为定向离合器,是一种自动离合器。目前广泛应用的是滚柱超越离合器,

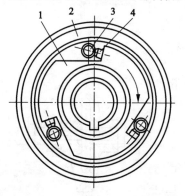

如图 14.14 所示,由星轮 1、外圈 2、滚柱 3 和弹簧顶杆 4 组成。滚柱的数目一般为 3~8 个,星轮和外圈都可作主动件。当星轮为主动件并作顺时针转动时,滚柱受摩擦力作用被楔紧在星轮与外圈之间,从而带动外圈一起回转,离合器为接合状态。当星轮逆时针转动时,滚柱被推到楔形空间的宽敞部分而不再楔紧,离合器为分离状态。若外圈和星轮做顺时针同向回转,则当外圈转速大于星轮转速时,离合器为分离状态;当外圈转速小于星轮转速时,离合器为接合状态。

图 14.14　滚柱超越离合器
1—星轮;2—外圈;3—滚柱;4—弹簧顶杆

超越离合器尺寸小,接合和分离平稳,可用于高速传动。

14.3　制　动　器

制动器多数已标准化,可根据需要选用。

14.3.1　外抱块式制动器

外抱块式制动器结构如图 14.15 所示,它是靠瓦块和制动轮间的摩擦力来制动的。当接通电源时,电磁线圈 2 产生吸力吸住衔铁 3,衔铁推动推杆 4 向右移动,在弹簧 6 的作用下左右两制动臂向外摆动,使瓦块 1 离开制动轮,机械可自由转动。切断电源时,电磁线圈释放衔铁,在弹簧 5 作用下,两制动臂收拢,使瓦块抱紧制动轮,实现制动。

14.3.2　内涨蹄式制动器

内涨蹄式制动器分为单蹄、双蹄、多蹄和软管多蹄等,图 14.16 所示为双蹄式制动器。制动蹄 1 上装有摩擦材料,通过销轴 2 与机架固联,制动轮 5 与所要制动的轴固联。制动时,压力油进入液压缸 6,推动两活塞左右移动,在活塞推力作用下两制动蹄绕销轴向外摆动,并压紧在制动轮内侧,实现制动。油路回油后,制动蹄在弹簧 7 作用下与制动轮分离。

内涨蹄式制动器结构紧凑,散热条件、密封性和刚性均好,广泛用于各种车辆及结构尺寸受限制的机械上。

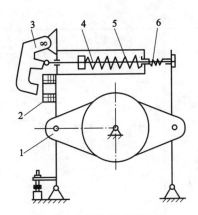

图 14.15　外抱块式制动器

1—瓦块；2—电磁线圈；3—衔铁；4—推杆；5,6—弹簧

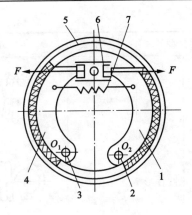

图 14.16　内涨蹄式制动器

1,4—制动蹄；2,3—销轴；5—制动轮；6—液压缸；7—弹簧

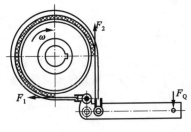

图 14.17　带式制动器

14.3.3　带式制动器

带式制动器分为简单、双向和差动三种，图 14.17 所示为简单带式制动器的结构。当杠杆受到 F_Q 作用时，挠性带收紧而抱住制动轮，靠带与轮之间的摩擦力来制动。

带式制动器一般用于集中驱动的起重设备及绞车上，有时也安装在低速轴或卷筒上作为安全制动器用。

14.4　弹　　簧

弹簧是一种常用的弹性元件，广泛应用于各种机械设备、仪器和车辆之中。本节主要介绍圆柱螺旋弹簧。

14.4.1　弹簧的功用和类型

弹簧受外力作用后能产生较大的弹性变形，因而能把机械功或动能转变为变形能，反之也能把变形能转变为机械功或动能。

弹簧的主要功用有：

① 缓和冲击与吸收振动　如车辆中的减振弹簧以及各种缓冲器用的弹簧等。

② 控制运动　如内燃机的阀门弹簧，离合器、制动器的控制弹簧等。

③ 储存能量　如钟表、仪器中的弹簧等。

④ 测量力和力矩　如测力器和弹簧秤中的弹簧等。

弹簧的种类很多，按其外形可分为圆柱螺旋弹簧、板弹簧、盘簧、碟形弹簧、环形弹簧等；按其受力性质的不同，弹簧又分为拉伸弹簧、压缩弹簧、扭转弹簧和弯曲弹簧等。

常用弹簧的主要类型和特点如表 14.3 所示。

表 14.3　弹簧的主要类型和特点

类　型		承载形式	简　图	特点及应用
螺旋弹簧	圆柱形	压缩		刚度稳定,结构简单,制造方便。应用范围最广,适用各种机械
		拉伸		
		扭转		主要应用于各种装置中的压缩和储能
	圆锥形	压缩		稳定性好,结构紧凑,刚度随载荷而变化,多用于需承受较大载荷和减震的场合
碟形弹簧		压缩		刚度大,缓冲吸振能力强,适用于载荷很大而弹簧轴向尺寸受限制的地方。具有变刚度的特性
环形弹簧		压缩		能吸收较多的能量,有很高的缓冲和吸振能力,用于重型设备的缓冲装置
盘簧		扭转		变形角大,能储存的能量大,轴向尺寸很小,多用作仪器、仪表中的储能弹簧
板弹簧		弯曲		缓冲和减振性能好,多板弹簧减振能力强。主要用于汽车、拖拉机、火车车辆的悬挂装置

14.4.2　圆柱形螺旋拉伸和压缩弹簧

(1) 弹簧的结构

图 14.18 所示为圆柱形螺旋压缩弹簧。弹簧的节距为 t,在自由状态下各圈之间有适当的间隙 δ,以备受载时变形。弹簧两端为支承圈,各有 $0.75\sim1.75$ 圈,工作时不参与弹簧的变形,称为死圈。要求支承圈端面与弹簧的轴心线相垂直。并紧的支承圈有不磨平端部和磨平端部两种,如图 14.19 所示。受交变载荷的重要弹簧要采用磨平端部,其磨平长度应不小于一圈弹簧长度的 $3/4$,弹簧末端厚度一般不小于 $d/8,d$ 为弹簧丝直径。

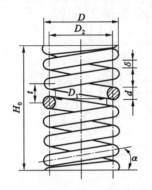

图 14.18　圆柱形螺旋压缩弹簧

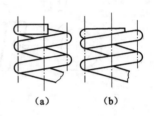

图 14.19　压缩弹簧的端部结构

图 14.20 所示为圆柱形螺旋拉伸弹簧,空载时,各圈弹簧应相互并拢。端部常用的挂钩形式如图 14.21 所示。其中,半圆钩环型[图 14.21(a)]和圆钩环型[图 14.21(b)]的钩环系直接由弹簧丝末端弯曲而成,工作时在钩环过渡处将产生较大的弯曲应力;可转钩环型[图 14.21(c)]和可调式弹簧[图 14.22(d)]的钩环不直接由弹簧丝末端弯成,故钩受力情况较好,而且这种钩环可以转到任意方向,安装方便。

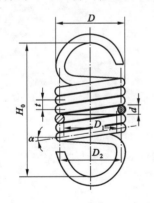

图 14.20　圆柱形螺旋拉伸弹簧

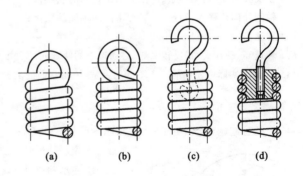

图 14.21　拉伸弹簧的端部结构

(a) 半圆钩环型;(b) 圆钩环型;(c) 可转钩环型;(d) 可调式弹簧

(2) 弹簧的主要参数

圆柱形螺旋弹簧的主要参数有弹簧丝直径 d、弹簧外径 D、中径 D_2、内径 D_1、弹簧工作圈数 n、螺旋升角 α、节距 t、自由高度 H_0 和钢丝展开长度 L 等。

14.4.3 圆柱螺旋扭转弹簧简介

扭转弹簧的外形与圆柱形螺旋拉伸、压缩弹簧相似,但它承受的是绕弹簧轴线的外力矩。扭转弹簧常用作压紧弹簧、储能弹簧和传力(扭转)弹簧。为了便于加载和固定,它的两端带有杆臂和钩环,扭转弹簧常用的端部结构如图 14.22 所示。在自由状态下,扭转弹簧圈间只留少量间隙,以免弹簧工作时各圈彼此接触并产生摩擦和磨损。

扭转弹簧的强度和变形计算可查阅有关机械设计手册。

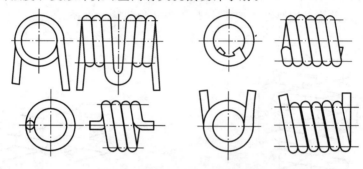

图 14.22 扭转弹簧常用的端部结构

实践与思考

14.1 观察汽车、摩托车联轴器、离合器结构,并分析说明二者功能及主要异同点。

14.2 若自行车设计联轴器,应考虑哪些问题?

14.3 选用联轴器时,应考虑哪些因素?

14.4 下列情况下,分别选用何种类型的联轴器较为合适:

(1) 刚性大、对中性好的两轴;

(2) 轴线相交的两轴间的联接;

(3) 正反转多变、启动频繁、冲击大的两轴间的联接;

(4) 轴间径向位移大、转速低、无冲击的两轴间的联接;

(5) 转速高、载荷平稳、中小功率的两轴间的联接;

(6) 转速高、载荷大、正反转多变、启动频繁的两轴间的联接。

14.5 找出实际中使用的三个不同的弹簧,说明它们的类型、结构和功用。

习 题

14.1 圆柱超越离合器处于图 14.23 所示的状态中,假设主动轴与外圈相连,从动轴与星轮相连。

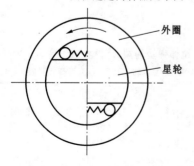

图 14.23 习题 14.1 图

(1) 主动轴顺时针转动;

(2) 主动轴逆时针转动;

(3) 主、从动轴都逆时针转动,主动轴转速快。

试问这三种情况中,哪种情况主动轴才能带动从动轴?

14.2 电动机与离心泵之间用联轴器相连。已知电动机功率 $P = 22$ kW,转速 $n = 970$ r/min,电动机外伸轴的直径为 50 mm、长度为 110 mm,水泵轴直径为 42 mm、长度为 55 mm。试选择联轴器的类型与型号。

参 考 文 献

[1] 张久成.机械设计基础.北京:机械工业出版社,2006.

[2] 康保来,于兴芝.机械设计基础.郑州:河南科学技术出版社,2006.

[3] 李铁成.机械力学与设计.北京:机械工业出版社,2005.

[4] 陈立德.机械设计基础.北京:机械工业出版社,2004.

[5] 陈长生,霍震生.机械设计基础.北京:机械工业出版社,2003.

[6] 胡家秀.机械设计基础.北京:机械工业出版社,2001.

[7] 黄森彬.机械设计基础.北京:高等教育出版社,1997.

[8] 孙靖民.现代机器设计方法选讲.哈尔滨:哈尔滨工业大学出版社,1992.

[9] 濮良贵.机械设计.北京:高等教育出版社,1989.

[10] 吴宗泽.机械零件.北京:中央广播电视大学出版社,1986.

[11] 杨黎明.机械原理及机械零件.北京:高等教育出版社,1982.